U0232755

中国科普大奖图书典藏书系

夜空中最亮的星

古今物理二十杰

梁 军◎著

长江出版传媒 湖北科学技术出版社

图书在版编目（ＣＩＰ）数据

夜空中最亮的星：古今物理二十杰 / 梁军著. 一
武汉：湖北科学技术出版社，2018.5
ISBN 978-7-5352-9884-3

Ⅰ．①夜… Ⅱ．①梁… Ⅲ．①物理学史－世界－普及
读物 Ⅳ．①04-091

中国版本图书馆CIP数据核字（2017）第291630号

夜空中最亮的星：古今物理二十杰
YEKONG ZHONG ZUILIANG DE XING　GUJIN WULI ERSHI JIE

责任编辑：万冰怡	封面设计：胡　博

出版发行：湖北科学技术出版社	电话：027-87679468
地　　址：武汉市雄楚大街268号	邮编：430070
（湖北出版文化城 B 座 13-14 层）	
网　　址：http://www.hbstp.com.cn	

印　　刷：武汉立信邦和彩色印刷有限公司	邮编：430026

710×1000　　　1/16	17.5 印张　2 插页　224 千字
2018 年 5 月第 1 版	2018 年 5 月第 1 次印刷
	定价：42.00 元

总 序
ZONGXU

　　我热烈祝贺"中国科普大奖图书典藏书系"的出版！"空谈误国，实干兴邦。"习近平同志在参观《复兴之路》展览时讲得多么深刻！本书系的出版，正是科普工作实干的具体体现。

　　科普工作是一项功在当代、利在千秋的重要事业。1953年，毛泽东同志视察中国科学院紫金山天文台时说："我们要多向群众介绍科学知识。"1988年，邓小平同志提出"科学技术是第一生产力"，而科学技术研究和科学技术普及是科学技术发展的双翼。1995年，江泽民同志提出在全国实施科教兴国的战略，而科普工作是科教兴国战略的一个重要组成部分。2003年，胡锦涛同志提出的科学发展观则既是科普工作的指导方针，又是科普工作的重要宣传内容；不是科学的发展，实质上就谈不上真正的可持续发展。

　　科普创作肩负着传播知识、激发兴趣、启迪智慧的重要责任。"科学求真，人文求善"，同时求美，优秀的科普作品不仅能带给人们真、善、美的阅读体验，还能引人深思，激发人们的求知欲、好奇心与创造力，从而提高个人乃至全民的科学文化素质。国民素质是第一国力。教育的宗旨，科普的目的，就是为了提高国民素质。只有全民的综合素质提高了，中国才有可能屹立于世界民族之林，才有可能实现习近平同志提出的中华民族的伟大复兴这个中国梦！

　　新中国成立以来，我国的科普事业经历了：1949—1965年的创立与发展阶段；1966—1976年的中断与恢复阶段；1977—1990

年的恢复与发展阶段；1990—1999 年的繁荣与进步阶段；2000 年至今的创新发展阶段。60 多年过去了，我国的科技水平已达到"可上九天揽月，可下五洋捉鳖"的地步，而伴随着我国社会主义事业日新月异的发展，我国的科普工作也早已是一派蒸蒸日上、欣欣向荣的景象，结出了累累硕果。同时，展望明天，科普工作如同科技工作，任务更加伟大、艰巨，前景更加辉煌、喜人。

"中国科普大奖图书典藏书系"正是在这 60 多年间，我国高水平原创科普作品的一次集中展示，书系中一部部不同时期、不同作者、不同题材、不同风格的优秀科普作品生动地反映出新中国成立以来中国科普创作走过的光辉历程。为了保证书系的高品位和高质量，编委会制定了严格的选编标准和原则：一、获得图书大奖的科普作品、科学文艺作品（包括科幻小说、科学小品、科学童话、科学诗歌、科学传记等）；二、曾经产生很大影响、入选中小学教材的科普作家的作品；三、弘扬科学精神、普及科学知识、传播科学方法，时代精神与人文精神俱佳的优秀科普作品；四、每个作家只选编一部代表作。

在长长的书名和作者名单中，我看到了许多耳熟能详的名字，倍感亲切。作者中有许多我国科技界、文化界、教育界的老前辈，其中有些已经过世；也有许多一直为科普事业辛勤耕耘的我的同事或同行；更有许多近年来在科普作品创作中取得突出成绩的后起之秀。在此，向他们致以崇高的敬意！

科普事业需要传承，需要发展，更需要开拓、创新！当今世界的科学技术在飞速发展、日新月异，人们的生活习惯和工作节奏也随着科学技术的进步在迅速变化。新的形势要求科普创作跟上时代的脚步，不断更新、创新。这就需要有更多的有志之士加入到科普创作的队伍中来，只有新的科普创作者不断涌现，新的优秀科普作品层出不穷，我国的科普事业才能继往开来，不断焕发出新的生命力，不断为推动科技发展、为提高国民素质做出更好、更多、更新的贡献。

"中国科普大奖图书典藏书系"承载着新中国成立 60 多年来科普创作的历史——历史是辉煌的,今天是美好的。未来是更加辉煌、更加美好的！我深信,我国社会各界有志之士一定会共同努力,把我国的科普事业推向新的高度,为全面建成小康社会和实现中华民族的伟大复兴做出我们应有的贡献！"会当凌绝顶,一览众山小"！

中国科学院院士
华中科技大学教授　杨叔子　二〇一二·九·廿八

前　言

几个月之前,在出版社的好友彭博士问我有没有兴趣写一本关于物理学家的传记。这的确是个吸引人的建议,因为在我的书架上一直摆着两本我很喜爱的传记:《别闹了,费曼先生》和《你为什么要在意别人怎么说》。我曾经想过,如果我是在中学的时候读到这两本书,那么物理这门学科在我心目中一定会有趣得多,我的求学生涯也会完全不同吧。出于这种想法,我答应一试,试图为现在的青少年朋友呈现与众不同的物理学家的故事,借此弥补当年的遗憾。

某次短暂驻笔后的午夜梦回,仿佛冥冥之中有个声音在对我说,这些物理学家丰富多彩的人生,比金庸大师笔下的武林风云更加波澜壮阔呢!牛顿23岁那年在家乡躲避瘟疫,他潜心研究,用18个月的时间在微积分、颜色理论和万有引力定律上做出突破性的贡献,就像孤儿张无忌在孤峰上修炼九阳真经,打通什么任督二脉,小周天大周天的故事一样传奇;爱因斯坦26岁在伯尔尼专利局当公务员的同时,一边摇着儿子的摇篮一边看论文,在一年内发表了5篇顶级论文,这段传奇所造成的轰动效应,与金庸笔下的黄裳因为编辑道教经典写出了《九阴真经》,都算得上奇兵突起,震惊"武林";而玻尔率领哥本哈根学派,在索尔维会议上和爱因斯坦以及薛定谔关于量子力学的几番辩论大战,比起那"华山论剑",精彩程度真是有过之而无不及!

而且物理学家的性格,和金庸小说里各式武林人物一样,既有活泼不羁的老顽童一样的爱因斯坦,也有性格执拗、喜欢和人顶真的黄药师一样的牛顿，甚至有像令狐冲一样天生情种的费曼，像小龙女一样飘逸不群的大美女居里夫人。他们或贫或富，或出生世家，或来自草根，都因缘巧合，喜欢上物理，冬练三九，夏练三伏，痴迷于其中。

这些想法，支持着我写完了这些不算成熟的故事。曾经作为电子和通信认证工程师的我，是在工作中才理解了基础物理对于现实世界的指导意义和非凡影响，没有惠更斯和牛顿对光的开创性研究，没有法拉第和麦克斯韦对光和电磁现象和本质的揭示，就不会有马可尼和高锟对无线通信和光纤通信的深入研究，也不会有今天爆炸式的信息和通信技术带来的翻天覆地的变化，而在我们进行的具体的工程工作中，无时无刻不需要用到他们提供的基本公式和概念，金庸先生对"侠义"的精神的解释——"无欲则刚，有容乃大，为国为民，侠之大者"，完全可以用在这些勇于奉献、追求真理的科学家身上。他们的功绩造福人类，甚至改变历史，这是连大侠们都要躬身致敬的吧。

这本小书的完成，除了要感谢一直鼓励我坚持下去并提供了很多专业意见和帮助的彭博士和编辑小万，还要感谢一直支持我的父母和家人，也要感谢在我思路不清晰的时候，一直听我唠叨萦绕在脑海中的那些关于这些伟大科学家故事的朋友们——小冯、小昌、炜明和赵伟。希望翻开本书，能为你带来一些助益。

科学史上第一巨匠——微积分创始人、力学之父牛顿

自学成才的科学家——平民物理学家法拉第

统一电、磁和光的物理学家——承前启后的大师麦克斯韦

大器晚成的实验物理学家——严谨的伦琴

超越男性成就的伟大女性——科学家居里夫人

原子核物理学之父——桃李满天下的实验物理学家卢瑟福

现代物理学的开创者和奠基人——世纪伟人爱因斯坦

与爱因斯坦齐名的物理之神——原子物理学家玻尔

物理学的良心——"毒舌评委"物理学家泡利

悲情的爱国者——天才德国物理学家海森堡

实验和理论的全才——"文武双全"的核物理学家费米

物理学的支点

——物理学之父阿基米德

1."尤里卡！尤里卡！"

关于阿基米德，大家都知道这个故事：

　　相传叙拉古赫农王让工匠替他做一顶纯金的王冠，做好后，国王疑心工匠在金冠中掺假，但这顶金冠确与当初交给金匠的纯金一样重。工匠到底有没有搞鬼呢？既想检验真假，又不能破坏王冠，这个问题不仅难倒了国王，也使诸大臣面面相觑。后来，国王请阿基米德来检验。最

尤里卡！尤里卡！

初，阿基米德也是冥思苦想而一筹莫展。一天，他在家洗澡，当他坐进澡盆里时，看到水往外溢，同时感到身体被轻轻托起。他突然悟到可以用测定固体在水中排水量的办法来验证金冠是否是纯金的。他兴奋地跳出澡盆，连衣服都顾不得穿上就跑了出去，大声喊着"尤里卡！尤里卡！"（希腊文"eureka"，意思是"我知道了"）。

他经过进一步的实验以后，便来到了王宫，他把王冠和同等质量的纯金放在盛满水的两个相同的盆里，比较两盆溢出来的水，发现放王冠的盆里溢出来的水比另一盆多。这就说明王冠的体积比相同质量的纯金的体积大，由此证明了工匠在王冠里掺进了其他金属。

这个故事流传广泛，最早见于古罗马建筑师维特鲁威的记载。我们不妨来谈谈故事中有趣的地方：

首先，工匠为什么要掺假？以银子为例，金子贵而银子便宜，用同样重量的银子代替金子，工匠可以私吞一些金子，而且金银合金比纯金硬度高，更易于制作工艺品。但是，欺骗国王后果可是很严重的，国王也知道同样体积的金子会比银子重差不多一倍，工匠为什么有胆量占国王的便宜呢？这是因为打造好的王冠是不规则的形状，工匠掺杂的银子又是随机分布在王冠上的，因此，除非把王冠熔化，否则是没法和同样质量的金块比较的。而工匠认为国王不会通过把王冠熔化来弄清楚这件事，这样代价太大了。不过工匠没想到，国王提出了一个好问题：如何既不把王冠弄坏，又找出答案。他更没想到，叙拉古还有一个旷世的"问题终结者"。当阿基米德灵光一现，意识到这个问题的实质等同于"如何测量不规则形状的物体的体积"时，一直在思考浮力问题的他得到答案应该是迟早的事，正好在澡盆里发现只是让这个故事增添了几分传奇色彩。

更有趣的是阿基米德竟然是在澡盆里想出答案的，这是很特别的，不光是他灵光闪现悟到了问题的关键是测量王冠的体积，更奇特的是，根据史料记载，阿基米德不爱洗澡！比他晚300年的罗马作家普鲁塔克在《比较列传》中对阿基米德的描述是："经常忘记吃饭，也不注意外表。有时候太不像话了，朋友们就强行拉他去洗个澡，还得确信他浴后涂了芳香油。"所以可以想象他洗澡时大喊"尤里卡"的喜悦为什么会给人那么深刻的印象了。

我们知道后来有一个故事，可以叫"尤里卡续集"：

青年数学家阿普顿刚到爱迪生的研究所工作时，爱迪生想考考他的能力，于是给了他一只实验用的灯泡，叫他计算灯泡的容积。一个小时过去了，爱迪生回来检查，发现阿普顿仍然忙着测量和计算。爱迪生说："要是我，就往灯泡里灌水，然后将灯泡里的水倒入量杯，就知道灯泡的容积了。"这时，阿普顿的感受，应该是一个感叹版本的"尤里卡"吧。

阿基米德和爱迪生找到解决问题的方法时所用的思维方式叫作直觉思维。毫无疑问，身为数学家的阿普顿，他的计算才能及逻辑思维能力是没有受过正规教育的爱迪生所需要的。但是，他缺少像阿基米德和爱迪生那样的直觉思维能力。

直觉思维，是指在对疑难百思不得其解之时，能突然产生"灵感"和"顿悟"，甚至对未来事物的结果有"预感""预言"。直觉思维是种心理现象，省去了一步一步分析推理的中间环节，而采取了"跳跃式"的思考方式。但是，直觉思维又不是简单的猜想，直觉偏爱知识渊博、经验丰富的人，只有他们才能够在很难分清各种可能性优劣的情况下得到最优解。一瞬间的思维火花，再加上长期思考的积累，才会升华并迸发出灵感和顿悟，这种灵感和顿悟是思维过程的高度简化，但是它却能够清晰地触及事物的"本质"。

在拥有渊博的知识、严谨的逻辑思维能力的基础上，拥有高超的直觉思维能力，是许多大科学家、大物理学家拥有的共同特点，这种人往往也被人们称为"天才"。

2. "给我一个支点，我就能撬动地球"

另外一个关于阿基米德的有名的故事是这样的：

赫农王又遇到了一个棘手的问题：国王替埃及托勒密王造了一艘船，因为太大太重，船无法放进海里，国王就对阿基米德说："你连地球都举得起来，把一艘船放进海里应该没问题吧？"于是阿基米德立刻巧妙地组合各种机械，在船上安装了杠杆滑轮系统，在一切准备妥当后，将牵引的绳子交给国王，国王轻轻一拉，大船果然轻松下水，国王不得不为阿基米德的才能所折服。

这段故事也是有记载的，那艘船叫作"叙拉古西亚号"，重量超过了4 000吨。国王交给阿基米德这个任务的原因是当时的人们认为这位老师"只努力追求那些美丽、优秀，但与日常生活需要隔之千里的东西"，因此国王"断然要求并说服阿基米德致力于切实可行的、迎合实际需要的工作方法"。由于缺乏详细的记录，人们至今仍不清楚阿基米德把这个庞然大物弄下水的细节，但我们知道阿基米德对机械的原理与运用已经理解得极为透彻了。

"给我一个支点，我可以撬动地球"，阿基米德的这一著名论断体现了他对杠杆的理解，同时也是对那些认为他的理论工作华而不实的看法的反击。和希腊当时的哲学家们相比，阿基米德已经很贴近实际了，他早期的名声正是来源于他在实用机械方面的能力和发明。据公元前1世纪古希腊的历史学家狄奥多罗斯记载，阿基米德在亚历山大城学有所成之后，就去西班牙游历了一番，在西班牙南部的瑞奥汀托，他发

阿基米德撬动地球雕塑

明了螺旋泵，帮助那里的矿工从银矿中抽水。后来又有记载说阿基米德两次光顾埃及，用他发明的螺旋泵在洪水泛滥的尼罗河三角洲帮助建设大规模灌溉工程。直到今天，在埃及的尼罗河三角洲还有人使用"阿基米德螺旋泵"提水或把谷物和沙子装上货轮。

当然，赫农王说的也不是全无依据，回到叙拉古之后，阿基米德就致力于耗时费力的理论研究，他的10余种著作都成为数学和力学文献中的经典。在他的研究中，阿基米德严格遵照欧几里得的方法，先假设，再以严谨的逻

辑推论得到结果,他不断地寻求一般性的原则,并将其应用于特殊的工程上。在他所有的著作中,阿基米德都严格遵守欧几里得建立的模式:由公理(或定义)提出定理(或命题),然后进行严格的逻辑推导,一步接一步,一环套一环。《平面图形的平衡或其重心》奠定了理论物理研究方法的基础:在阿基米德之前的数学家可能知道如何计算重心,但是阿基米德把重心计算的理论基础归纳成了公式,扩展了应用范围。他的作品始终将数学和物理相结合,阿基米德也因而被称为物理学之父。就其在物理学领域的研究成果对人类的贡献而言,阿基米德对世界的影响和"撬动地球"相比一点也不逊色!

3.“我还没有做完!”

认为阿基米德埋首理论脱离实际的人不止赫农王,罗马的作家普鲁塔克也认为阿基米德没有什么了不起的,认为他只能在征服叙拉古并杀死阿基米德的罗马将军马塞勒斯的传记里做一个配角。崇尚军事的罗马人对希腊文化的许多方面都颇为重视,但是对数学和物理这种纯理论上的研究颇不适应并且不以为然,认为希腊人把智慧用在"追求那些美丽、优秀,但却与日常生活需要隔之千里的东西"上,实在是一种浪费。

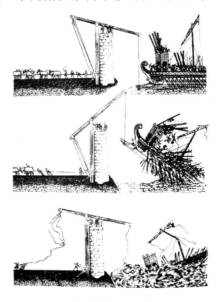

事实上,在存亡之秋,阿基米德献出了自己知道的一切科学技术。马塞勒斯从陆地及海上袭击叙拉古,阿基米德用他发明的类似起重机的器械将靠近的船只抓起来,再狠狠地摔下去,有的船被撞得粉碎,有的船沉入海底。还

阿基米德撼船飞抓

用强大的投石机将巨大石块抛出，打得罗马战舰七零八落，有效地阻止了罗马人的进攻。在陆地上，罗马兵也没有占到便宜，多次进攻，均未得逞。

> 马塞勒斯嘲笑他自己的工程师和工兵说："我们还能同这个懂几何的'百手巨人'打下去吗？他轻松地稳坐在海边，把我们的船只像掷钱游戏似的抛来抛去，船队被搞得一塌糊涂，还射出那么多的飞弹，比神话里的百手妖怪还厉害。"
>
> ——《马塞勒斯传》

前期罗马军采用正面进攻，遭到顽强抵挡，损失惨重。后来罗马军放弃正面进攻，改用长期围困的策略。公元前212年，在一个祭祀阿尔忒弥斯的晚上，叙拉古终于因粮食耗尽，被叛徒出卖而沦陷。阿基米德随即被罗马士兵所杀。

关于阿基米德的死，在历史中有几种记载。最早的说法出自古罗马历史学家李维（公元前59—公元17）：

阿基米德之死

> 在兵荒马乱之中，侵略军大肆杀戮，阿基米德正在沙上画图，一个罗马兵将他刺死，根本不知道他是谁。这里所说的

"沙"，是指沙盘，即在平板上铺上细沙，用来计算、画图和写字。李维的原文是 pulvis（拉丁文，指沙盘或沙上铺的细沙），后来罗马历史学家瓦勒里乌斯（Valerius Maximus，活跃于公元20年前后）提到这件事，误以为是在沙地上画图，把 pulvis 写成 terra（土地），于是许多书就以讹传讹。

不管具体的情节如何，马塞勒斯的罗马军队攻城的时候遭遇顽强抵抗，损失惨重。罗马历史家们为他遮丑，掩盖他城破之后纵容士兵劫掠的真相，恐怕更是合乎逻辑的考量。"覆巢之下，焉有完卵"，旷世的大科学家阿基米德,为了拯救自己的祖国,曾竭尽心智、力挽狂澜,给侵略者以沉重的打击,最后被野蛮的士兵夺取生命,这是毋庸置疑的。

对于阿基米德之死,马塞勒斯甚为悲痛,除了严肃处理这个士兵外,还四处寻找阿基米德的亲属,给予抚恤并表示敬意。同时,给阿基米德立墓,以表景仰之忱。在碑上刻着球内切于圆柱的图形,以兹纪念。(因阿基米德发现球的体积及表面积都是外切圆柱体体积及表面积的 $\frac{2}{3}$。他生前曾流露过要刻此图形在墓上的愿望。)

事过境迁,叙拉古人竟不知珍惜这非凡的纪念物。100 多年之后(公元前 75),罗马著名的政治家和作家西塞罗(Marcus Tullius Cicero,公元前 106—公元前 43),在西西里担任财务官,有心去凭吊这座伟人的墓,然而当地居民竟根本不知道它的存在。众人借助镰刀辟开小径,发现一个高出杂树不多的小圆柱,上面刻着的球和圆柱图案赫然在目,这被久已遗忘的寂寂孤坟终于被找到了。墓志铭残缺不全,大约有一半已被风雨侵蚀。又 2 000 年过去了。随着时光的流逝,这座墓也消失得无影无踪。现在有一个人工凿砌的石窟,宽约 10 米,内壁长满青苔,被说成是阿基米德之墓,但却无任何能证明其真实性的标志,而且"发现真正墓地"的消息时有所闻,令人难辨真伪。

最终,是政治的动荡和连年的征战终结了希腊文化的繁荣,血腥的生存斗争摧毁了难得一见的古希腊文明。

4."进不了前一百名"

麦克·哈特是一位知识渊博的美国学者,他涉猎广泛,先后获得过多个文理学位。1978 年,他出版了一本有趣的书——《影响人类历史进程的 100 名人排行榜》,他按照自己的心意精心挑选了历史上最有影响的 100 个人物,评功论罪,臧否古今,成为当年最精彩的畅销书。哈特强调写这本书的目的是找出历史上最有影响力的人物，而不是最伟大的人物，这种特别的标准使得这本书引起了激烈争论，颇有几分"华山论剑"之风。下面我们来看看他的前10名人选和入选背景：①穆罕默德（伊斯兰教创始人）；②牛顿（牛顿三定律）；③耶稣（基督教创始人）；④释迦牟尼（佛教创始人）；⑤孔子（儒学创始人）；⑥圣保禄（基督教推动者）；⑦蔡伦（造纸术）；⑧古腾堡（印刷术）；⑨哥伦布（发现美洲）；⑩爱因斯坦（相对论）。哈特提醒我们，不用管什么《福布斯》、《时代周刊》或者《南方周末》的评选，每个人大可以按照自己心目中的标准，钩沉历史事实，评选自己心中在某个方面具有杰出成就的人。

哈特把阿基米德排在副榜的第106位，没有进入前100位，"作为数学家，阿基米德无疑是出类拔萃的。他近乎系统地阐述了积分学——比牛顿成功地发明积分早18个世纪。不幸的是阿基米德所生活的时代没有一个实用方便的数学记数体系，同样不幸的是他的宣传弟子中没有一个真正一流的数学家。结果阿基米德的杰出的数学洞察力远没有产生其可能会有的作用"。因此，在哈特看来，虽然阿基米德的天赋的确超群，但是他的实际影响力还不能使他名列自己心目中的前100名。

哈特的书出版于1978年，他当时做的结论是：和同时期的希腊伟人比起来，阿基米德对后代的影响微乎其微。但是20年后，一本奇书重现人间，人们发现阿基米德的巨大成就被忽略了，他的确曾经撼动过世界，改变了我们对世界的总体看法，柏拉图、亚里士多德和欧几里得建立和完善了古代科学体系，阿基米德却几乎把数学带到了现代科学思维的门口，开创了史无前例的科学时代。

5.《阿基米德羊皮书》

1906年，丹麦古典学者约翰·卢兹维·海贝尔，在伊斯坦布尔一座教堂的图书馆里发现了一本公元12世纪写在羊皮纸上的祈祷文册子。他注意到在祈祷文后面还隐约藏着一些有关数学的模糊文字。海贝尔研究发现，这些文字竟然属于公元 10 世纪一名文士从阿基米德的希腊文手卷誊录到羊皮纸上的阿基米德遗稿，共有 174 页。但是文士誊录大约 200 年后，一名僧侣拿出了修道院收藏的这份无人问津的阿基米德遗稿，一页页洗去上面的墨水，然后再写上祈祷文（这本《阿基米德羊皮书》因此也被称为《阿基米德重写本》）。幸运的是，当年文士是用五倍子溶液当墨水誊录阿基米德著作的。五倍子是橡树和阿月浑子的树叶和末梢

《阿基米德羊皮书》译著封面

上生长的球状物，富含丹宁酸，碾碎后同硫酸铁混合，加上雨水、阿拉伯树胶和一点醋，便能制成色泽持久浓重的墨水。丹宁酸会顺着文字的痕迹渗入纸张，即便墨水本身消失了，物理的痕迹仍将保留。因此，这名僧侣当时并没有完全洗尽遗稿上的字迹，羊皮纸上还留着一些淡淡的痕迹。因为教堂不允许把重写本带出去，在借助放大镜转录了能看清的手稿的 $\frac{2}{3}$ 后，海贝尔让当地的一名摄影师给其余书页拍了照。

当时传世的阿基米德著作共 8 篇，分别是《平面图形的平衡或其重心》《抛物线求积》《论球和圆柱》《圆的度量》《论螺线》《论浮体》《论锥型体与球型体》《数沙者》。这些内容因两个古代抄本辗转流传至今，被称为"抄本 A"和"抄本 B"，但这两个抄本的原稿也早已遗失了，因此如果海贝尔的发现被证实的话，那么这本《阿基米德羊皮书》将是存世的阿基米德著作抄本中最古老的版本。可惜，这份珍贵的手稿再次遭遇不测，它在 1919—1922 年希腊和土耳其的战争中失踪了。

在人们的视野中消失了近 80 年后，1998 年，《阿基米德羊皮书》作为拍

品神秘地出现在纽约克里斯蒂拍卖行。人们看到的是一本非常破旧的小开本古代羊皮书，品相极差，原来的墨水已经被擦去，不仅阿基米德的专著被祈祷文覆盖，而且书脊处阿基米德的一些重要论述也已经消失。更糟糕的是，这本羊皮书还被剪成两半，翻转 90°后变成更小型的双页装订，然后用现代胶水固定在一起并包上皮革封面，装订时也不是按着羊皮书的原来顺序，而是随机地排列。看上去这本小破书是一本很不起眼的中世纪抄写的祈祷书。但是，因为据信它就是海贝尔在 80 年前发现的被称为"阿基米德重写本"的《阿基米德羊皮书》，这件拍品的起价高达 80 万美元。

更为人津津乐道的是，尽管希腊政府为购回国宝志在必得，专门派出官方代表参加竞拍，却有一个神秘买家不停加价，最后将价格推升至 200 万美元击败希腊政府，拍下《阿基米德羊皮书》。此事立刻上了次日的《纽约时报》头版。这位神秘买家拒绝现身——他的代表只肯透露两点：①买家是美国人；②此人不是比尔·盖茨。

随后这位富翁自称"B 先生"，派人找到巴尔的摩市的华尔特艺术博物馆手稿部主任诺尔博士，要诺尔组织团队来研究《阿基米德羊皮书》，研究经费由他来资助，但研究结束后羊皮书要归还给他。诺尔组织了一支包括了古代科学教授、数学史教授、中世纪艺术史教授、化学教授、数码成像专家、X 射线成像专家、古籍手稿研究专家的研究团队，他们都主要是在业余时间从事这项研究。研究过程中，B 先生也经常参与决策，这支研究团队辛勤工作了 7 年。

研究者们将《阿基米德羊皮书》一页页拆开，利用各种现代的成像技术，最终成功地完整重现了那份在 700 多年前已经从羊皮纸上被刮去的抄本内容。终于，传世阿基米德著作的第 3 个抄本重新出现了，它现在被称为"抄本C"，成为存世的阿基米德著作抄本中最古老的版本。

"抄本 C"中包括了阿基米德的 7 篇著作，其中前 5 篇是以前"抄本 A"和"抄本 B"已经承传下来，为世人所知的；而最为珍贵的是最后 2 篇，《十四巧板》和《方法论》，这是以前从未出现过的。研究组合数学的专家惊喜地发现，阿基米德写《十四巧板》不是为了游戏，而是为了讨论有多少种把十四巧板拼成正方形的方法,而答案(17152 种)成为"希腊人完全掌握了组合数学这门科学"最早期的证据。而在《方法论》中,阿基米德早在 2 000 年前就已经"十分接近现代微积分",不光有对数学上"无穷"概念的超前研究,更有贯穿全篇的如何将数学模型进行物理上的应用的方法。研究者们甚至认为,"阿基米德有能力创造出伽利略和牛顿所创造的那种物理科学"。这让人不免慨叹,如果不是倒在罗马士兵的剑下,这位伟大的物理学之父,还不知会把支点延伸到什么地方!

6.阿基米德的支点

想在人类历史上有广泛的影响力,要么是有足够伟大或者震慑的行动力,开创了前所未有的局面;要么是具有在深度和广度方面都足够伟大的思想和著作,同时又能依靠时势传播开去,影响数代或者数十代人。柏拉图和亚里士多德的影响力来自他们成功开办的学园和伟大的作品,留存并广泛传播了他们的思想,欧几里得的教科书更是集大成者,成为一代典范。而阿基米德似乎有一些先天条件上的不足。

阿基米德少年时曾去当时的学术中心亚历山大里亚求学,学成之后又曾到西班牙和埃及游历,但他人生大部分时间还是在故乡叙拉古度过的。叙拉古地处战略要地,连年陷于雅典、罗马以及迦太基的战事之中,叙拉古人希望博学聪明的阿基米德能为他们带来一些实际的好处。因此,早期的阿基米德是以国王的御用工程师身份闻名的,他检验皇冠真假,把大船弄下水,发明巨型投石机对抗外敌。但是所有这些事迹,只能算是国王和将军们的陪衬。罗马的历史学家普鲁塔克就在书中说他只追求"那些美丽,优秀但与日常生活需要隔之千里的东西"。这些罗马人作为希腊的征服者,认为希腊的思想仅仅是装饰品,而罗马帝国的天才热心的只是政治、军事和工程。后人评价罗马帝国对数学的贡献时不免讥讽一番:唯一改变了数学发展史的罗马人是屠杀了阿基米德的那个罗马士兵。

但是阿基米德的志向并不是当个工程师,他甚至在自己的著作中都没有提到自己发明的那些精妙的实用机械装置(埃及人现在还在使用他发明的"阿基米德螺旋泵"提水或者装货物)。他潜心学术的愿望也不能被周围的人所理解,后人认为他的这种知识分子气质来自柏拉图学派,他们认为"几何学是上帝创造世界的方法",哲学才是真正的学问,纯理论研究才是真正的有意义的工作。这种气质也深深地影响了欧几里得,他曾经对提出"几何学有什么用"这样问题的人十分厌恶,叫仆人给提问者几个小钱便让其走人。不过作为柏拉图最优秀的传人,欧几里得把古典几何学发展到了很高的程度,以至于在相当长的一段时间里,欧洲人真的相信他通过《几何原本》描述了柏拉图所说的"上帝用来创造了世界的完美几何"。

然而,和欧几里得以及当时其他的数学家相比,阿基米德的思想是有些与众不同的。他的作品虽然还是严格遵循欧几里得源自亚里士多德的严密的逻辑体系和推理方法:严谨地分析问题,清晰地推导出自己的结论,即使是不擅长数学的人也可以看懂。但他受了早期工程工作的启发,不再固守古典几何学的迷信信条:所研究的必须是上帝创造的完美图形,只能用圆规和直尺画出,除此之外的图形都是机械的,受限制的,不完美的。这个迷信也许曾经在欧几里得为几何学发展出严密的逻辑和近乎完美的体系时提供过信念,但是在相当长的一段时间里,却成为僵硬的教条,束缚了自然科学的发展。

做过工程师的阿基米德在思维上没有被这一点所束缚,他没有理睬所谓纯数学和实用数学的区分,只是针对问题本身去寻找答案。他研究了螺线这种非柏拉图图形(尺规是画不出来的),不光用这种机械图形的原理发明了阿基米德螺旋泵,更毫不犹豫地用这个工具来解决数学难题(其中之一是三等分一个角)。过了2 000年,人们才发现,只用尺规作图,那几个难题一个也不能解决。

从当时的古典几何学的观点来看,阿基米德的方法依赖于复杂的机械运动,一点也不简单,不完美,只属于实际数学应用的领域,用来进行数学理论的研究属于"作弊"。但阿基米德根本不理睬这种武断的划分,自顾自地用严密的逻辑分析并解决问题,再用同样严密的逻辑论证令人信服地证明了问题的答案。这可是一个了不起的突破,要知道,过了2 000年,笛卡儿才用同样的思想发明了解析几何。

阿基米德不再把理论奉为高高在上的真理,理论研究的目的也是为了解决实际问题,在研究圆周率的问题上,他就表现出和欧几里得完全不同的态度。欧几里得提到过可以用近似法测量圆的周长和直径的比例,但阿基米德并没有认真对待,因为近似法这种不完美的对象不在他的研究兴趣之列,而阿基米德明确提出了用内切多边形和外切多边形的极限来计算,在《阿基米德羊皮书》中的《方法论》表明,阿基米德特别喜欢用"机械"方法来成就他的许多发现。其中包含不断变小的量,来"穷竭"无法描述的空间。这种"穷竭"方法的伟大创新之处在于它关注的是近似值,在此之前,数学家只从精确的答案上来思考问题,计算只有对错之分,近似值不符合对数学答案严谨性的要求,不能作为理论研究的答案,也不能作为证明方法。但是,缩小近似答案的上下限之间的距离,使结果无限接近答案,这实际上是一种突破性的数学思想,虽然阿基米德本人没有意识到其意义到底是什么,但是他在研究工作中已经认识到这种"机械"方法是一种非常具有启发性的工具。他确信它对数学有举足轻重的价值。

这种"机械"的方法正是微积分的思想,这种方法发展而来的微积分学被描述为"迄今所发明的用来描述现实世界的活动方式最有用的数学工具"。阿基米德是使用微积分学的先驱,因他开始,数学不再仅仅是高高在上代表"和谐有序"的观念,而发展成为巧妙复杂的工具,和其他的科学学科的理论研究紧密结合,和现实世界在各个层面上产生了千丝万缕的联系。

因此,在专家眼中,阿基米德在世界科学史上的地位,远比公众眼中的要高得多。美国的E. T. 贝尔在《数学人物》上就是这样评价阿基米德的:"任何一张开列有史以来三个最伟大的数学家的名单之中,必定会包括阿基米德,而另外两个通常是牛顿和高斯。不过以他们的宏伟业绩和所处的时代背景来比较,或拿他们影响当代和后世的深邃久远来比较,还应首推阿基米德。"

文艺复兴时代的科学大师

——发现新宇宙的先驱者伽利略

1.伽利略青铜吊灯和钟摆

初中物理课本里有伽利略和摆的故事：

同学们，钟表是根据什么原理制成的？400多年前的意大利比萨，年轻的伽利略当时正在比萨大学学习。有一天，伽利略在教堂内做弥撒。教堂穹顶上挂着的吊灯不停地来回摆动，引起了伽利略的注意，他

伽利略青铜吊灯

被吊灯摆动的节律性吸引住了。伽利略看得出神，尽管吊灯摆动的幅度越来越小，但每摆动一次的时间似乎是相等的，这个现象令他大为惊奇。于是他决定仔细地观察。后来终于发现了钟表的工作原理（摆的等时性原理）。

爱思考的同学多半会对开始的问题有点儿迷惑，因为现在大部分的钟表不是用摆的原理，而是用石英晶振的原理制作的。而在伽利略发现这个原理之前，已经有人发明了机械钟，伽利略在1583年建立的等时性原理，只

是重力摆的理论基础。到 70 多年后的 1656 年,才由荷兰的科学家惠更斯将重力摆的理论引入机械钟,设计了钟摆;第二年,惠更斯指导一个年轻的钟匠成功制造了第一个摆钟。

再回到教堂里的伽利略,当时他在比萨大学可是医学院的学生,也是虔诚的教徒,在教堂不好好做弥撒,为什么要盯着吊灯发呆?

其实传奇的背后还是有很多故事的。伽利略出生在意大利的佛罗伦萨,他的父亲是个落魄的音乐家,曾经喜欢发表独立见解,向权威挑战。但是在现实中却只能靠在老家开小羊毛店维持一家生计。意大利的家庭观念和中国人很像,伽利略的父亲望子成龙,省吃俭用送家里的长子伽利略去比萨学医,希望将来他可以像祖上一位有名的医生那样出人头地。

但是当时大学里教的主要是对拉丁和希腊课本的解释,医学课本里教的理论是希波克拉底的"四液体学说"。根据这种理论,每个人的体内都有四种液体:血液、黏液、胆汁和忧郁液。这四种液体的不同的状态,导致了人拥有不同的气质。体内的这四种液体处于平衡状态时,人的身体就处于健康状态,而疾病则是由于这四种液体的失调所致。医生按这四种液体比例失调的理论,为病人治病的方法就是使多余的液体排出体外,具体说来就是发汗、放血、泻肚子和诱发呕吐等,特别是放血,几乎成了包治百病的良方。医学的发展受时代限制,这在历史中是无法避免的。但是令人难以置信的是,由于基督教会的权威,在大学课堂上任何人都不能对这些经典著作有所怀疑,否则就是大逆不道。当时已经是文艺复兴时代,从音乐和艺术开始,怀疑和批判权威已经成为社会思潮,深受影响的伽利略忍受不了这样的学习环境,经常不去上课。

然而,伽利略并不是不爱学习,他一直对实用数学和物理很感兴趣。到了比萨后,他在父亲的数学家朋友里奇的帮助下开始自学数学,因为怕被爸爸认为是不务正业,伽利略求里奇不要告诉爸爸。有趣的是爸爸知道后默许了这件事,但是怕伽利略知道自己的默许就干脆放弃学医,心情复杂的父亲也让里奇不要告诉伽利略自己的态度。说实话,这样的父子心理也会让中国人产生共鸣，算是父子情深的特殊版本吧！

伽利略从欧几里得和阿基米德的书开始，研究了不少数学和力学著作；慢慢地他也开始看哲学家的著作，其中就包括亚里士多德的著作。亚里士多德是当时的教会和经院学者最为推崇的哲学家和科学家，他的《物理学》被看作是标准的物理学讲义。因此，当看到教堂的吊灯开始摆动时，19岁的伽利略很自然地想起了刚看过的书里亚里士多德说过的"摆经过一个短弧比长弧要快"。他意识到吊灯就是一个摆，而且摆动起来弧度的确是越来越

比萨大教堂礼拜堂

小，那么，真的是越来越快么？作为医学院的学生，伽利略知道自己的脉搏跳动的时间是均匀的，可以用脉搏跳动的次数来比较吊灯摆动的快慢。他发现，无论摆动的幅度如何，脉搏计算的次数都是一样的！

故事补充到这里好像就结束了。不过我们还可以再想一想，为什么亚里士多德的判断看上去符合我们的直观印象却是错误的呢？这是因为亚里士多德忽略了摆的长短对摆动的快慢有影响。不同长度的摆，弧线不同，周期也不同，他混淆了不同摆长的摆之间的摆动现象和同一个摆的不同摆动弧度的摆动现象。和亚里士多德相对应的正确说法应该是"如果短摆和长摆用同样的初始角度摆动，短摆的弧度短而且快"。亚里士多德没有深入思考摆的各种状态，犯了想当然的错误，而基督教会对于亚里士多德的尊崇放大了这个错误。实际上在伽利略之前的好几个世纪，等时性早已为阿拉伯人所熟知。而伽利略是第一个用严谨的科学态度和数学方法去研究这一现象的人，持续的实验和研究让伽利略发现，摆的周期不仅和划过的弧线无关，也和摆线上悬挂物的多少和重量无关，这个周期只和摆线长度有关，并进一步证明其摆动周期和摆线长度的平方根成正比。也就是说如果不考虑

阻力的影响,悬挂在等长线上的一个软木球和一个铅球的摆动规律是相同的。

　　还有一点也值得说明,那就是等时性原理只有在摆动角度很小的情况下才可以很清楚地观察到,要观察到这个现象在日常生活中可不容易。而比萨大教堂里的青铜吊灯却是一个特殊例子。根据资料显示,比萨大教堂的屋顶外正立面有大约 32 米高,保守地估算挂吊灯的绳子也应该有 20 多米;如果我们按 25 米估算,那么摆动的周期就有 10 秒左右。如果摆动角度有 5°,那么可以观察到的弧线就有 2 米;如果摆动角度是 1°,那么也有 0.4 米的弧线可以观察。加上教堂的门在做弥撒的时候应该是关上的,受气流的影响也很小,这的确是一个难得的观察场地,不得不说伽利略发现单摆的等时性,运气还真的不错呢。

2. 比萨斜塔和自由落体

看完了摆的故事,再来看看另外一个有关伽利略的故事:

　　17 世纪初的一天,在意大利比萨斜塔上进行了一场著名的实验,物理学家伽利略从塔顶抛出了质量不同的两个球,结果这两个球同时落地。这一实验证明了物体的下落速度与物体的质量无关,它推翻了自古希腊以来人们关于物体大小决定了下降速度快慢的认识,为近代力学的发展奠定了基础。

物理课本里也有关于这个故事的内容,却有些不同:

　　比萨斜塔图片附言:传说伽利略在此做过落体实验,但后来又被严谨的考证否定了。尽管如此,来自世界各地的人们都要前往参观,他们把这座古塔看作是"伽利略的纪念碑"。

看来,历史教材编者认为伽利略在比萨斜塔所做的实验是真实的,而物理教材编者却只把它作为"传说"给予记载,这看上去似乎有些矛盾,但其实背后另有一段公案呢。

根据科学史家们的考证，虽然伽利略、比萨大学和同时代的人没有关于他在比萨斜塔上实验的记载和说明，但是根据记载，1612年倒真有一个物理学家在比萨斜塔上做过这个实验，不过这个人支持的是亚里士多德的观点，他是为了反驳伽利略而做这个实验的。结果两个球并没有同时到达地面，这个差距据说是5厘米（见王云五1935年编写的《伽利略传》），而反对伽利略的人还是坚持认为就算5厘米也是重的先落地，还是亚里士多德赢了。这种行为几近赖皮，在20多年后的《关于两门新科学的对话》中伽利略还专门指出："重量1比10的两个物体下落时只差很少的距离，可是亚里士多德却说差10倍，为什么忽视亚里士多德如此重大失误，却盯住小小的误差呢？"这个实验的确推翻了亚里士多德的关于落体速度与其质量成正比的理论。

伽利略在《论运动》和《关于托勒密和哥白尼两大世界体系的对话》两本著作中明确提过做塔上落体实验达30余次，关于实验用的东西、方法和数据都谈得非常具体，可见他是确实做过塔上落体实验的。虽然他并没有指明这座塔是否就是比萨斜塔，也并没有肯定这个实验是他自己做的，而且光靠这样一个事实也不足以彻底否定亚里士多德的错误论断，但是伽利略真正的高明之处在于凭借数学的推理，将落体实验转化成斜面实验，从而有可能精确地测量路程和时间的关系，做出判决性的实验结论。在真正的行家看来，这个斜面的实验才是"最美物理实验"之一。

1971年7月31日，"阿波罗15号"登月后，美国宇航员大卫·斯科特在月球表面用一把锤子和一根羽毛重复了自由落体实验，由于月球上没有空气阻力的影响，锤子和羽毛同时落地。通过电视直播，斯科特向地球人说："我想我们今天能够到达这里的其中一个原因，是因为很久以前一个叫伽利略的伟人，有了那个重大发现——自由落体定律。我们认为没有任何地方比月球更适合来证实他的发现了。我们应该试验给你们看看。我将它们同时放开……正如我们所希望的，它们同时着地了。怎么样？这证明了伽利略的发现是正确的。"

3. 地球仍在运动

高中历史课本里对伽利略的事迹有这样的描写:

伽利略在科学领域里的重大成就,激怒了罗马教皇及其信徒们,当伽利略写了《关于托勒密和哥白尼两大世界体系的对话》这本科学巨著后,教会终于露出了狰狞面目,把伽利略投入了监狱。教皇乌尔班八世的御用工具——宗教裁判所,在 1633 年 6 月 21 日宣布对伽利略的判决:我们判决你在宗教法庭监狱内服刑,刑期由我们掌握,为了有益于补赎,命令你在今后 3 年内,每周背诵 7 篇赎罪诗篇……这一纸胡言,竟使伽利略蒙冤 300 多年,甚至死后还被禁止举行殡礼,不准葬入圣太克罗斯墓地。

伽利略受审判

一本传记中写道:"就这样,在高压下,伽利略怀着屈辱和矛盾的心理向教会妥协了。可是,他的内心并没有屈服。在离开审判席时,他仍自言自语地说,'我虽然不再说地球在运动,但地球仍然在运动啊!'。"

《关于托勒密和哥白尼两大世界体系的对话》,这本对话体的作品内容以辛普利邱(主张地心说的亚里士多德主义者)、萨尔维阿蒂(主张日心说的哥白尼主义者)和沙格列陀(在这场辩论中持中立态度的博学智者)三个人的对话展开。在这场对话中，萨尔维阿蒂系统地驳斥了辛普利邱的所有观点，并得出了伽利略所主张的、富有挑战性的关于地球围绕太阳运转的证明。沙格列陀最终总结道，睿智的萨尔维阿蒂（其实就是伽利略本人在书中的投影）是正确的，辛普利邱错了。然后

伽利略《关于托勒密和哥白尼两大世界体系的对话》

三人退下，享受餐点和美酒。在这个虚构的辩论中，哥白尼主义者萨尔维阿蒂把潮汐现象作为地球是在运动的最主要的证据，但是这个关键的证据却是错误的，潮汐的主要原因是月球的引力，伽利略在书中并没有拿出充足的证据和令人信服的证明来支持日心说。伽利略用意大利语写的这部作品文采斐然、绘声绘色、妙趣横生、可读性甚强，一下子就流传开来，造成了很大的反响。

这样的影响让当时的教皇乌尔班八世贝拉明大为恼火。当他还是主教的时候，就已经意识到如果有一天哥白尼的宇宙体系真的被证明是正确的，那么教会将不得不处理这一证明带来的神学问题。因此，他代表教会和伽利略达成协议：只要在拿出最终的证明之前，伽利略仅仅承认日心说只是一种假设，而不把它作为对宇宙的真实描述加以推广，那么教会就不追究他对日心说进行的研究。

当贝拉明被加冕为教皇乌尔班八世后，伽利略觐见了这位新教皇6次，在会谈中，伽利略向这位故交保证，他已经找到了地球运动的证据。乌尔班八世终于同意伽利略就日心说问题进行写作，但要求他除非真的能证明日心说，否则不许将日心说描述为事实（但可以作为一个有用的假设）。

但是，伽利略的《关于托勒密和哥白尼两大世界体系的对话》却无法逃脱质疑者的指控：他正在推行一种与《圣经》不符的思想，却又没有提供关于其真实性的令人信服的证据。伽利略保护自己的策略仅仅是在书中加了一

个序言,声明自己对日心说的态度是把它当作纯粹的假说,但哪怕是粗略的阅读也会看出那只不过是一种托词。有资料表明乌尔班八世感到自己被伽利略的错误证明所出卖,而且更令他恼怒的是伽利略曾把二人的私人谈话通过辛普利邱(书中显得很笨的亚里士多德学者)之口写入书中的最后部分。最终这次教皇没有继续保护他,在宗教裁判所的法庭上伽利略被判有罪,并且被迫公开宣誓放弃对日心说的信仰。

从今天的角度看来,因为推行与《圣经》不符的思想就被判有罪实在是件荒谬的事情,但是在当时的欧洲,天主教会的力量就像空气一样无处不在。所有的事情都和宗教息息相关。而真正的有影响力的反叛者,也都曾经是天主教会的精英。日心说的创建者哥白尼是波兰虔诚的天主教教士,他希望通过研究天文学来维护天主教的信仰。最著名的日心说捍卫者布鲁诺,15岁就到著名的天主教多米尼克修道院当修士学习经院哲学和神学,24岁就成为神父和著名的学者。而伽利略小时候也在佛罗伦萨修道院的学校学习哲学和宗教,曾经也想献身教会,在他之后的成长过程中也一直在教会大学学习和教书。公允地说,在当时的社会,研究科学的最主要的力量还是来自天主教会和天主教会资助的大学,教会中的有识之士希望通过哲学把神学的教条合理化,从而对抗迷信和其他的宗教信仰,哲学也可以通过神学解决脱离现实的问题,把理性的知识更广泛、更平等地传播开去。他们采取的调和原则是"让理性为信仰服务"。这种设想本来是双赢的。但是教会没有预料到的是,原先只是作为哲学一部分的自然哲学,在这种土壤中慢慢长大,最终摆脱了哲学和神学的双重束缚,独立并壮大发展成为今天的现代科学。

科学区别哲学和神学的一个重要的特征,就是在同一科学体系的内部,可以接纳并存在各种不同的理性观点,这些观点甚至可以是针锋相对的。所谓科学的观点和方法,指的是一套理性而公平的检验方法和原则,只要通过了检验,就都可以被接纳为科学的观点,而哪一种观点更加正确,就看在科学的发展和科学家的智慧之下,能为哪种观点给出更为令人信服的理论证明，或者更加符合观点的事实。事实证明，相互对立的观点往往都是互补的，科学观点之间竞争的结果，往往是突破性的科学成就，每一方的工作都会得到褒奖。科学的方法也是一个开放的系统，历久弥新，在科学的框架下，任何的观点都可以挑战其他观点，所有的观点也必须接受其他观点的挑战。在任何时候，新的科学观点都会受到瞩目，新的科学成就都会受到欢迎，并让人更期待下一次突破的到来。同宗教和哲学比较起来，科学在处理观点的态度和结果上都具有如此大的优势，使得科学的方法和态度从起初的自然科学的领域，扩展应用到了所有的学术范畴，并通过教育对现实生活中的科技以及社会生活产生了巨大的影响。

用现代科学的标准来回顾地心说和日心说之争，就可以发现这两个系统都是非常出色的科学假说：

托勒密根据大量观测数据，结合亚里士多德的地心说承认地球是"球形"的，并把行星从恒星中区别出来，着眼于探索和揭示行星的运动规律，在2 000年前的古希腊是很了不起的，标志着人类对宇宙认识的一大进步。而地心说最重要的成就是运用数学来计算行星的运行轨迹，托勒密还第一次提出"运行轨道"的概念，设计出了一个本轮均轮模型，按照这个模型，人们能够对行星的运动进行定量计算，推测行星所在的位置，这也是一个了不起的创造。在一定时期里，依据这个模型可以在一定程度上正确地预测天象，较为完满地解释当时观测到的行星运动情况，并取得航海上的实用价值，从而被人们广为信奉。

而哥白尼提出的日心说宇宙模型同样是从大量观测数据中归纳总结而来，他主要通过前人的观测结果，独立进行哲学思考与数学计算，逐渐形成了自己的天文学体系，哥白尼原本打算发现一两个小本轮来验证托勒密的系统，但长达30年的观测和研究让哥白尼对托勒密的理论产生了怀疑。哥白尼发现，将不动点从地球移动到了太阳上，可以大大简化理论，同时也更符合实际观测的结果，就此他总结并提出了日心说：地球不是宇宙的中心，而是同五大行星一样围绕太阳这个不变的中心运行的普通行星，同时地球又以地轴为中心自转。但是哥白尼和托勒密一样，严重低估了太阳系的规模，因此无法在日心体系下解答为什么一年四季观测恒星位置都不会移动的问题。同时他也错误地认为星体运行的轨道是一系列的同心圆，因此根据他的日心说仍旧不得不保留一部分本轮和偏心圆的设计才能和实际观测到的星象数据相符。由此可见，哥白尼的体系是有重大缺陷的，再加上"坚实的大地是运动的"这一点和人们的直观感觉不符，因此即使在《天体运行论》出版以后的半个多世纪里，日心说仍然很少受到人们的关注，支持者更是寥寥无几，只是在天文学界作为一种假说流传。日心说不构成对占据主流的地心说的挑战，天主教会对哥白尼的研究成果也乐见其成，并不反感。

布鲁诺和教会的矛盾，主要在于他把日心说推广演绎成无限宇宙观，明确主张太阳是众多的恒星之一，地球亦是行星之一。更主张人类在宇宙中不是唯一的智慧生物，他的学说中已经没有了上帝的位置。今天看来，这算是有预见性的创想，但布鲁诺的兴趣并不在数学推理或者天文学观测上，而是把产生于学术的哲学主张演化为一种信仰。他四处讲学，反对经院哲学、反对被教会奉为"绝对权威"的《圣经》，用"理性信仰"向"宗教信仰"宣战。当布鲁诺第一次被怀疑有异端行为时，他就没有指望能够得到罗马教廷的宽恕，罗马教廷也知道，如果宽恕了布鲁诺，那么就等于赞同他否认上帝的存在这一观点，双方都没有退路，信仰的交锋坚持到最后只能是你死我活。布鲁诺被宗教裁判所监禁并折磨了 8 年，于 1600 年被处以火刑，罪名是不承认上帝的 3 个"位格"（圣父、圣子、圣灵）是在本性和实体上毫无差异的；不承认"道成肉身"；不承认圣灵的本性；不承认基督的特性；主张自然界的必然性、永恒性、无限性，以及灵魂的轮回；颂扬异端世俗君主（指曾经庇护他的伊丽莎白女王）。而引发他产生这些思想的日心说难逃牵连，《天体运行论》被教会查禁，沦为禁书。

到了 1609 年，伽利略发明了天文望远镜，发现了一些新的天文现象，并因此发表《星际使者》一书支持日心说，日心说才重新引起人们的关注。伽利略观测到的天文现象主要包括：木星有 4 颗卫星（说明了地球不是宇宙的唯一中心），金星也和月亮一样有盈亏的变化（金星围绕太阳旋转）。

然后故事就回到了之前伽利略和贝拉明的交往开端。可以说，伽利略犯了和布鲁诺同样的错误，在理论还没有被证实之前就当作真理来传播。在当时的社会环境下，他们最后都陷入了信仰之争。虽然一个殉道，一个屈服，但是故事未必就一定是要以这两种悲壮的结局收场。

当意大利的布鲁诺、伽利略向天主教会公开挑战，斗争得异常惨烈的时候，第谷正在坚持不懈、一丝不苟地测出大量原始的精确数据，而开普勒则潜心 20 年，钻研和分析这些数据，推动和发展了哥白尼的理论，也推动了天文学向近代科学发展。

1618—1621 年，开普勒发表了《哥白尼天文学概要》简明扼要地叙述了哥白尼的理论，并以自己的发现补充、修正和发展了哥白尼的学说。

1741 年伽利略被天主教会平反，教皇本笃十四世授权出版他的所有科学著作。1992 年 10 月 31 日，教皇约翰·保罗二世对伽利略事件的处理方式表示了遗憾。

斯蒂芬·茨威格在《异端的权利》中说："每一个国家、每一个时代、每一个有思想的人，都不得不多次确定自由和权力间的界标。因为一方面，缺乏权力，自由就会退化为放纵，混乱随之发生；另一方面，除非济以自由，否则权力就会成为暴政。"

4. 巨人的肩上的对话

大物理学家牛顿曾经说过："我之所以有这样的成就，是因为我站在巨人们的肩膀上。"牛顿所指的，就是伽利略在力学方面的成就所奠定的历史地位。

在经历了教会审判、丧女和病痛的磨难之后，伽利略决定把自己在大学任教的讲义和物理学方面的研究整理成一部专著。在朋友和助手的帮助下，1637 年，73 岁高龄的伽利略完成了他最重要的一部科学著作《关于两门新科学的对话》，为了绕开教会的禁令，这本书被带到荷兰出版。书中伽利略保持了他一贯文采斐然的对话体风格，他还是邀请高贵而机智的贵族沙格列陀、萨尔维阿蒂和逍遥学派哲学家辛普利邱出场，用 4 天里的 4 部分的谈话生动地介绍自己的研究成果，不过这一次，他不再盯着辛普利邱不放，在论证最重要的动力学问题的时候，严格按照欧几里得的科学体系，从假设提出定理，再用数学演绎法推导出结论。

伽利略让他的书中人物在第二部分聚会的第三天，也就是在书中第三部分讨论阐述了对动力学定律的研究，这是全书中最精彩的部分：根据亚里士多德的物理学，保持物体以匀速运动是力的持久作用，而伽利略用实验结果证明物体在外力的持久影响下并不以匀速运动，而是每次经过一定时间之后，在速度上有所增加。物体在任何一点上都继续保有其速度并且被外力加剧。如果没有了外力，物体将仍旧以它在那一点上所获得的速度继续运动下去，这就是惯性原理。这个原理阐明物体只要不受到外力的作用，就会保持其原来的静止状态或匀速运动状态不变。这就为牛顿运动定律第一、第二定律提供了启示。

而在书中的第四部分，伽利略应用惯性原理发展了抛射体的飞行轨迹理论，用纯数学（几何学）的方法研究实际的问题。后人因此认为伽利略创立了对物理现象进行实验研究并把实验的方法与数学方法、逻辑论证相结合的科学研究方法。在书中，伽利略设计的实验虽是想象中的，但却是建立在可靠的事实的基础上。这种研究自然科学的新方法把研究的事物理想化，突出事物的主要特征，化繁为简，使得其中的规律容易辨识，有力地促进了物理学的发展，伽利略因此被誉为是"经典物理学的奠基人"。

爱因斯坦对伽利略有极高的评价："他的发现及他所应用的科学物理方法是人类史上极其伟大的成就，标志着物理学的真正开端。"

再晚一些的理论物理学家史蒂芬·霍金则说："自然科学的诞生要归功于伽利略，他这方面的功劳大概无人能及。"

天空的立法者
——捕捉行星轨迹的巨人开普勒

1. 命运多舛，成就灿烂

哥白尼发表《天体运行论》28 年后的公元 1571 年，开普勒出生在德国的瓦尔城的一个落魄的贫民家庭里，虽然祖父曾是当地颇有名望的贵族，但是当他出生时，家道早已衰落，全家人靠经营一家小旅馆生活。开普勒是个早产儿，体质很差，4 岁时又患上了天花和猩红热，虽然康复，身体却留下严重的后遗症，视力衰弱，一只手半残。

童年时代遭遇的不幸，让开普勒身上有了一种顽强的进取精神。德国是新教的大本营，开普勒 12 岁时得以进入新教的修道院学习。虽然放学后要帮助父母料理旅馆生意，但努力和坚持，让他的成绩一直能够名列前茅，使他得以进入新教的神学院——杜宾根大学，他在 17 岁的时候就取得了学士学位，3 年后获得了硕士学位。

然而，新的不幸又降临到他身上了，聪慧的开普勒能言善辩，经常在各种集会上发表各种见解，引起了当时领导学院的教会的警惕，被认为是个"危险"分子。成绩优异的他，毕业后竟然不能像同学一样得到一份生活有保障的牧师职位，只能移居奥地利，靠当讲师谋生，教师职位不足以养家糊口，他还要靠编制盛行的占星历书来补贴家用。

虽然大学没有能为开普勒带来一份丰衣足食的牧师职位,却让他对数学和天文学产生了浓厚的兴趣和爱好。杜宾根大学的天文学教授米海尔·麦斯特林,在公开的教学中讲授托勒密体系,暗地里却赞同哥白尼学说,对最亲近的学生宣传哥白尼体系。开普勒就是深受麦斯特林赏识的学生之一,他从麦斯特林那里接触了哥白尼的学说,认为日心体系更合乎逻辑,他评价哥白尼是个天才横溢的自由思想家,自己也成为哥白尼学说的忠实拥护者。毕业后,开普勒在麦斯特林的介绍下,在奥地利格拉茨高等学校中谋得了一份数学和天文学讲师的职位,并在那里完成了他的第一部天文学著作《宇宙的奥秘》。

　　命运再一次发生转折,《宇宙的奥秘》为开普勒带来了知音。虽然开普勒后来发现该书中提出的学说完全错误,不得不完全摒弃,但是这部著作却凭借其中显露的数学才能打动了当时一位成名已久的天文学家第谷·布拉赫。第谷是神圣罗马帝国皇帝鲁道夫二世的御前天文学家,他对开普勒的数学才华和有创见的思想大为赞赏,邀请开普勒到匈牙利布拉格协助自己整理观测资料。经过短暂的合作,开普勒因为性格和思想上的差异和第谷分手,回到奥地利。

第谷

　　厄运似乎一直纠缠着开普勒,1598年,奥地利暴发了激烈的宗教冲突,教皇派的大公放逐了数千名不肯流亡的新教教堂和学校的职员,开普勒也遭到流放,丢失了夫人的陪嫁,被迫离开奥地利,逃到匈牙利避难。

　　虽然第谷及时伸出了援手,正式邀请开普勒做自己的助手,并积极帮他谋划向皇帝申请薪金,然而,第谷和开普勒合作不到一年,第谷就因急病去世。失去了支持的开普勒虽然继承了第谷的神圣罗马帝国皇家数学家的职位,薪水却总是无法及时支付。菲薄而又拖欠着的收入,不足以养活年迈的母亲和妻儿，因此生活非常困苦。1611年，皇帝鲁道夫二世被其弟逼宫退位，开普勒也从此结束了御用数学家的生涯。1612年，开普勒到奥地利林茨的一所大学任教兼做绘制地图的工作。由于校方拖欠薪金，开普勒一家仍旧生活拮据。开普勒前后曾经有12个子女，却大部分夭折，生活处在难以想象的艰苦中。

1618年，三十年战争爆发，开普勒被迫离开林茨，前往意大利波伦那大学任教。1620年，他的母亲又因被控行巫术被捕，开普勒花费了大量的精力才设法使母亲不受酷刑并获得释放。1625年，他写了题为《为第谷·布拉赫申辩》的著作驳诉对第谷的攻击，却因此受到了天主教会的迫害，开普勒的著作被教会列为禁书。1626年，一群天主教徒包围了开普勒的住所，扬言要处决他。只是因为开普勒曾经担任皇帝的数学家才幸免于难。1630年11月，因数月未得到薪金，生活难以维持，年迈的开普勒不得不亲自到雷根斯堡索取。不幸的是，他刚刚到那里就抱病不起。1630年11月15日，开普勒在一家客栈里悄悄地离开了世界。

开普勒的一生，可以说命途多舛，但是即使在这样艰苦的条件之下，开普勒仍旧做出了惊人的成就。1609年，开普勒出版了《新天文学》一书，提出了著名的开普勒第一定律和开普勒第二定律。在1619年出版的《宇宙谐和论》中，他提出了开普勒第三定律。1627年他终于完成了第谷的遗愿，出版了《鲁道夫星表》，根据他的行星运动定律和第谷的观测资料编制的这个星表所列的行星的位置，其精度比以前的任何星表都高，直到18世纪中叶，它一直都被视为天文学上的标准星表。他于1629年出版的《稀奇的1631年天象》，成功地预言了1631年11月7日的水星凌日现象以及12月6日的金星凌日现象，至此成功而完美地完成了日心说的全部工作。

开普勒对天文学的贡献完全可以和哥白尼相媲美，他完成了哥白尼的事业，揭开了行星运动之谜。牛顿曾说过："如果说我比别人看得远些的话，是因为我站在巨人的肩膀上。"开普勒无疑也是他所指的巨人之一，他的行星运动三大定律，和伽利略的动力力学一起，为牛顿的科学创想做好了准备。马克思称开普勒是自己喜爱的英雄,他在极端恶劣的环境下,用自己羸弱的身体、艰苦的劳动和伟大的发现使人类科学向前跨进了一大步。

2. 第谷和开普勒的"双星会"

但凡提到开普勒的成就,大家都会说起另外一个大天文学家第谷。第谷是当时进行精密天文观测技术和计算技术最高明的天文学家,长期进行天文观测的第谷知道按照托勒密体系制定的《普鲁士星表》误差很大,他虽然钦佩哥白尼学说美丽的数学结构,但是由于他观测到的恒星周年数据是没有视差的,因此第谷坚信地球是不运动的。第谷知道自己并不是一个好的理论家,要驾驭并且整理浩瀚的观测资料,除了大规模的计算工作,还需要真正有才能

开普勒和第谷并肩仰望星空

的数学理论专家的帮助。进入第谷视线的开普勒比他年轻 25 岁,28 岁出版的著作《宇宙的奥秘》就展示了他在理论上过人的才华。而开普勒也意识到在第谷这里进行研究有不可替代的优越条件,在给友人的信中,开普勒说:"第谷是个富翁,但是他不知道怎样正确地使用这些财富。"

第谷是一个和开普勒性格完全相反的人,他出身丹麦贵族,青年时代就周游欧洲知名大学。他擅长占星术,誉满天下,被称为"星学之王",并与权贵结交,行走于丹麦和匈牙利皇室之间。第谷在年轻时以脾气暴躁著称,19 岁的时候,他因为争论数学问题和人决斗,导致自己的鼻子被割掉,之后一生都要戴个金属做的假鼻子。第谷喜欢有许多人围绕在自己身边,除了他

029

的大家庭，他还有一批助手和学生帮助他进行研究工作。第谷性格傲慢，对待助手和学生就像主人对待仆人一样专横，虽然其他人早已习惯，开普勒却无法忍受。作为一个重视实践的观察家，第谷既不喜欢开普勒先验的思想方式，也不同意他在《宇宙的奥秘》中表达的日心说思想。他们的首次合作仅持续了几个月，各方面的冲突就来了个大爆发，据说开普勒写了一封非常不客气的信，带着夫人不辞而别。但是第谷这时候已经认定开普勒就是那个能把他的观测数据用理论完美表达出来的天才了，不惜上演了一出萧何月下追韩信的戏码，第谷追上了开普勒，并消除了误会，保住了友谊。虽然他们还是决定暂时分开，但是第谷答应为开普勒在皇帝那里争取一份年薪补助，让开普勒可以继续他们的合作。

另一本传记里则说，开普勒和第谷闹矛盾主要还是因为第谷不仅独断，而且多疑，总是不肯把自己的观测资料爽快地给开普勒，让他验证自己在《宇宙的奥秘》中创立的理论，最后开普勒不得不立下字据，保证严守秘密，才得到了火星的观察数据。第谷给出火星数据的主要原因是这些数据和各种理论都对不上号，他希望开普勒能解开这个谜。矛盾解决之后，开普勒打算回奥地利去解决学校和财产的问题，走之前他们约好由第谷为开普勒争取皇帝的年薪补助，让开普勒可以继续研究火星问题。

1600年，宗教斗争的浪潮达到顶点，开普勒作为新教教徒被永久流放，几乎一无所有地离开奥地利。第谷及时伸出了援手，开普勒携眷来到布拉格，正式出任第谷的助手。第谷在邀请信上说："我并不是因为您遭受厄运而请您来此，而是出于共同研究的愿望和要求请您来此。请您不要把我看作是一位命运的朋友，而是看作是您的朋友，即使在您不幸的时候，我也不会拒绝给您出主意想办法，我极想竭诚地帮助您。如果您马上来了，那么我们也许就能找到办法和出路，以便您和您的全家在将来能够得到比以往更好的照料。"

这次第谷为自己和开普勒制定了一个宏大的天文研究计划，他打算利用毕生精力观测所得的大量精确的天文数据，展开一项大规模的天文计算工作,精确地确定行星的运行,编纂新的星表。第谷打算把这项了不起的成就献给他们的学术赞助人鲁道夫二世皇帝,并将之命名为《鲁道夫星表》,以期望让这项事业获得皇家的支持。

但1601年发生的意外严重打乱了这项计划,第谷突患急性肾病,很快就逝世了。在第谷的病床前,开普勒答应会把第谷的工作继续下去,同时重点研究第谷的理论,而不是哥白尼的。开普勒意识到了得到这位大研究者的科学遗产的意义是多么重大,他说:"上帝重视天文学,虔诚要求我们相信这一点,因此我希望,我能在这方面有所成就,因为我看到了,上帝用不可改变的命运把我和第谷联结在一起,即使我们发生了严重的争执也不许我们分手。"

第谷死后,鲁道夫皇帝派人传达命令,委派开普勒继承第谷的事业,并且答应付给他优厚的薪水。但是随着皇宫的财政由于土耳其战争而出现赤字,皇帝的承诺无法兑现,开普勒的薪水经常被拖欠。这时第谷的女婿声称自己才最有资格继承第谷的事业,这位女婿一方面争夺观测资料,一方面指责开普勒不按照第谷的体系编制星表。他像守财奴一样守着夺来的宝贵资料,却又没有能力完成困难的天文计算,甚至任凭第谷的仪器烂掉,这让开普勒怒不可遏。在完成了编制星表必不可少的光学研究之后,厌倦了争论的开普勒选择了和解,同意让这位女婿在研究成果的话事权中占有一席之地,在开普勒答应了他的苛刻条件之后,这位仁兄才终于肯拿出观测资料,让开普勒重新回到星表的编制和行星运行轨道的研究中来。

第谷的观测记录回到开普勒手中,开始重新发挥令人意想不到的作用。开普勒开始继续之前的火星轨道研究工作,很快就发现自己的多面体宇宙模型在分析第谷的观测数据时毫无用处,必须摒弃。同时他也发现不论是哥白尼体系、托勒密体系还是第谷体系,没有一个能与第谷的观测结果相符合,最少都有8′的差别,而就是这8′差别,把天文学带入了一个新的时代。经过了1年的摸索,碰了成千上万次壁,和自己辩论了无数次后,开普勒终于认识到,不应该怀疑第谷的数据,而是应该推翻之前所有的行星理论所依赖的、自柏拉图以来就是神圣而不可侵犯的信条——天体进行圆周运动。开普勒在随后的《新天文学》里提出的理论改革了整个天文学,他把自己的研究工作从火星这一行星开始称为是"天意",正是火星轨道的特别大的偏心率,使开普勒放弃了关于行星做圆周运动的思想,而主张它们是在椭圆轨道上运行,太阳则位于这些椭圆的一个焦点上。正是火星的运动让开普勒最终探索出了天体的秘密,要不然他可能永远也解不开这个谜。第谷让开普勒先从火星开始研究的初衷,也正是因为第谷认为其他行星的测试数据和现行理论吻合得还可以,而火星的误差格外大一些,第谷希望开普勒能够解开这个谜团,而开普勒接受并战胜了这个挑战,这真是无巧不成书,开普勒事后说:"上天给我们一位像第谷这样优秀的观测者,应该感谢神灵的这个恩赐。一旦认识到这是我们使用的假说上的错误,便应竭尽全力去发现天体运动的真正规律,这 8′ 的误差是不允许被忽略的,它使我走上改革整个天文学的道路。"

1627 年,开普勒终于实现自己的诺言,完成了第谷生前的期望。开普勒利用第谷的精密观测资料和自己强有力的行星运行三定律,完成了精确的《鲁道夫星表》的编制。表的精确程度超过了以往任何一位天文学家的计算,而这时第谷已经去世 26 年了,可以想象开普勒是付出了多么大的精力来完成这项艰巨的工作,诚可告慰第谷的在天之灵了。除了预测行星位置的星表和规则,这部著作还载有第谷的包括 1 000 多个恒星位置的星表以及折射表,可以用来确定日食和月食。《鲁道夫星表》在之后长达一个多世纪的时间里行之有效,长期被人们作为计算天文年历的根据。但是当时的人们还没有意识到,开普勒更为伟大的成就是在编制星表的研究过程中所发现的太阳系行星运动三大定律,这将带来新的科学观和世界观。

3. 行星运动三大定律

1609 年开普勒发表了《新天文学》，提出了他的两个行星运动定律：

行星运动第一定律：每个行星都在一个椭圆形的轨道上绕太阳运转，而太阳位于这个椭圆轨道的一个焦点上。

行星运动第二定律：行星运行离太阳越近则运行就越快，行星的速度以这样的方式变化，行星与太阳之间的连线在等时间内扫过的面积相等。

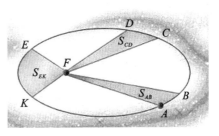

开普勒第一定律和第二定律

（F 为焦点，$S_{AB} = S_{CD} = S_{EK}$）

当开普勒用传统的理论算出的火星数据和第谷的观测数据相差 $8'$（$0.133°$）的时候，他犹豫了一年才放下对第谷数据准确性的怀疑，摒弃了所有传统，开始使用偏心圆来描述行星轨迹的惯用理论，直接通过观测数据来确定火星的运动轨迹，这对于一个醉心于先验理论的数学天才来说是一个多么大的突破！他完全摒弃了自己固有的思维方式，接纳一个实验观察家的指导思想，不依赖任何已有的理论模式，完全从事实中寻找规律。这个椭圆形行星轨道模型在今天看起来简单，却是开普勒从成千上万的星表数据中分析出来的，这简直不可思议。只要想到人们永远不可能看到行星的真实运动，而只能从运动着的地球上看到它们在天空的方位，通过经年累月的夜间观测才能记录和比较位置的变化，最终推断出一个复杂的运动轨迹，就知道这项工作的难度了。

开普勒并没有就此止步，他继续分析行星轨道和周期的数据，足足花了 9 年时间，在《宇宙谐和论》里发表了他的行星运动第三定律：行星距离太阳越远，它的运转周期越长；运转周期的平方与到太阳之间距离的立方成正比。这是什么意思呢？假如运转周期为 T，半长轴为 R，那么第谷的数据经

033

过开普勒的计算如下表：

	R	T	R^2	T^3
水星	0.387	0.24	0.058	0.058
金星	0.723	0.615	0.378	0.378
地球	1.000	1.000	1.000	1.000
火星	1.524	1.88	3.54	3.53
木星	5.20	11.86	140.61	140.66
土星	9.539	29.46	867.98	867.89
天王星	19.2	84	7077.89	7056

开普勒这样描述发现最后两列数据时的心情："如果有人问我确切的时间。那是 1618 年 3 月 8 日，这天我脑海中闪过了这个念头。但当我计算时，却不太顺手，于是就把它当作是错误的东西扔到了一边。到了 3 月 15 日它又涌上了我的心头，并在一次新的冲击中压倒了我忧郁的心情，在这次冲击中，我对第谷观察材料进行的几年之久的研究和我当时的想法完全吻合了。起初我竟以为我是在做梦，是事先把我的猜想放到了证明材料中去了。但这完全是事实，并且是十分正确的，任何两颗行星的运行时间之间的比例（的对数）等于平均距离，即轨道本身比例的（对数的）$1\frac{1}{2}$。"

值得纠正一下的是上文（引自一部开普勒的传记）中的原文漏掉了对数这个关键性的概念，苏格兰数学家奈皮尔于 1614 年发明出"对数表"这个数学工具，开普勒马上认识到了这个工具的重要性，它成了开普勒最后的切割和打磨工具，让他把自己的计算结果精确得如同打磨过的钻石一样，简单而晶莹，投射出无穷的智慧光芒。

完成了工作的开普勒抑制不住巨大喜悦，写道："我沉湎在神圣的狂喜之中……我的书已经完稿。它不是被我的同时代人读到就是被我的子孙后代读到——但这是无所谓的事。它也许需要足足等上 100 年才会有一个读者，正如上帝等了 6 000 年才有一个人理解他的作品。"

4. 柔弱如何战胜刚强

开普勒自幼体弱多病，一生病魔缠身，视力很差，病弱不堪，但他凭借精神的力量和天才的思想克服身体上的弱点，顽强地活了下来，这也造就了他柔韧的性格与善良又倔强的品格。在命运的死胡同里，他每每能够逃出生天，顽强地前行，正是因为他总也不肯放弃自己心里最深处的坚持。

当开普勒在杜宾根神学院读完研究生的时候，他的志愿本来是当一名神职人员，在他那个年代，神职人员才是神圣的职业，生活和地位都有保障。但是这时候，格拉茨新教神学院的数学教授去世了，格拉茨人向杜宾根求援，评议会的决定改变了开普勒的一生，他们认为年轻而聪慧的他还不适合神职工作，应该先成为一位数学和天文学的教师。这对于开普勒本人和天文学的历史，都是一个非常重要的转折点，开普勒本人认为，他从这个召唤中听到了上帝的声音。

开普勒平和易妥协的性格贯穿了他的一生，他是一个虔诚的新教徒，却始终坚持宗教融合的原则，既反对天主教徒对新教徒的迫害，又反对极端新教徒的过激行动，他从来对宗教冲突持否定态度，虽然一生因为宗教冲突颠沛流离、丧失家财，但是他始终既不愿放弃新教信仰，又反对新教对开尔文教派的穷追猛打，这在当时是很难得的，虽然每每让自己陷入孤立，但是他一点也不为意。对任何人，只要是帮助过他，作为朋友交往过，无论对方的宗教派别是什么，无论后来是否交恶，他都怀着一颗感恩之心，力挺到底。

深深了解这一点的非第谷莫属，第谷作为一名刚愎自用、脾气被惯坏的贵族，却始终能对开普勒谦和有礼，一再邀请开普勒合作，甚至临终前向皇帝托付让开普勒做自己事业的继承人，不仅因为他看到了开普勒的才华，也是在交往中认清了开普勒的人品。第谷未竟的事业几次险些在他资质平庸而又固执贪婪的后人手中变成一堆废纸，好在开普勒始终保持了对第谷承诺的忠诚和对科学的热爱，一再忍辱负重，答应各种苛刻的条件，坚持了26年才终于把《鲁道夫星表》编制完成。第谷家族甚至迫使开普勒把第谷继承人所做的题词放在《鲁道夫星表》的首页，这篇题词既不符合事实又傲慢不逊，硬把第谷家族说成是《鲁道夫星表》的真正创始人，开普勒自己致皇帝的题词都不得不被放在第二位。即便如此，开普勒在任何场合都毫无保留地承认第谷的功绩，他甚至撰写了一本专著来驳斥反对第谷彗星看法的《反第谷论》，即使知道了这本书的作者是一位德高望重的参议员兼驻教廷代表以及权高位重的立法官，开普勒也坚持自己实事求是的批评，表明"不能容忍他的态度和伪科学"，这种倔强甚至给他招惹了麻烦。

天主教会因为开普勒在《鲁道夫星表》上的成就打算接纳他，当时开普勒属于路德教派，因此只要他按照皇帝的要求皈依天主教，在皇帝的庇护下，前途自然将前所未有的一片光明，但开普勒不肯拿宗教信仰做交易，他认为那是对上帝的不敬，坚持认为新教也是天主教，至死都要拥护梅兰喜顿为基督教的统一而起草编写的奥格斯堡信条，继续自己的艰苦孤独之旅。

当时如果开普勒同意转入天主教，也没有人能指责他，因为他已由于反对宗教冲突而被路德派开除了。但是开普勒十分坚定地表示，完全拒绝任何背弃真正的基督教信仰和基督博爱精神的做法，并且"为此我准备不仅放弃尊贵的皇帝陛下仁慈慷慨地同意了的，现在正在供给我的酬劳，而且也准备离开奥地利，离开整个帝国，以及放弃最高贵的天文学。并且还可以加上我的生命。不是上天赐予的东西，人就不能接受"。

开普勒为自己撰写的墓志铭是："我曾测天高，今欲量地深。我的灵魂来自上天，凡俗肉体归于此地。"这位虔诚信徒就这样坚守自己的理想和信念，即使贫病一生也不改其志。在后世人的眼中，这才是真正的宇宙骑士——天空的立法者。

科学史上第一巨匠
——微积分创始人、力学之父牛顿

1. 天生我才必有用

1643 年 1 月 4 日,牛顿诞生在英格兰林肯郡的一个小村子里,父亲是一个小庄园主,在他出生前 3 个月就去世了。牛顿是一个早产儿,出生时只有不到 3 斤重,大家都担心他是否能够活下来。牛顿 2 岁的时候,母亲改嫁,把牛顿交给外祖母和舅舅抚养。14 岁时,牛顿的继父去世,再次成为寡妇的母亲带着 3 个同母异父的弟弟妹妹回到家乡。牛顿 16 岁时,母亲让他辍学回家帮忙经营农庄。屡遭家庭变故使得牛顿自幼性格倔强,沉默寡言。

童年的牛顿

牛顿 6 岁开始上小学。乡村小学课程简陋,内向的牛顿显得资质平常、成绩一般,还被人叫作"迟钝的呆子"。但是牛顿这个独自长大的小孩有自己的爱好,他喜欢沉思默想,喜欢在乡村的田野里漫游,还喜欢用舅舅给的木工用具自己动手做玩具。中学的时候,牛顿找到一本约翰·贝特的《人工与自然的秘密》,从中学到了不少机械制作的方法,他为房东的女儿做了一个白老鼠风车，又为房东的药店做了一个水漏时钟，精巧的手艺让他在镇上名声大振。舅舅威廉送牛顿去的中学是格兰瑟姆的皇家中学，这是一所为培养牧师、学者和官员而教授拉丁文、神学和数学的文法学校，教学质量不错。数学老师是牛顿房东太太的弟弟，愉快的中学生活让牛顿心智渐开。

但当牛顿 16 岁，还差一年就中学毕业的时候，母亲把他叫回了村里，希望长子可以继承家业，照料家产和庄园。被迫离开读书生活让牛顿很不开心。他做起事来心不在焉，经常出错，当地法庭还保存着这样一份记录："1659 年 10 月 28 日，牛顿被罚 3 先令 6 便士，因为他的羊弄松了别人 23 根木桩。"让他出去办事，他要么躲起来看书或者做模型；要么一副心事重重、魂不守舍的样子，连牵的马丢了都不知道。在村里人眼里，牛顿变成了一个不会干活的懒汉。

忧心忡忡的母亲找舅舅想办法。舅舅悄悄跟踪牛顿上市镇去赶集，结果发现外甥伸着腿，躺在半道的草地上，正在聚精会神地看一本数学书。看着牛顿长大的舅舅见过世面，读过大学，身为牧师的他劝姐姐让外甥继续读书，说这是神的意志，将来牛顿可以做个学者或者牧师，就不至于这样荒废了。

重回中学让牛顿兴奋异常，他以极大的热情完成了中学的学业，并作为模范生毕业。在毕业典礼上，斯托克斯校长当着全校师生和学生家长的面，把牛顿带到主席台前，赞扬自己的得意门生，他说："这个班级里最使皇家学校感到自豪的学生是优秀的艾萨克·牛顿，我要求所有的孩子都以他为自己的榜样。"校长的赞语使牛顿无比激动：他在这所中学不仅为此后的深造奠定了基础，更加得到了人生首次的肯定和赞赏。

牛顿的舅舅威廉·艾斯库斯牧师是英国剑桥大学三一学院的校友，牛顿的中学数学老师汉弗莱·巴宾顿也是三一学院的研究员，在他们的推荐下，1661 年牛顿中学毕业后，考取了三一学院。由于母亲还是不太支持牛顿的学业，一年只给他 10 英镑的生活费，因此牛顿的入学身份是为巴宾顿服务的"减费生"。当时这种身份的学生要靠在学院从事服务工作维持学习和生活，不能和研究员和自费生同桌吃饭。这种受歧视的地位，让牛顿在三一学院也继续保持沉默低调的风格,以至于当他成名之后,同期的同学除了室友,都不记得这位学院最有名的学生是谁。

牛顿的指导教师是本杰明·普雷恩,他主要讲授三一学院设置的经院课程,但他对牛顿学习其他学科的知识并不干涉,牛顿因此就可以完全按照自己的意愿进行学习。普雷恩教授还帮助牛顿在1664年争取到了奖学金,解决了他的后顾之忧。当时,为了争取更多的支持,普雷恩把牛顿引荐给三一学院第一任卢卡斯数学讲座教授艾萨克·巴罗。初次见面时,巴罗对牛顿的印象一般。4年后,牛顿协助巴罗修改《光学与几何讲义》,让巴罗充分认识到了牛顿在科学上的才能。1669年巴罗看了牛顿关于流数术的论文之后,就推荐他接替自己继任卢卡斯数学讲座教授的职位。这个职位由前剑桥大学教授亨利·卢卡斯设立,负责讲授地理学、物理学、天文学、数学等各种学科。卢卡斯数学讲座教授因为牛顿成为世界上最著名的学术职位,而当时,这让牛顿的收入增加了1倍。年仅27岁的牛顿,从此可以专心于自己的研究工作了。

2. 风云际会下,英雄出少年

17世纪中叶,欧洲大学的教育制度还渗透着浓厚的中世纪经院哲学的气息,但是剑桥大学却有着与众不同的清新气象。1648年,剑桥进行改革,削弱了宗教和神学的势力,清除了一批守旧派,逐渐成为崇尚科学的学者聚集的地方。学校的风气转向打破天主教的古典思想,反对不问是非一味盲目遵从古代圣贤,鼓励探究真理,发现新知,终于成为世界知名的科学殿堂。剑桥图书馆的藏书十分丰富,古希腊的文化典籍和文艺复兴以来的自然哲学书籍都可以随意借阅。在亨利八世创立的三一学院,教授们的思想更是开明宽容,学生们学习的自由度也大得多。学校的主要课程沿袭了经院式的神学、古文、语法逻辑、古代史等传统科目,同时也增设了许多自然科学和数学方面的课程。当时担任第一任卢卡斯数学教授的巴罗就在课堂上讲授伽利略如何用实验推翻了亚里士多德的运动论，如何通过天文观察论证哥白尼的地动说。巴罗对罗马教廷宣布伽利略为异端并迫害他的行为十分不满，他指出伽利略这种追求真理的行为在英国一定会受到许

剑桥三一学院

多人的赞扬。这股清新的思想之风对牛顿的成长和发展起到了重要的作用。

牛顿在这样的环境下，如饥似渴地学习自然科学和数学，汲取一切感兴趣的新知识。对于那些规定的传统课程，他没有什么兴趣，他的注意力一直都在科学研究上，从未认真学习过学院规定的课程，自然也就没有什么过人的表现。因此入学的头两年他都没有获得奖学金。但是如果第三年还没有获得奖学金的话，对他将来继续从事研究事业会有严重影响。好在剑桥三一学院的另一个特点是宽容，牛顿的导师普雷恩虽然平时对他不太过问，但这时却及时伸出了援手，让牛顿如愿获得奖学金。这种宽容不是偶一为之，牛顿在获得学士学位和研究员教职的时候也都不是那么顺利，文学士的考察 2 次才过关，研究员教职的考察则更为严格，而因为瘟疫疏散到乡下的他很久没有接触过需要考察的经院科目了，好在牛顿最终过关，1667 年 10 月 2 日，牛顿宣誓加入三一学院教师团，年薪 100 英镑，这标志着他在剑桥有了永久的位置，可以完全根据自己的意愿进行研究，那时他才 24 岁。

早在 1664 年，牛顿大一时，就在自己的笔记本上列出了一个"哲学问题表"，一共有 45 个小标题，都是他的学习心得，内容包罗万象，有物质特性，地点、时间和运动，宇宙的秩序，大量的感官特征（如稀度、流度、软度），还有关于剧烈运动、隐秘特征、光色、视觉、一般感觉等的问题。这个"问题表"反映了牛顿探索自然奥秘的愿望和雄心，他心中有许多未解之谜，也兴冲冲地想要找到答案。牛顿在"问题表"中表现出非同凡响的洞察力，他善于恰当地

提出问题,既广泛又深刻,在整个研究生涯中他都坚持了这一风格。关于"问题表"中的问题,牛顿不仅仅记下了他对前人思想的理解,也大胆地提出了自己的质疑。牛顿逐步认识到其中有一些是基础而又迫切需要回答的重要问题,要厘清并解答不是那么容易的事情,需要时间潜心思考,只有从整体上考察了当时科学发展的所有最新成果,才能全面地把握这些最基本的问题。谁都没有想到的是,牛顿这个潜心思考的机会来自一场可怕的瘟疫。

1665 年夏天,英国暴发了被称为"黑死病"的鼠疫,成千上万的人死于这场可怕的瘟疫,3 个月的时间伦敦的人口就减少了 $\frac{1}{10}$。一向在学习上独立自由的牛顿没有跟随导师普雷恩避往乡间,而是回到了自家的庄园自修。1666 年曾经短暂返校 2 个月,直到 1667 年 4 月才正式返回剑桥,完成学业并申请教职。

学业有成的牛顿受到家人的热情欢迎。庄园里安静悠闲,牛顿受到家人的精心照料,又摆脱了学校里的清规戒律和枯燥的经院课程,他可以潜心研究从剑桥带回来的各种问题。在这里的 18 个月正处于他创造力最旺盛的青年时代,也是他一生中科学成果最丰盛的时期。之前积累的许多问题都在这个时候被酝酿转化为他的科学思想,其中最重要的就是微积分思想、万有引力思想和光学的思想。牛顿多年以后回忆道:

> 1665 年初,我发现了近似级数的方法和二项式简约成该级数的法则,同年 5 月,我发现了格雷果里和斯路卢修斯的正切法,11 月我发现了直接流数法;次年 1 月发现颜色理论,5 月开始研究递流数法。同年,我开始思考重力延伸到月球轨道的问题(发现了在一运行轨道内旋转的一球体给运行轨道表面有压力的计算方法);根据开普勒定律,行星的运行周期与行星轨道中心间的距离成二分之一次方正比关系,我推论出:维持行星绕其轨道运转的力,一定与其旋转中心距离的平方成反比。所以,比较维持月球绕轨道运动所需的力与地球表面的重力,发现两者的答案十分接近。这一切都是在 1665 年至 1666 这两年瘟疫时期完成的。那些日子我

正处于创造力的最盛时期，对数学和哲学的研究也比以后任何时期都要多。

牛顿在家乡研究的那 18 个月，被认为是他一生中最富有科学成果的时期。一个 20 出头的大学生完全靠自学，走到了当时世界科学的最前沿，同时在数学、力学和光学多个领域做出了开创性的工作，可以和当时一流的数学家、力学家和光学家比肩，这只能说是一个奇迹。他一生中的重大发现，如万有引力定律、力学三定律、光的分解、微积分的创立等，都是在此时奠基的，他从此开始建造他的科学大厦，以后的工作，都是对他此时思想的完善和发展。在科学史上除了爱因斯坦可与之媲美，再难找到第二个人，在这样年轻的时候，在这样短的时间内，形成如此辉煌的独创思想。这些独创的思想将在今后的岁月里使牛顿逐渐在数学和几门自然科学中做出杰出的贡献，成为科学史上的巨匠。

3. 苹果落到牛顿头上了吗？

许多书上都介绍过牛顿与苹果的传奇故事，这些故事大致如此：

有一天，牛顿坐在乡间的一棵苹果树下沉思，忽然一个苹果落到了地上（也有说落到他头上），他因此想到所有的东西都会往地上落，那是因为我们脚下的地球有引力，他进而想到万事万物之间都存在着引力，后来经过多年努力，总结出了万有引力定律。

有位历史学者专门做了研究，发现最早写这个故事的是法国作家伏尔泰（Voltaire，1694—1778），伏尔泰极为推崇牛顿的研究成果，积极予以宣传。1726 年，他在英国写的通讯中第一次提到这个苹果落地的故事，他还在文章中说，这个故事是牛顿的侄女告诉他的。

专业人士认为不能把万有引力定律成果归于牛顿名下，因为前人也付出过探索和努力。在他们看来，万有引力发现的实际经过大致是这样的：

开普勒最早在探索行星运动规律时，认为引力就是太阳发出的类似于磁力的流，这些磁力流沿切线方向推动着行星公转，其强度随离太阳的距离增加而减弱。开普勒还曾试图用磁作用机制解释椭圆轨道的产生。1645 年，法国天文学家布里阿德(I. Bulliadus)提出一个假设："开普勒力的减少，和离太阳的距离的平方成反比。"这是第一次提出平方反比关系的思想。1661 年，英国皇家学会成立了一个专门委员会研究重力问题。罗伯特·胡克、克里斯托夫·雷恩、爱德蒙·哈雷在引力问题的研究上都曾做出过贡献。据说早在 1661 年，罗伯特·胡克就觉察到，引力和地球上物体的重力应该是有着同样的本质。

牛顿的成就和前人的研究成果密不可分，科学创想并不是能凭空用苹果砸出来的，但是说到"不能把万有引力定律成果归于牛顿名下"，那就未免太苛刻了。科学成就一方面需要很多人的积累，另一个方面也非常依赖科学家个人的天才创见和发挥。牛顿是集大成者，比同时代的科学家眼界都要广阔，其钻研的深度令其他人无法望其项背。

牛顿晚年的一位朋友彭伯顿在追忆牛顿的著作中，则谈到了牛顿因苹果落地而引起了他验证引力平方反比关系的兴趣的故事。看来苹果的故事是存在的，但是苹果的作用不是把牛顿砸开了窍，而是引起了他研究的兴趣。牛顿确实是早年在家乡期间思考过引力问题，这是肯定的。

牛顿故居后园里的那棵苹果树，一直被精心地保护着，还用接枝法分植于世界各地。前去瞻仰牛顿故居的游客，都被领去参观这棵树。可惜后来这棵树被大风刮倒，结果又被分成了几段，分别在英国皇家学会等几处地方保存起来作为纪念。

三一学院的牛顿苹果树

4. 牛人牛顿牛脾气

恩格斯这样评价牛顿："牛顿由于发现了万有引力定律而创立了科学的天文学，由于进行了光的分解而创立了科学的光学，由于创立了二项式定理和无限理论而创立了科学的数学，由于认识了力的本性而创立了科学的力学。"在牛顿之前的研究者，要么只是精于观测和实验，数学造诣不够，知其然却不知其所以然；要么擅长数学或哲学理论，但是思路却不能很好地与现实结合。只有牛顿做到了既知其然，又知其所以然，他博览群书，擅长学习又勇于创新，头脑聪慧又肯潜心钻研，在那个新科学孕育成熟、亟待破茧而出的年代，牛顿的天赋、勤奋加机缘，终于让他成为古往今来第一人。

牛顿是经典力学理论的集大成者。他系统地总结了伽利略、开普勒和惠更斯等人的工作，得到了著名的万有引力定律和牛顿运动三定律。在牛顿以前，天文学家无法圆满解释为什么行星会按照一定规律围绕太阳运行，而万有引力的发现证明行星的运动和其他物体一样，都受到同样的力学规律的支配。

在牛顿发现万有引力定律以前，已经有许多科学家考虑过这个问题。比如开普勒就认为维持行星沿椭圆轨道运动的是一种磁力，也被称为开普勒力。1659 年，惠更斯从研究摆的运动中发现，保持物体沿圆周轨道运动需要一种向心力。胡克等人认为维持行星运动的是引力，并且试图在数学上推导引力和距离的关系。1664 年，胡克发现彗星靠近太阳时轨道弯曲是太阳引力作用的结果；1673 年，惠更斯推导出向心力定律；1679 年，胡克、哈雷和雷恩从向心力定律和开普勒第三定律，推测维持行星运动的引力和距离的平方成反比。

1679 年，胡克曾经写信问牛顿，能不能根据向心力定律和引力同距离的平方成反比的定律，来证明行星沿椭圆轨道运动。牛顿没有回答这个问题。直到 1685 年，哈雷登门拜访牛顿时，发现牛顿已经证明了万有引力定律；两个物体之间有引力,引力和距离的平方成反比,和两个物体质量的乘积成正比。牛顿用当时已经有的地球半径、日地距离等精确的数据向哈雷证明地球的引力是使月亮围绕地球运动的向心力,也证明了在太阳引力作用下,行星运动符合开普勒运动三定律。

在哈雷的敦促下,1686 年底,牛顿写成划时代的伟大著作《自然哲学的数学原理》一书。皇家学会经费不足,出不了这本书,后来靠着哈雷的资助,这部堪称科学史上的伟大著作才能够在 1687 年出版。

牛顿在这部书中,从力学的基本概念(质量、动量、惯性、力)

《自然哲学的数学原理》

和基本定律(运动三定律)出发,运用他所发明的微积分这一开天辟地的数学工具,不但从数学上论证了万有引力定律,而且把经典力学确立为完整而严密的体系,把天体力学和其他力学统一起来,实现了物理学史上的第一次大融合。

牛顿用来证明万有引力定律的数学工具是他在年轻时创建的流数术,也就是微积分。流数术的基本原理取自力学,他将古希腊以来求解无限小问题的各种特殊技巧统一为两类普遍的算法——微分和积分,并确立了这两类运算的互逆关系。同时,靠自学掌握了笛卡儿解析几何的牛顿,清楚地看出在流数术中代数方法远比几何方法优越得多,他以代数方法取代了卡瓦列里、格雷哥里、惠更斯和巴罗的几何方法,完成了积分的代数化。这一巨大的贡献把数学彻底从感觉的学科转向了思维的学科。

《自然哲学的数学原理》是牛顿科学成就的最高峰,同时也为他带来了科学史上广为人知的学术争议。我们知道,牛顿因为曲折的身世,性格一向孤僻而内向,脾气还有点拗,一向又独来独往,做科学研究也是一个人,很少在研究过程中与人交流,甚至出了成果也是扔在抽屉里不拿去发表。牛顿有时对赞颂感到欣慰和兴奋,有时又因怕受到批评而退缩,因此他对发表自己的研究成果总是一再拖延，这给他的学术生涯带来不少争论，而争论中牛顿又时常表现出他容易生气发脾气的性格，争论的结果往往是又增加了不少纠纷。

其中一个争议是牛顿和胡克之争，胡克比牛顿大8岁，出身寒微，完全靠自己的打拼才在科学界争取到了一席之地，因此他对研究成果和学术声望比牛顿要重视得多。两人的争论起源于光学，牛顿通过讨论和实验来叙述和证实光的性质，研究光的反射、折射、太阳光的组成与反射望远镜，以及光的干涉、衍射以及晶体的双折射现象。而在解释这些现象时，牛顿所持的主要是光的粒子说。1673年，牛顿向皇家学会递交了几篇关于光的论文，这些论文受到了主张波动说的胡克的尖锐批评，胡克还说论文中的一些观点是抄袭他的。牛顿十分愤怒，虽经皇家学会调解，还是决定胡克在世时不再发表任何有关光学的论文。这使得牛顿的另一部重要著作《光学》拖到胡克病逝后的1704年才出版，牛顿在序言中写道："为避免对这些论点的无谓争论，我推迟了该书的公开发行，如果没有朋友的敦促，可能还要推迟一些时间。"

后来胡克当选皇家学会的秘书，主动与牛顿和解。牛顿那句交心名言"如果说我看得比笛卡儿远一些，那是因为我站在了巨人的肩膀上"就出现在这时和胡克的通信中。

但是1686年牛顿的《自然哲学的数学原理》第一编原稿送到皇家学会时，胡克向一些会员说，他在牛顿以前已经提出过万有引力定律的某些部分，有关万有引力定律的发现不把他的名字列进去是一种无礼的行为。牛顿得知后非常气愤，他对于谁先发现了这个定律倒不十分介意，他不能忍受的是被称为剽窃者。牛顿回信逐点驳斥胡克的种种说法，更措辞强烈地声称他不仅不会在第三编里提及胡克的"功绩"，而且决定连第三编也不发表了。在哈雷的极力劝说下，牛顿终于平静下来，完成了著述，但是这次和胡克结下了的梁子却变得根深蒂固。

牛顿的牛脾气让他对胡克的恨意甚至延续到了胡克去世后。据说牛顿当选皇家学会主席后，下令取下皇家学会里悬挂的胡克肖像，还打算烧毁学会里胡克的手稿和文章，虽然被人劝止，但还是给人留下了睚眦必报的印象。

然而，传说中牛顿试图独占万有引力功劳的说法是站不住脚的，对于哈

雷为《自然哲学的数学原理》所付出的辛劳和无私的支持帮助,牛顿在书中特别表示了感谢。他写道:

埃德蒙·哈雷,目光敏锐、博学多才的学者,为本书的出版付出了艰辛的劳动。他不仅为勘误和制版操劳,而且从根本上来说,他也是鼓励我撰写本书的人。因为正是他要我论证天体轨道的形状,正是他要我把这项论证呈报皇家学会,而皇家学会的作用则是鼓励我、要求我,使我开始想到去撰写这本书。

5. "天不生牛顿,万古如长夜"

"天不生仲尼,万古如长夜"是宋朝一位佚名诗人所作,唐庚在四川蜀道上的一家旅店的墙上看到了这位读书人题写的慨叹。这句话把孔子比喻为万古长夜亮起的一盏明灯,也恰如其分地概括了这位思想家在中华文明史上无可取代的地位。

无独有偶,英国诗人蒲柏为牛顿写过一段墓志铭诗,原文是:Nature and Nature's laws, lay hid in night; God said, Let Newton be! And all was light。直译的意思是:大自然和她的规律隐藏在茫茫黑夜之中。上帝说:让牛顿降生吧!于是一切光明。有人把它意译成"天不生牛顿,万古如长夜",还真是异曲同工。其实原诗还有一段,前半段用拉丁文写的,后半段才是用英文写的。《万象》上的原文和翻译是这样的:

牛顿墓

牛顿的墓志铭——亚历山大·蒲柏

Quem Immortalem

Testanur, Tempus, Natura, Caelum;

Mortalem

Hoc Marmor Fatetur

Nature, and Nature's laws, lay hid in night.

God said, Let Newton be! And all was light.

谁是不朽的见证；

时间，自然，和天空；

谁又是匆匆过客；

大理石雕像在这里看着。

自然，和她的法则，隐匿于黑夜，

上帝说，让牛顿来！遂显大光明。

但是蒲柏写的这首墓志铭诗并没有被刻在维斯敏斯特教堂墓地牛顿的墓碑上，牛顿真正的墓志铭并非如此。牛顿的墓志铭是拉丁文的，翻译成中文则是：

牛顿墓志铭

艾萨克·牛顿骑士安葬于此。他凭借神圣的精神力量，利用自己发现的数学原理，探索行星运行的轨道和数据，彗星的路径，大海的潮汐，光谱的组成。之前从没有其他的学者想到过，颜色会是这样形成。他以睿智忠诚和勤奋的品德研究自然、上古时代和圣经，他用哲学证明了上帝的意志和荣光，用清俭的一生传达福音。凡人欢呼，世间竟存在过如此伟大的人类之光！他生于 1642 年 12 月 25 日，逝于 1726 年 3 月 20 日。

伏尔泰在《论英人书简》中谈到，1726 年他在英国逗留期间，偶然和朋友在聊天时提出一个问题："谁是最伟大的人？是罗马执政官恺撒，欧亚征服者亚历山大大帝，穆斯林马上帝王帖木儿还是铁骑护国的独裁者克伦威尔？"有一位朋友认为艾萨克·牛顿才是最伟大的人，伏尔泰深表赞同："我们尊敬的就是用真理的力量征服我们思想的人，而不是用暴力奴役我们思想的人。"

自学成才的科学家

——平民物理学家法拉第

1. 不当师傅当助手

物理学有很多领域和普通人的生活相去甚远,天文学、相对论、量子力学等,他们研究的是从宏观宇宙到微观粒子的自然科学。只有电磁学,完全融入了现代生活的每一分钟,人们无时无刻不在使用电器,没有其他任何一门科学能够像电磁学这样通过技术完全渗入当代世界。英国科学家法拉第和麦克斯韦一起被称为电磁学的奠基人,与麦克斯韦相比,法拉第的人生经历要曲折得多。

1781 年,瓦特改良的新式蒸汽机取得了重大突破,为工业化机器生产提供了动力,拉开了工业革命的序幕。19 世纪乡村人口大举移入都市,形成了都市和都会区。同时工业化对科学发展也产生了极为重要的影响。以前的科学研究和工业技术联系并不紧密,能用于工业生产的科学研究不多;随着工业革命的深入、技术的发展,对热力学、化学和电学的需求越来越大,工程师开始广泛涉猎科学研究,工程师与科学家的界限越来越小。以前贵族或富人的子弟在大学里把科学当作一种学问研究,现在则有许多来自工业发达地区的工厂主或工人阶级的子弟在实验室中成为科学的研究者,这大大促进了这些学科的发展。

1791 年 9 月 22 日,法拉第出生于伦敦近郊的一个小镇。两年前发生的法国大革命使得邻近的英国政治动荡、物价飞涨，普通人的生活愈发艰难。法拉第的父亲是个铁匠，体弱多病，收入微薄。后来全家搬到伦敦市区，希望改变贫窘的生活状况，但是父亲病倒了，家里不得不靠救济度日。加上家里小孩多，小法拉第有时候连饭也吃不饱。支撑着法拉第一家人度过艰辛生活的，是朴素而强烈的宗教信仰。法拉第的父亲是一个虔诚的桑德曼教徒，桑德曼教派是基督教新教的一个小分支，大部分成员来自底层的贫穷家庭，教派强调成员之间应该亲如家人，互相支持，互相帮助，同时也信仰宇宙与自然的和谐。童年这段艰难的生活经历对法拉第日后的成长有极大的影响。由于贫困，法拉第没有受到过正规教育。虽然他在桑德曼教堂所办的学校里读过两年书，但这个教会学校开办的主要目的只是不让孩子在街上闲逛学坏，因此在这里学会了读、写、算之后，14岁的法拉第就和大多数穷孩子一样去做了学徒，不过命运之神安排他去了一家书店。

当时英国的出版业和印刷业都还处于萌芽阶段，书籍和报纸对于一般人来说还是奢侈品，价格昂贵，因此书店除了卖书也做翻新旧书的装订业务。书店还推出一种报纸出租业务，订不起报纸的人可以到店里和其他人一起租一份报纸轮流看。刚做学徒的时候，法拉第是收送出租报纸的报童。一年后，心灵手巧的法拉第开始学习书籍装订并很快掌握了这门手艺。让法拉第高兴的是，这份工作让他可以经常接触到各种各样的书籍，更让他开心的是，老板乔治·雷伯先生对这个好学上进的年轻人非常宽容，允许他晚上收工后阅读送来装订的那些书。

这些书籍激发了法拉第对科学的强烈兴趣，尤其是自然科学。当时伦敦有不少学者面向大众举办各种讲座，约翰·塔特姆创立的市立哲学协会的自然哲学讲演每人每次收费1先令（当时一个普通纺织工人的工资大概是每周25～42先令），法拉第每次都去听，一共听了十几次。全部听完后法拉第用漂亮的书法把所有的笔记整理了出来，再用自己的装订手艺把这些笔记装订成一本精美的书籍，法拉第把它命名为《塔特姆先生自然科学演讲录》，就这样，法拉第"出版"了他的第一部科学著作。

虽然这次"出版"只是学徒的习作，却给法拉第带来了好运。书店的一位顾客看到了法拉第装订的这本笔记,对他在笔记中显露的科学才华大加赞赏,给了他一套当时伦敦最有名的科学家和演讲家汉弗莱·戴维在皇家学会讲演的门票。法拉听完了整整4次讲座,同样也做了详尽的笔记。他再次把这些笔记和旁征博引的资料整理成册,还加了彩色插图和皮质封面,竟然达到了300多页,法拉第给这本记录取名为《戴维自然科学讲演录》,这次法拉第做了两本。

这时候法拉第已经做满了7年的学徒出师了,雷伯先生的书店人手已够,于是他去了一家装订厂当技工师傅,新老板非常器重他的手艺,却很在乎生意不让法拉第分心阅读顾客送来装订的书。郁闷的法拉第想换个工作,他把《戴维自然科学讲演录》寄给了当时的皇家学会主席班克斯,希望能在皇家学会找个和科学有关的工作,然而法拉第的请求没有得到回音。不甘心的法拉第有一股韧性,他把第二本直接寄给了戴维,并毛遂自荐要做他的助手。

汉弗莱·戴维

35岁的戴维当时已经功成名就名满天下。早在28岁时他就创立了电化学,先后用电解法分离出钾、钠、钡、锶、镁、硼等多种元素,轰动科学界,连当时英国的敌人拿破仑都授予他荣誉勋章。1812年他被英国皇室册封,成为汉弗莱·戴维爵士。其实他也是苦孩子出身,小时候家境不好,16岁时还在给药剂师当学徒谋生,他自学成才,和托马斯·贝多斯一起发现了"笑气"——一氧化二氮——的麻醉作用,跻身科学家的行列。戴维同样痴迷于科学实验,甚至付出了一只眼睛失明的代价。有感于法拉第相同的身世和对科学同样的执着,戴维决定给法拉第一个机会。皇家学会理事会1813年3月1日的记录上,这样记录着戴维对法拉第的推荐意见:

迈克尔·法拉第是一个22岁的青年。他热爱科学,诚实肯干,性情温和,聪慧机敏,作风严谨细致,这个人能够胜任皇家学会实验室助手的工作。建议将实验室助手的职务授予迈克尔·法拉第，周薪 25 先令，外加皇家学会顶楼上的两间住房。

虽然这个推荐满足了法拉第投身科学的愿望，但是在当时，这份工作的工资却差不多是当时伦敦的最低工资了。订书场的老板也知道法拉第的手艺和品行难得，把挽留他的条件提到最高：只要他留下将来就把装订厂传给他。可惜法拉第的心思已经被科学勾走——年轻人总是会为自己心爱的事情放弃许多。

事实证明为求知所做的放弃总是值得的。在法拉第的人生中，能在皇家学会的实验室里工作是一个重大的转折，他不仅可以随意阅读科学书籍，还可以从戴维和他的同事这些饱学之士身上直接学到最新的科学知识与研究方法。在这里，法拉第如鱼得水。

2. 贵妇与科学

法拉第当戴维助手半年之后，另一个考验不期而至。戴维爵士结婚了，他娶了一位富有的寡妇。新婚的戴维打算和妻子到欧洲游历，但他又不想远离自己的科学，因此他打算带上自己的实验仪器和助手，在游历的路上同时也去拜访各国的科学家，进行学术交流，他打算带法拉第一起去。而这时戴维的仆人却辞职了，因此法拉第得兼任在路上打杂的工作，到了欧洲再找人接替仆人的工作。

让法拉第没有想到的是，戴维的仆人辞职不是偶然的，戴维夫人是个难缠的贵妇，有着颐指气使的脾气和傲慢的派头，她把出身低微的法拉第当作仆人，装卸行李、送洗衣物、负责采买，甚至包括订饭送饭，都成了法拉第每天必做的事情。更有甚者，戴维夫人不愿意平等地对待法拉第，旅行时要他坐在马车外，与佣人一起吃饭，让法拉第的自尊心很受伤。而当他们游历到日内瓦时，招待他们的当地主人——一位化学教授，十分喜爱法拉第这位谦逊有才的青年，邀请他与自己和戴维夫妇同桌就餐，不料戴维夫人竟当场表示反对，说法拉第的地位不配与自己平起平坐。这种歧视到侮辱的行为，终于让法拉第无法忍受，他想放弃剩下的旅程独自回英国。既爱才又怕老婆的戴维从中说和，劝法拉第以科学为重，不要随便放弃这个游学的机会，思前想后，法拉第还是决定忍耐了下去。

事实证明为求知而作的忍耐亦是值得的。虽然戴维最后没有找到代替者，法拉第被强迫在整个旅行中同时兼任仆人与助手，但他始终保持了对戴维夫人应有的礼貌和尊敬态度，获得了戴维的信任。戴维带着他结识了欧洲最一流的学者和科学家。在这次从 1813 年 10 月到 1815 年 4 月历时 18 个月的游历中，法拉第跟随戴维考察了法国、意大利、瑞士等国的科学发展情况，结交了安培、盖·吕萨克等著名科学家，他还和戴维一起，从法国科学家提供的海藻提炼物里发现了碘元素。在佛罗伦萨的伽利略科学院参观托斯卡纳伯爵制作的巨型凸透镜时，因为伯爵不相信戴维钻石是碳的观点，法拉第亲眼看到了伯爵的钻石戒指在凸透镜的焦点下被太阳光点燃了，昂贵的钻石化为灰烬。在米兰，法拉第和戴维一起，观看了伏特演示的模拟闪电的实验，这奇妙的现象给他留下了格外深刻的印象。在那不勒斯，戴维还带着法拉第跑到维苏威火山上去捡矿石，打算带回英国研究……和这些科学研究中种种的奇妙经历比起来，忍受戴维夫人的蛮横无理也算不了什么了。18 个月后，他们终于满载而归，回到了英国。在归途中，法拉第抑制不住喜悦的心情，给自己的母亲信中写道：

"我最亲爱的母亲：

这是我在国外写给您的最后一封信。游历中巨大的收获让我不胜愉快，也希望您能和我一样愉快，并希望在您读到这封信以前，我已经踏上了英国的国土。这是我写给您的一封最短的，但也是最甜蜜的信。"

3. 师徒恩怨未了情

欧洲游历回来的法拉第对科学爆发出极大的热情和创造力。虽然他的信心还不足，但他在欧洲已经学到了一流的实验方法和科学研究方法。因此，他的创造力也像维苏威火山一样，等到时机一到，就会喷薄而出。

1816年，法拉第被戴维安排独立研究土壤问题，很快他就写出了论文，在皇家学会的刊物上发表，从此一发不可收拾。1817年，他在皇家学会的刊物上发表了6篇论文，引起了轰动。而在1818年，他一鼓作气又发表了11篇，其中一篇关于火焰研究的论文，具有完整的实验设计和充分的论证过程，已经达到了一流科研水平。不久，戴维在法拉第的帮助下，研究了煤矿工人的矿灯，他们发现用铜纱网罩罩住矿灯火焰之后，火焰温度就不会传到矿灯外面，矿井里溢出的瓦斯就不会被点燃爆炸。根据这一原理，戴维发明了安全矿灯，他在有关的论文集里专门写道："对此我本人非常感谢法拉第先生，因为在我的实验中，他对我做出了十分有力的帮助。"这在当时对科学家的助手是很难得的赞赏。而戴维也表现出了高尚的风度，他放弃了这个发明的专利，为此，他获得了皇家学会的郎福德勋章。1820年，汉弗莱·戴维当选为英国皇家学会主席。

而1821年的一场学术争议却破坏了师徒之间的和谐气氛。两年前丹麦科学家奥斯特发现了电流的磁效应，在欧洲各国引起了研究热潮，当时皇家学会的沃拉斯顿对此也很感兴趣。沃拉斯顿是一位和戴维齐名的科学家，曾经发现了元素钯和铑。前任会长逝世之后，他和戴维同时被提名为继任皇家学会会长的候选人，沃拉斯顿风度过人，谢绝了提名，他的主动退出使得戴维顺利当选。沃拉斯顿根据力的相互作用的观点，想到磁铁的运动也应该会使通电直导线滚动。沃拉斯顿兴冲冲地跑到皇家学会的实验室，向戴维和法拉第演示了自己的想法，但是用各种方法试了几次，导线都不会沿着自己的轴转动，他的实验没有成功，想不到原因的沃拉斯顿和戴维都觉得困惑，就此放弃了。

而在一旁观看的法拉第却产生了浓厚的兴趣，他花了3个月的时间查阅了关于电磁问题的所有文献，重复了各种实验，他敏锐地看出了奥斯特发现的重要意义，他在笔记中写道："奥斯特的实验猛然打开了一个科学领域的大门，那里过去是一片漆黑，如今充满了光明。"

法拉第进一步研究奥斯特实验发现,在通电导线周围放上多个磁针,磁针的旋转方向会有一个规律,看上去它们是在围着通电导线转动,那么通电导线也应该是围着磁极公转才对。按照这个思路,善于动手的法拉第设计了一个非常精妙的实验:在一个玻璃缸的中央立上一根磁棒,磁棒底部用蜡粘牢在缸底上;在缸里倒上水银,刚好露出一个磁极;把一根粗铜丝扎在一块软木上,让软木浮在水银面上,铜丝的下端通过水银接到伏打电池的一个极上,铜丝的上端则通过一根又软又轻的铜线接到伏打电池的另一个极上。这样铜线、铜丝、水银和电池就被连通形成了一个闭合的回路,立在水银面上的导线

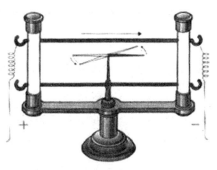

电磁现象

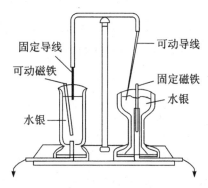

电磁转动实验

中就会有电流通过。把电源接通后,软木绕着磁极运动了起来,通电导线果然会绕着磁铁公转。这个简陋的装置,被称为世界上的第一台单极电动机。这真是一个了不起的成功,法拉第第一个证实了磁对电流也会有力的作用。

当时沃拉斯顿和戴维都不在,法拉第刚结婚,打算带新婚的妻子去海边度假,就让同事帮自己把实验报告发表出来。没想到等他回来,皇家学会已经掀起了一场轩然大波,有人发表文章,指责法拉第剽窃沃拉斯顿的研究成果。一向自律的法拉第感到自己的荣誉与人格受到了怀疑和玷污,他马上找到沃拉斯顿解释,沃拉斯顿对争名夺利的事倒是毫不在意,他饶有兴味地观看了法拉第的演示,马上向法拉第表示祝贺,并坦率地向大家表明:虽然自己和法拉第都是在从事电和磁的工作,但两人是从不同的角度进行研究,因此,法拉第并不能从他那里剽窃什么。其实,最有资格做出评判的是戴维,戴维爵士是沃拉斯顿实验的目击者和知情者,又是第三者和科学权威,

只要他说句公道话，事情马上就可以澄清了。然而令人感到不解的是，戴维一直保持沉默。

谜底 2 年后才被揭开，1823 年的《哲学纪事》杂志 4 月号的一篇关于戴维 3 月份在皇家学会宣读论文的报道中，有一段意味深长的文字："沃拉斯顿博士在皇家学会实验室所做的实验，戴维爵士是亲眼见到的，仅仅是因为仪器出了点儿故障，实验失败了，否则沃拉斯顿博士就将成为电磁转动现象的发现者。"这把两年前的争议又翻了出来，根本不提法拉第实验与沃拉斯顿实验的区别，表面上似乎在赞赏沃拉斯顿的功绩，实则给人的明确的信息就是法拉第"剽窃"沃拉斯顿的成果。更指出这种说法的来源竟然就是戴维。这份杂志的影响是十分广泛的，尽管 5 月号登出启事，承认 4 月号的报道不准确，但风波再也无法轻易平息了。

当时法拉第已经在皇家学会工作了 10 年，成了蜚声国际的科学家，甚至被选为法国科学院通讯院士，但在皇家学会的职务却依旧只是戴维的助手，没有独立进行科学研究的权利，甚至明显是他独立发现的电磁转动，也会被戴维认为他"不打招呼就闯入了名人的地盘"，因此有"剽窃"嫌疑。大家终于明白，在戴维看来，法拉第只是一个助手，是一个领导的顺从者，除此之外，要想尊重他什么，那是难以做到的。因此，法拉第表现出的独立从事研究的才华，使戴维明显地感到懊恼，不适当地产生了嫉妒。

当时的英国，正是资本主义蓬勃发展的时期，封建等级观念正在被打破。这次，皇家学会的科学家们决意要为法拉第打抱不平，29 位皇家学会会员联名提议法拉第当皇家学会会员候选人，带头签名的就是沃拉斯顿。这让戴维勃然大怒。按道理，他没理由反对法拉第当皇家学会会员，他十分了解法拉第的才能，这十年来他也一直对法拉第所取得的成就引以为豪。众人的眼中他也一直是法拉第的老师、恩人，法拉第的荣誉也归于他。但是，固执专横的戴维不允许法拉第挑战自己的权威，他坚持认为法拉第资历太浅，没有受过教育，不诚实。他先是要求法拉第和他的支持者撤销申请，被拒绝后，他又试图联合其他会员来撤销法拉第的候选人资格。在沃拉斯顿的支持下,法拉第发表了一篇回顾关于电磁转动问题的研究的全部历史的文章,打消了关于他"剽窃"的疑团,原来反对法拉第进入皇家学会的沃拉斯顿的支持者全都改变了态度,戴维成了孤家寡人,没有能够取消法拉第的候选人资格。但他还是采取拖延的办法,硬是拖了半年,直到1824年1月8日才进行投票。结果法拉第在只有一张反对票的情况下当选了。不言而喻,大家都知道这张反对票是谁投的。就这样,这位对法拉第帮助最大的恩师,在嫉妒心和虚荣心的驱使下丧失了理智,在同事、朋友和学生面前,做出了一生中最疯狂可悲的举动。

风波慢慢平息之后,戴维终于冷静了下来。1825年,法拉第接替患病的戴维担任皇家学会实验室主任,再一次出人意料的是,这一次的提名人是戴维。当时将近50岁的戴维眼疾恶化,终于意识到法拉第是皇家学会最优秀的科学家,自己最合适的接班人。

1826年戴维辞去了皇家学会会长的职务,去欧洲大陆遍访名医,再也没有能够回到英国,他1829年在日内瓦去世时,年仅51岁。在日内瓦的一次友人拜访中,面对别人的恭维,戴维说了一句著名的话:"我这一生中做出的最大贡献就是发现了法拉第。"

4. 电磁学之父

虽然在"电磁转动"风波中最终澄清了自己的名誉,法拉第却早在风波

乍起之时就为了避嫌而中断了对电和磁的研究。事实上在那之后,沃拉斯顿和戴维在这片划出来的领地里都没有什么建树。

1829年,沃拉斯顿和戴维相继去世。法拉第不再需要避嫌了。他正式致函皇家学会,希望重新回到电磁学领域。1831年,法拉第40岁的时候,才真正回到令自己真正产生兴趣,并有信心做出开创性工作的电磁学领域。就在这一年的10月,他发现了具有划时代意义的电磁感应现象,完成了9年

前就定下的"变磁为电"的目标。可以预见，如果不是"电磁转动"风波，法拉第不会中断电磁研究，电磁感应定律的诞生会提前许多，这也算是好事多磨吧。

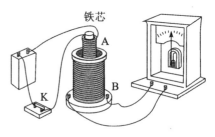

铁芯

电磁感应现象

再说说法拉第所做的世界上第一个电磁感应实验吧。法拉第把两个线圈绕在一个铁环上，线圈 A 接直流电源，线圈 B 接电流表，他发现，当线圈 A 的电路接通或断开的瞬间，线圈 B 中会产生瞬时电流。法拉第发现，铁环并不是必需的。拿走铁环，再做这个实验，上述现象仍然发生，只是线圈 B 中的电流弱些。

为了彻底研究电磁感应现象，法拉第做了许多实验。包括最广为人知的那一个：若移动一块磁铁通过导线线圈，则线圈中将有电流产生；如果移动线圈通过静止的磁铁上方，线圈中同样也会有电流产生。根据这些原理法拉第发明了法拉第盘，这被看作是现代发电机的雏形。

1831 年 11 月，法拉第向皇家学会提交了一份报告，把"磁生电"的现象定名为"电磁感应现象"，并概括了可以产生感应电流的 5 种情形：变化的电流、变化的磁场、运动的恒定电流、运动的磁铁、在磁场中运动的导体。

法拉第的脚步越走越快，越走越远。1837 年他引入了电场和磁场的概念，指出电和磁的周围都有场的存在，这打破了牛顿力学"超距作用"的传统观念。1838 年，他提出了电力线的新概念来解释电磁现象，这是物理学理论上的一次重大突破。1839 年他成功地通过了一连串重要的实验继续深入了解电的本质。法拉第通过研究静电、电池、生物电的静电相吸、电解、磁力等现象，得出新的结论：即使来源不同，产生的电都是一样的。1843 年，法拉第用有名的"冰桶实验"，证明了电荷守恒定律。1852 年，法拉第又引进了磁力线的概念，从而为经典电磁学理论的建立奠定了基础。后来，英国物理学家麦克斯韦用数学工具研究法拉第的力线理论，最后完成了经典电磁学理论。

法拉第是虔诚的基督教桑德曼教派信徒，还担任过两任长老，这个教派拥有和谐的宇宙观,这使法拉第对自然界各种现象的普遍联系有着很朴素的坚定信念。他读书不多,数学能力不强,只能计算简单的代数问题,甚至不懂三角学,但这反而使他可以通过简单的语言更清晰地表达他在科学上的想法。正是靠着直觉和对实验现象的观察,让他坚信"电能生磁,磁也能生电"这个朴素的观念,并坚持不懈地为用实验证实这种联系而探索不已。在这些研究工作的基础上,他形成了"电和磁作用通过中间介质、从一个物体传到另一个物体的思想"。于是,介质成了"场"的场所,场这个概念正是来源于法拉第。正如爱因斯坦所说,引入场的概念,是法拉第最富有独创性的思想,是牛顿以来最重要的发现。牛顿及其他学者的空间,被视作物体与电荷的容器;而法拉第的空间,是现象的容器,它参与了现象。所以说法拉第是电磁场学说的创始人当之无愧。他深邃的物理思想,强烈地吸引了年轻的麦克斯韦。麦克斯韦认为,法拉第的电磁场理论比当时流行的超距作用电动力学更为合理,他正是抱着用严格的数学语言来表述法拉第理论的决心闯入电磁学领域的。

爱因斯坦高度评价法拉第的工作,认为他在电磁学中的地位,相当于伽利略在力学中的地位。爱因斯坦的学习墙上有3张科学家的照片,分别是牛顿、法拉第和麦克斯韦。

5. 不想当贵族的平民

法拉第担任皇家学会实验室主任后,在1826年发起了周五科普讲座和圣诞节少年科学讲座。他在周五科普讲座上讲演过100多次,在圣诞节少年科学讲座上讲演则长达19年。他的科普讲座深入浅出,并配以丰富的演示实验,广受欢迎。根据他的讲稿汇编出版了《蜡烛的故事》一书,被译为多种文字出版,是科普读物的典范。

法拉第是虔诚的新教教徒,生活简朴,不尚华贵,以致有人到皇家学会实验室做实验时把他错当成看门的老头。1848 年，在亲人的劝说下，法拉第接受女王丈夫赐予的房子，并免缴所有开销与维修费。这曾是皇宫的石匠师傅住的房子，现在是法拉第故居，位于伦敦汉普顿宫道 37 号。

法拉第在讲演

1857 年，皇家学会学术委员会一致决议聘请他担任皇家学会会长。对这一荣誉职务他再三拒绝。他说："我是一个普通人。如果我接受皇家学会希望加在我身上的荣誉，那么我就不能保证自己的诚实和正直，连一年也保证不了。"而当英王室准备授予他爵士称号时，他再次婉言谢绝："法拉第出身平民，不想变成贵族。"

1867 年 8 月 25 日，法拉第在他位于汉普顿宫的家中去世，享年 76 岁。他本可在英国国家圣地威斯敏斯特教堂下葬，然而他选择的安息之地是他信仰了一生的桑德曼教派的海格特墓园，墓碑上照他的遗愿只刻有他的名字和生卒年月。现在，英国国家圣地威斯敏斯特教堂艾萨克·牛顿的墓旁还坐落着他的纪念碑，铜质正方形，对角线方向刻着法拉第的姓氏与生卒年月和拉丁文的"Alibi Sepulti"（别处安葬）。

他的朋友这样描述这位伟大的平民科学家的人生和心路历程：

在他的眼中，宫廷的华丽，和布来屯高原上面的雷雨比较起来，算得什么；皇家的一切器具，和落日比较起来，又算得什么？之所以说雷雨和落日，是因为这些现象在他的心里，都可以挑起一种狂喜。在他这种人的心胸中，那些世俗的荣华快乐，当然没有价值了。一方面可以得到 15 万镑的财产，一方面是完全没有报酬的学问，要在这两者之间去选择一种。他却选定了第二种，遂穷困以终。

统一电、磁和光的物理学家
——承前启后的大师麦克斯韦

1. 从爱丁堡来的乡下孩子

1831 年 6 月 13 日,詹姆斯·克拉克·麦克斯韦出生在苏格兰古都爱丁堡,他的父亲是爱丁堡的名门望族,祖上在政界、军界和法律界多有建树。麦克斯韦的父亲约翰·麦克斯韦是位律师,但他却把主要的心思都放在了机械和建筑设计上;麦克斯韦的母亲,在麦克斯韦 8 岁时就去世了。约翰既当爹又当娘,对麦克斯韦格外疼爱;与众不同的是,这位慈父对儿子来说,也是最好的良师益友,他对麦克斯韦的一生,有着非同凡响的影响。

年轻的麦克斯韦

约翰·麦克斯韦是一个非常有见地的人,他深明"好奇是智慧的起点,疑问是创造的先导"的重要性,从小就培养儿子的好奇心,鼓励儿子多思考多提问题。同时,他也注意观察、发现儿子的天赋,让他自由发展。小麦克斯韦的数学才能,就是在一次绘画中被父亲发现的:他发现儿子画的菊花和花瓶,都是几何图形,就开始教他几何和代数,很早就启迪了他的数学智慧。

虽然家庭教师对小麦克斯韦评价不高，认为他反应迟钝，没有什么特别的才能，父亲却不同意老师的看法，他对自己的儿子充满信心，10 岁就送他去爱丁堡中学学习。果然，小麦克斯韦的才能慢慢展现了出来，14 岁还赢得了数学优胜奖章。

为了让他开阔眼界，父亲经常带小麦克斯韦参加爱丁堡皇家艺术学院的聚会。虽然只是艺术学院的聚会，却也有很多科学方面的讲座，父亲把麦克斯韦听了数学讲座后写出的论文寄给了自己的朋友——爱丁堡大学的自然哲学教授福布斯，福布斯大为欣赏。

1847 年，16 岁的麦克斯韦就进入了苏格兰的最高学府——爱丁堡大学，师从父亲的朋友自然哲学教授哈密顿。在哈密顿和福布斯的影响下，麦克斯韦对实验技术产生了浓厚兴趣，同时又拥有清晰的逻辑思维，广博的科学史知识和对基础问题的批判态度。麦克斯韦用 3 年时间就完成了爱丁堡大学 4 年

爱丁堡大学

的学业，完成了科学研究所需要的基础训练。1850 年，19 岁的麦克斯韦离开爱丁堡，转入剑桥三一学院数学系继续求学。

2. 图书馆捡到的高才生

麦克斯韦在剑桥很幸运地师从著名的数学教授霍普金斯，但他是被霍普金斯从图书馆捡来的！原来霍普金斯去图书馆借一本艰深的数学书，发现它竟然被一名学生借走了。好奇心让他找到了正在自学记笔记的麦克斯韦，这段奇遇让霍普金斯把麦克斯韦收入门下，并惊喜地发现，麦克斯韦是自己最杰出的弟子。1854 年麦克斯韦以学位考试第二名的成绩获史密斯奖

学金,可以毕业留校任职2年。

虽然承担了繁重的教学工作,但是麦克斯韦仍挤出时间进行自由研究。麦克斯韦着重研究两个物理问题,一个是视觉的作用,另一个则是电与磁。对于视觉的作用的研究,麦克斯韦在1855年向爱丁堡皇家学会提交了一篇论文《关于眼睛察觉到的颜色的实验》,论述了色视觉的三原色理论,并对色混合给出了简捷、可靠的数学公式。同年,麦克斯韦在剑桥哲学学会上宣读了他的第一篇电磁学论文《论法拉第力线》,首次提出了描述电磁场的数学方程,从而初步建立电与磁的数学关系。次年,这篇论文在《英国科学促进会报告集》上发表,使法拉第的力线概念由直观想象上升为科学的理论,法拉第在读过这篇论文后,大为赞赏。

正当麦克斯韦一帆风顺的时候,他的父亲在家乡患病,卧床不起。麦克斯韦决定离开剑桥,回到家乡竭力照料父亲,于是他中断了研究,花了几个月的时间照顾父亲。虽然错过了那个春秋学期,但幸运的是父亲康复了。于是他返回剑桥,不久后他被推选为三一学院的研究员。

1856年2月,麦克斯韦收到一封来自福布斯教授的信。教授告诉他,阿伯丁马斯里查尔学院自然哲学教授的位置空缺,建议他去申请这个职位。如果他得到了这份工作,他将有更多的时间陪伴身体状况不佳的父亲。麦克斯韦的父亲兴致勃勃地帮助儿子准备申请事宜,然而,他没有等到麦克斯韦申请结果出来就在这年的4月过世了。

获得了阿伯丁大学的教授职位,麦克斯韦离开了剑桥。命运重重地打击了麦克斯韦,却又给他一线曙光,麦克斯韦在马斯里查尔认识了院长的女儿凯瑟琳,他们相爱并结婚了。从此凯瑟琳成为他的人生伴侣和得力助手。

1860年,幸运女神再次眷顾,麦克斯韦被伦敦皇家学会聘为自然哲学和天文学教授。在伦敦,他见到了法拉第,29岁的麦克斯韦和年逾古稀的法拉第成为忘年之交。法拉第肯定了麦克斯韦对自己学说的理解,更鼓励麦克斯韦不要局限于用数学解释自己的观点,而要大胆突破和超越自己的成就。

063

1862年麦克斯韦发表了第二篇电磁学论文《论物理的力线》，提出了电磁场的力学模型，突破了法拉第变化的磁场可以产生电场的观点，提出"位移电流"的概念，导出变化的电场也可以产生磁场的结果。

1864年，麦克斯韦在英国伦敦皇家学会宣读了他的第三篇电磁学论文《电磁场的力学理论》，推导出完善的电磁场波动方程，而且还推算出电磁波的传播速度正

油画中的英国皇家学会

好等于光速（每秒30万千米左右）。他极有把握地宣告电磁波的存在。"科学若要有价值，就必须预言未来。"麦克斯韦的预言将在20余年后被赫兹完全证实。

1865年春麦克斯韦因病辞去了皇家学会的教授职务。回到爱丁堡，养病期间他系统地总结了电磁学研究中法拉第、库仑、奥斯特、安培、高斯这些前辈的研究成果和自己10年的研究心得，完成了电磁场理论的经典巨著《电磁学通论》，并于1873年出版。这部书吸引了很多人的注意，一时间洛阳纸贵，但是其中的数学知识太过难懂，又被人称为天书。

3. 科学的预言

电磁波的存在是一个很伟大的科学预言，也是一个玄之又玄的科学预言。甚至连做出预言的麦克斯韦本人都不知道要如何证明这个预言。牛顿发现万有引力定律和运动三大定律后不久，就有青年物理学家和天文学家运用他的理论计算出来了海王星的存在，并通过天文观察证实了牛顿理论的正确性。爱因斯坦的相对论，也是由他的崇拜者，专门组织探险队到非洲

去观测日食的时候因恒星星光偏转的现象，才得以证实。而麦克斯韦的电磁波理论，是如此数学化和理论化，别说没有人事先观察到过类似现象，甚至当时的物理学家读了也难以理解。直到20年后，锲而不舍的赫兹历经多次的失败，才在实验中证实了电磁波的存在。那么，麦克斯韦是怎样做出这个预言的呢？

麦克斯韦的电磁学始于1854年，当时他刚从剑桥毕业，而此时法拉第刚出版了《电学实验研究》，书中首次提出了场和力线的概念，法拉第是实验大师，但数学功力欠缺，所以他的创见都是在实验观测的基础上，以直观形式来表达。当时的科学界对法拉第的观点有不少质疑，除了没有量化指标、严谨性不够之外，最主要的争论是当时已经发现了电荷之间和磁极之间的力都满足平方反比定律，并且这和牛顿万有引力定律完全类似，而牛顿力学所隐含的"超距作用"的传统观念根深蒂固，恪守牛顿的物理学理论的科学家们都觉得法拉第的学说不可思议，甚至觉得用模糊不清的力线观点来挑战牛顿清晰明确的"超距作用"，简直是对牛顿的亵渎。

麦克斯韦的好友，比他大7岁的汤姆逊曾经研究过莱顿瓶放电电流振荡的现象，并写出了论文《瞬变现象》，他支持麦克斯韦研究法拉第的新理论，认为其中还有着不为人知的宝藏。认真地研究了法拉第的著作后，麦克斯韦感受到力线思想的宝贵价值，也看到法拉第在定量表述上的不足。在电磁学理论里，微积分知识就像几何学里的圆规直尺一样，是基本的工具，而高等数学恰恰是没有受过正规教育的法拉第的短板，麦克斯韦决定用自己的数学特长来弥补这一点。当时许多杰出的数学物理学家，已经将引力势的理论移植到静电学中，从库仑定律导出了静电学的两个基本方程，并进一步引进了电势概念。这些工作从数学方法上已经为麦克斯韦建立普遍的电磁理论做好了准备。

1855年麦克斯韦发表了第一篇关于电磁学的论文《论法拉第力线》，在精确量化法拉第力线的同时，他发展了法拉第的学说，认为电荷之间以及电流之间的作用同样也是靠场传递的，他所需要解决的问题就是如何用数学精确描述和表达电场和磁场的规律和性质。既然与力有关，很明显电场和磁场都是有方向的矢量场。当时流体力学已经有了相当的发展，"流速场"的概念被普遍应用，博学的麦克斯韦很自然地借鉴过来，把电场与流速场进行类比，把电场强度比作流速，把电力线比作流线，同时引用通量、环流、散度、旋度等流体力学概念来描述电场和磁场在空间中的变化情况，根据库仑定律、法拉第电磁感应定律、安培定律的结果，他建立了静电场、静磁场以及感应电场的基本方程。麦克斯韦不同凡响的科学洞察力让他坚信"进一步发展法拉第的思想可能会引出更为普遍的定律，概括各种新的现象。抽象的理论对于实验科学是具有重要意义的"。

随后，麦克斯韦经历了家庭和事业的波折，6年后，他才重新回到电磁学研究中来。1861年，当他把安培定律推广到为电容器充放电的非稳恒电流状态的时候，得到了2个互相矛盾的感应磁场方程。他意识到，为了解决这个矛盾，可以认为磁场不仅可由电流激发，也可由变化的电场激发。他将开放空间的电通量变化率称为"位移电流"，描述空间电场的变化。1862年，麦克斯韦在英国的《哲学杂志》上发表了第二篇关于电磁方面的论文，题为《论物理力线》。在这篇文章中他提出了位移电流概念，明确提出"变化的电场产生磁场"的思想，这是麦克斯韦突破前人，建立普遍电磁理论所迈出的关键一步。

1865年，麦克斯韦发表了著名的论文《电磁场的力学理论》，标志着麦克斯韦电磁理论的正式诞生。在这篇文章中，麦克斯韦总结了前人和他自己关于电磁理论方面的研究成果，成功地统一了电磁现象，建立了可应用于一般情况的完整的、统一的、联立的"麦克斯韦方程组"。麦克斯韦根据这套理论，充满自信地预言了电磁波的存在，同

$$\nabla \cdot \vec{E} = \frac{\rho}{\varepsilon_0}$$

$$\nabla \times \vec{E} = -\frac{\partial \vec{B}}{\partial t}$$

$$\nabla \cdot \vec{B} = 0$$

$$\nabla \times \vec{B} = \mu_0 \vec{J} + \boxed{\mu_0 \varepsilon_0 \frac{\partial \vec{E}}{\partial t}}$$

麦克斯韦方程组

时明确指出光也是一种电磁波。这套理论是如此完善和普遍适用，半个世纪之后，爱因斯坦建立了相对论，人们发现在宏观世界里的高速运动，牛顿

的万有引力定律不再适用必须修改，而麦克斯韦方程组不用修改；再过20年，哥本哈根派建立了量子理论后，人们发现在微观世界里牛顿定律也不再适用，而麦克斯韦方程组却仍旧正确。

1873年，麦克斯韦公开出版了电磁场理论的经典著作《电磁学通论》。在这套两卷本的著作中，麦克斯韦系统地总结了关于电磁现象的知识，包括库仑、奥斯特、安培、法拉第的开创性成果，也包括他自己创造性的总结，其中"电磁现象的动力学理论"和"光的电磁理论"这两章是集他的成就于大成的篇章。这部著作的意义堪与牛顿的《自然哲学的数学原理》和达尔文的《物种起源》相媲美。至此，经过几代人的努力，电磁理论的宏伟大厦终于蔚然竣工了。麦克斯韦终于为他的伟大预言做完了全部工作，下面就等实验物理学家来发现电磁波来印证他的完美理论了。

4. 伟大的科学预言变成现实

1873年，麦克斯韦经过8年艰苦努力才完成的电磁学专著《电磁学通论》问世。当时麦克斯韦只有42岁，任卡文迪许实验物理学的教授。直到1879年麦克斯韦因病去世，电磁波这个幽灵还没有被人类捕捉到。就在麦克斯韦逝世的这一年，德国柏林科学院重金悬赏，向科学界征求对电磁波的实验验证。

亨利希·鲁道夫·赫兹是柏林大学物理系的学生，在当时的德国，人们依然固守着牛顿的传统物理学观念，支持电磁理论研究的，只有玻尔兹曼和赫尔姆霍茨。赫兹正是赫尔姆霍茨的学生，在老师的影响下，他对电磁理论产生了浓厚的兴趣。1880年毕业后，赫兹成为赫尔姆霍茨的助手，在老师的鼓励下，他开始把验证电磁波

赫兹

存在作为自己的目标。但是，研究却一直找不到头绪，在前3年的摸索中遭遇的是一次又一次的失败。

1883年，爱尔兰的物理学教授菲茨杰拉德指出，如果麦克斯韦的理论是正确的，那么莱顿瓶放电时产生的振荡电流就应该会产生电磁波。莱顿瓶正是汤姆逊所著《瞬变电流》中那个莱顿蓄电瓶，其原理和今天的平行板电容器相似。这无疑给当时的实验物理家们指明了前进的方向。但是有一个难题难住了大家，这就是用什么来检验电磁波。

1885年，28岁的赫兹继从柏林大学转到基尔大学后，又辗转到卡尔斯鲁厄高等工艺学校任物理学教授。工作的频频变动并没有打消他继续研究的兴趣，他先用莱顿瓶、变压器和两个铜球组成了充放电电路，可以使铜球之间的空气被击穿，出现火花

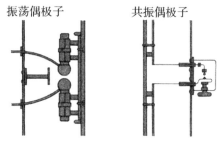

振荡偶极子　　　共振偶极子

赫兹的实验装置

放电现象，由于莱顿瓶的高频振荡特性，铜球之间就会出现交变的电磁场，赫兹把这个装置起名为"振荡偶极子"。他由此想到，根据电磁感应定律，电磁波会引起空间磁场的变化，在那里的闭合导电回路中就会有电流产生，如果回路像振荡偶极子一样有空隙，电流同样可以把空气击穿，我们就可以看到闪光。按照这个思路，他用两端带小铜球的开口铜环做成了电磁波接收装置，铜球的距离很近，还可以用螺母精确调节。赫兹管这个电磁波接收装置叫作共振偶极子。

1887年，赫兹终于在暗室中观察到了他等待已久的现象，共振偶极子在距离振荡偶极子的某个距离的位置，铜球之间不断迸发出微弱的电火花。在麦克斯韦逝世8年后，他的预言终于变成了现实。1887年11月5日，赫兹在寄给赫尔姆霍兹的题为《论在绝缘体中电过程引起的感应现象》的论文中，总结了这个重要的发现，他通过实验确认了电磁波是横波，具有与光类似的特性，可以反射、折射、衍射，甚至干涉，他同时通过测试驻波和振荡频

率,算出了电磁波的传播速度为每秒 30 万千米,和光速相同。

1888 年 1 月,赫兹将这些成果总结在《论动电效应的传播速度》一文中。赫兹的实验结果公布后,轰动了科学界。由法拉第开创、麦克斯韦总结的电磁理论,至此才取得决定性的胜利。

1896 年,意大利的马可尼第一次以电磁波传递讯息。1901 年,马可尼成功地将讯号从意大利送到大西洋彼岸的美国。1924 年,英国人贝尔德发明了最原始的电视机,用电传输了图像。1973 年,美国人马丁·库珀发明了移动电话,也就是手机。现代光纤通信和网络的兴起,也是建立在麦克斯韦电磁理论的伟大预言之上。麦克斯韦自己也不会想到,他的预言为人类带来了多么璀璨光辉的图景。人们用歌德的诗歌来纪念他和他的同行们所创立的成就:

> 我们全都获益不浅,
> 全世界都感谢他的教诲,
> 那专属于他个人的东西,
> 早已传遍了人类。
> 他像行将陨灭的彗星,光华四射,
> 把无限的光芒同他的光芒永相连系。

大器晚成的实验物理学家

——严谨的伦琴

1.富家子弟,个性少年

1845 年 3 月 27 日,伦琴出生在德国西北部莱茵河畔的小镇里乃堡,这里离著名的鲁尔工业区的中心城市杜塞尔多夫不远,也和荷兰毗邻。伦琴的家族在这座小城里已经居住了 4 代,人丁兴旺,伦琴的父亲是一位纺织品原材料批发商,伦琴的母亲和父亲是表亲,外婆家的祖上是从里乃堡迁到荷兰阿姆斯特丹的有名的零售和批发商。伦琴的父亲 44 岁才得了伦琴这么一个宝贝独生儿子,自然对伦琴极为宠爱,再加上家里条件相当不错,伦琴从小过着非常优裕的生活。

少年伦琴和父母

1848 年,为躲避当时德国三月革命带来的混乱局面,伦琴一家迁居荷兰的阿佩尔多恩,并成了荷兰公民。在父母的呵护下,伦琴度过了无忧无虑的童年和少年时代。1862 年 12 月,伦琴到外祖父家所在的城市乌德列支的高中注册入学。伦琴在这里学习代数、几何、物理、化学和工艺学,为进大学做准备。殷实的家境,可以让伦琴无忧地进入大学,因此他在学业上并不怎么用心,功课也一般,并不为前途担心,过着快乐无忧的学生生活。然而,毕业前一年的一次偶然的事件改变了伦琴的命运。

乌德列支高中有一个特别严肃和特别严厉的老师。伦琴班上一位擅长画画的学生,在教室取暖用的火炉挡上,给这位老师画了一幅漫画。因为画得比较传神,把同学们都逗得很开心,而这位老师恰巧走进教室,正好伦琴笑得最大声。十分生气的老师知道伦琴画不出这样的漫画,就让他供认是谁画的。伦琴却犯了拧脾气,不愿意出卖同学。盛怒的老师找来了教导主任和校长,画画的同学没有胆量承认,伦琴反而在这次事件中变成了主角。而这个事件演变成了伦琴违反校规,维护犯错误的同学,讽刺老师,破坏学校纪律这样非常严重的事件。校方在老师们的压力下不得不严肃处理,最后的结果是:伦琴被乌德勒支高中开除了。

当时荷兰的社会风气还比较保守,被学校开除可是件大事。后来,虽然校方答应让伦琴参加肄业考试,但是主考老师由于先前的印象对伦琴的态度很差,最后伦琴还是没有拿到高中文凭。这对他的升学产生了非常不利的影响:他在荷兰和德国都没办法正式进入大学深造。不愿意就此辍学的伦琴反而被激发出了学习热情,一直坚持在乌德勒支大学旁听数学、物理学、化学、生物学和植物学的课程。

伦琴的一位瑞士朋友告诉他,瑞士的苏黎世综合技术学院通过自主考试,招收没有高中文凭的学生,喜出望外的伦琴马上提出了申请。他已经在乌德勒支大学旁听了将近 2 年,数学程度已经相当不错了,乌德勒支大学还为他的数学水平开出了证明,伦琴因此获得了免试入学的资格。历经周折之后,1865年,20 岁的伦琴终于成为苏黎世综合技术学院机械工业专业的学生。

在苏黎世综合技术学院,伦琴是一个高大潇洒的富家子弟,虽然这时他还是没有什么抱负,课余的时间经常和同学们在风景如画的瑞士山区游玩,但曾经在求学路上经历了挫折的伦琴没有再浪费大学的宝贵时光,在大学的 3 年时间里他认真攻读数学、机械制图、机械工艺、工程、冶金、水文学、热力学以及机械工程其他的许多分支学科。学校的老师不少都是在机械工程和有关学科方面很有造诣的人士，而伦琴学得认真，也学得出色，因此他的毕业考试成绩优异，取得了机械工程师的文凭。当时的伦琴并没有想到选择一门基础科学来做专门的研究，也还没有把物理学作为自己的最终志愿。伦琴在接受机械工程学文凭以前，除了热力学创始人克劳修斯教授所讲授的一门工程物理学，他甚至还没有选修过一门实验物理学的课程。

在伦琴大学生涯的最后一年，奥古斯都·孔特接替克劳修斯成为苏黎世综合技术学院的物理教授。孔特教授只比伦琴大 6 岁，却是伦琴的伯乐。这位年轻而有活力的德国物理学家生动的教学很受学生欢迎，伦琴开始对科学精确的研究方法产生了兴趣。随着时间的推移，他对于基础科学的兴趣越来越浓厚。他意识到如果掌握了基础科学，再配合严谨的推理、精确的实验和演绎的方法，就有可能揭开

孔特教授

自然界尚未被了解的秘密。大学毕业后，学业优秀的伦琴被孔特教授留下做助手。伦琴在帮助孔特建立物理实验室的同时，又学习了几门数学课程和孔特所主讲的光的理论课程。同时在实验室里做了关于气体的各种属性的早期实验研究。1 年以后，伦琴向苏黎世大学提交了《各种气体的研究》的论文，并于 1869 年 6 月获得了苏黎世大学的哲学博士学位。这一年的工作和学习让伦琴知道，研究物理就是最适合他的工作。

在念书期间伦琴和朋友们经常在学校附近的一家饭店"绿茵阁"聚会，在一个偶然的机会下，他和饭店老板的二女儿安娜相识了。拿到博士学位的同时，伦琴订婚了。安娜是一个知书达理的好女孩，但因身体不太好，他们的婚事就耽误了下来。安娜虽然比伦琴大 6 岁，但和他很谈得来，两个人互相倾慕，这对恋人得到了大家的祝福，伦琴的父母还特地坐了 3 天火车从荷兰赶来，和未来的儿媳妇和亲家见面，非常满意儿媳妇的未来婆婆还邀请

安娜到荷兰阿佩尔多恩去做客。

第二年,孔特接受了德国维尔茨堡大学的聘请,去这所著名的大学当物理教授,他邀请伦琴当他的助手,伦琴欣然从命。在维尔茨堡他遇到了烦心的事情,维尔茨堡大学以他没有高中文凭为由,拒绝给他讲师的职位。好在安娜给了他劝解和安慰,1672 年,27 岁的伦琴和安娜结婚,建立了自己的家庭。

很快,活跃的孔特又跳槽去了斯特拉斯堡威廉皇家大学,他还是带上了得力助手伦琴,两年后伦琴终于成了讲师,高中的梦魇被彻底抛到了身后。1875 年,德国符腾堡的霍思海姆农学院邀请伦琴担任该校物理学和数学正教授。农学院的实验条件不够好,伦琴做了一年半的理论教学和研究之后,仍然回到斯特拉斯堡大学担任物理学副教授,在孔特身边继续自己的实验研究。这段时间他一共写出了 15 篇物理方面的论文,继承了孔特的衣钵,逐渐成长成一位严谨的实验物理学家。他尤其擅长清晰地思考问题,小心地进行严密的实验,然后用简短、精确和条理分明的方式写出他的发现。1879 年他被亥姆霍茨、基希霍夫和迈尔这些知名的物理教授推荐,担任吉森的黑森大学物理学教授职务。1888 年,他接受了维尔茨堡大学的邀请,担任物理学教授和物理学研究所长的职位,他赢得了曾经拒绝过他的大学的尊重。

2. 发现 X 射线

在 1894 这一年,德国有 3 位杰出的物理学家因病逝世。先是验证了电磁波的天才物理学家,年轻的玻恩大学教授赫兹在年初去世,年仅 37 岁。然后是伦琴的恩师,柏林大学的物理学教授,55 岁的奥古斯特·孔特,在 5 月去世。8 月 8 日,德国物理学界的老前辈,柏林-夏洛腾堡的国立物理技术学院院长亥姆霍茨辞世。这一年,伦琴当选维尔茨堡大学校长。就任这个职位的时候,伦琴发表了演说,表达了对他的这 3 位师长、同事和朋友的缅怀:

大学是科学研究和思想教育的培养园地,是师生陶冶理想的地方。

大学在这方面的重大意义大大超过了它的实际价值。由于这个缘故，必须努力在既是卓越的教师又是卓越的科学研究者与科学倡导者之中，遴选硕彦之士，以补职位的空缺。对于每一个认真工作的真正的科学家来说，不论所治的学术部门如何，

维尔茨堡大学

从根本上追随纯粹理想的目标，就是名副其实的理想家。本校师生自应以成为本校的成员而引为最大的荣誉。对于自己职业的光荣感是必要的，但并不是对职业的自命不凡、唯我独尊或是学术垄断——所有这些都是由于对自己有一种错误的估计的缘故，而不是属于一种为自己所献身的职业必不可少的感情，这个职业虽然赋予许多权利，但也要求履行许多义务。我们所有的抱负都应不仅致力于忠实履行对自己的义务，而且也致力于履行对别人的义务。只有如此，我们的大学才会被尊重，只有如此，我们对于这种学术自由的职业才能当之无愧，也只有如此，这种可贵的、不可或缺的权利才会保持下去。

　　实验是最有力最可靠的手段，能使我们揭开自然界的秘密，实验是判断假说应当保留还是应当放弃的最后鉴定。这种信念只是逐渐地受到人们的重视。把推论的结果与实际的事实来比较，几乎总是不可能的，而这就给从事实验研究的工作者以所需的保证。如果结果与事实不相符合，即使引导到这个结果的推论很巧妙，它也必然是错误的。如果我们考虑到为了取得结果而需要巨大的脑力劳动和大量的时间，而在此进程中许多美好的希望一定会破灭，那我们也许从这种必然性中可以看出某种严酷性。可是自然科学的探讨者能有这种考核真伪的标准，是幸运的，虽然它有时也会带

来很大的失望。

这时候,经典物理学已经发展得十分成熟,几个主要分支——牛顿力学、热力学和分子运动论、电磁学和光学,都已经建立了完整的理论,在实验和应用上也取得了巨大成果。很多物理学家都认为物理学已经臻于完美了,以后的任务只是在细节上做些补充和修正而已,而不久后伦琴发现的 X 射线将像一声春雷,唤醒沉睡的物理学界,把人们的注意力引向更深入、更广阔的天地,掀开现代物理学的序幕,揭示科学永无止境的发展空间和潜能。

1650 年德国物理学家奥托·冯·格里克发明了活塞式真空泵,又在1657 年设计并进行了著名的马德堡半球实验,推翻了亚里士多德提出的"自然界厌恶真空(自然界不存在真空)"的假说。在那之后,物理学家开始在接近真空的稀薄空气中做电的实验。1705 年人们发现在稀薄空气中的电弧比在一般空气中的长。1838 年法拉第在充满稀薄空气的玻璃管中输送电流,发现在阴极和阳极之间可以产生光弧。1857 年德国玻恩大学的玻璃工盖斯勒,发明了更好的泵和相应的方法来给放电管抽真空,发明了并制成了盖斯勒管。1858 年,德国物理学家 J. 普里克在研究盖斯勒管低压气体放电时发现,管壁在阳极的一端会发光。随后,英国物理学家克鲁克斯在研究闪电现象时,改进了盖斯勒管,在阴极和阳极之间加上几千伏的电压,发现当玻璃管内的空气稀薄到一定程度时阴极对面阳极背后的玻璃壁上闪烁着绿色的辉光。这种现象引起了克鲁克斯的浓厚兴趣,他进行了很多实验研究。他在阴极和对面玻璃壁之间放置一个十字形云母片时,玻璃壁上就会出现形状清晰的十字形;如果在管中部放置一个马蹄形的磁铁,十字形的阴影会发生偏移。现象表明,从阴极发出了某种粒子流,就像看不见的射线一样,人们称这种不明射线为"阴极射线"。这种抽成真空的高压放电玻璃管

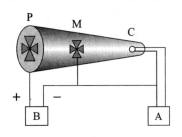

克鲁克斯管示意图

A 是低压电源,提供阴极;B 是高压电源,为覆磷的阳极;C 加热的能量;P 提供电压;M 是蒙片

被称为克鲁克斯阴极射线管。

克鲁克斯管和阴极射线引起了很多物理学家的兴趣,英国物理学家汤姆逊(开尔文勋爵)、德国物理学家赫兹和他的助手莱纳德,对此都做了不少研究。莱纳德在赫兹的启发下发明了带铝窗(莱纳德窗)的阴极射线管——莱纳德管,并因此获得 1905 年的诺贝尔物理学奖;而汤姆逊在 1897 年证实阴极射线由带负电的电子组成,并因此获得了 1906 年的诺贝尔物理学奖。

然而,第一个做出突破性贡献的是也被这个课题吸引的伦琴。1894 年,伦琴得到了几个质量很好的阴极射线管,既有克鲁克斯管也有最新的雷纳德管。他开始重复雷纳德的一些实验,研究阴极射线在非真空环境和氢气之中的效应,这些发出各种美丽荧光的实验让他越来越感兴趣,最终决定放弃其他研究,专心致志进行阴极射线的实验。1895 年 11 月 8 日,正当伦琴继续在实验室里用一个克鲁克斯放电管做阴极射线的实验工作,一个偶然的现象引起了他的注意。当时,房间一片漆黑,放电管用黑纸包严。他突然发现在旁边的小桌上有一块亚铂氰化钡做成的荧光屏发出微弱的荧光。在实验工作中培养出了严谨的工作习惯的伦琴没有放过这随意的一瞥,他开始深入研究这个现象并发现荧光屏的闪光是伴随着放电过程出现的。他取来各种不同的物品,包括书本、木板、铝片,等等,放在放电管和荧光屏之间,发现不同物品的阻挡效果很不一样,它能透过木头、肌肉和其他不透明的物质,但是金属和骨骼能阻止它的穿过。伦琴意识到这是一种和阴极射线很不相同的、具有特别强的穿透力的特殊的射线,而且这些现象是以前从来没人观察到过的。当他试图给实验现象拍照时,伦琴发现底片洗出来是一片空白,训练有素的伦琴再一次意识到这和他正在实验的未知射线有关,就是这种射线使得密闭在干板匣里的硝酸银干板底片提前曝光变黑了。在接下来的几个星期,他把自己关在实验室里,研究这种未知射线的性质,连助手都不知道他在做什么,平时和他一直很亲密的伦琴夫人也感到他举止反常;直到 6 个星期之后,伦琴确信这是一种新的射线,就暂时用 X 射线来命名这种射线。1895 年 12 月 22 日,伦琴邀请夫人来到实验室,给她的手拍下了第一张人手 X 射线照片,这时他已经意识到这个发现在医学上的重要意义。1895 年 12 月 28 日,伦琴以通信方式将这一发现公之于众,把报告交给维尔茨堡物理学医学学会发表,题为《一种新的射线(初步报告)》,X 射线正式诞生了。

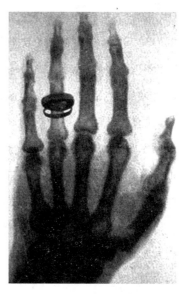

伦琴夫人的手部 X 光照片

伦琴发现 X 射线的论文刊登在《维尔茨堡物理学医学会议报告》1895 年卷的最后 10 页上。这一令人惊奇的科学发现,随着那些有着神秘而有着惊人效果的 X 光片迅速传播开来。X 射线有强大的穿透力,能够透过人体显示骨骼和薄金属中的缺陷,在医疗上和金属检测上有重大的应用价值,引起了人们的极大兴趣。1 个月内许多国家都竞相开展类似的实验,热潮席卷欧美,盛况空前。

而在另一方面,X 射线的发现对自然科学的发展也有极为重要的意义,它像一根导火线,引起了一连串的反应。在短短的几个月内就有数以百计的科学家在研究 X 射线,在 1 年之内发表的有关论文有将近 1 000 篇。在伦琴发明的直接感召下而进行研究的科学家贝克雷尔,在做 X 射线的研究时,又发现了更为重要的放射现象。物理学家们继续探索 X 射线的本质,发现了 X 射线的衍射现象,由此打开了研究晶体结构的大门。X 射线的性质也为光的波粒二象性提供了重要证据,X 射线的发现打开了近代物理学的大门。

然而,对于许多物理学家来说,伦琴的发现是他们一个巨大的遗憾。1880 年德国物理学家哥尔茨坦在研究阴极射线时,注意到阴极射线管壁上会发出一种特殊的辐射,使管内的荧光屏发光,但他写了一篇用以太波动来解释这种现象的论文之后,没有进一步深入研究和实验,错过了发现 X 射线的机会。在伦琴之前,很多物理学家就已经知道照相底片不能存放在阴极射线装置旁边,否则有可能变黑。例如,英国牛津的物理学家斯密士就发现

077

搁在克鲁克斯放电管附近的盒中的底片变黑了，他只是叫助手把底片放到别的地方保存，而没有深究原因；而发明克鲁克斯管的克鲁克斯，也在 1887 年发现过类似现象，他认为是底片质量有问题，就把变黑的底片退还厂家而没有进行深究。汤姆逊曾经更接近 X 射线，他在 1894 年测阴极射线速度时，就有观察到 X 射线的记录；遗憾的是，汤姆逊并没有花工夫继续研究这一偶然现象。研究阴极射线权威的雷纳德，在 1905 年获诺贝尔物理学奖后还遗憾地说："其实，我也曾经做过好几个观测，当时解释不了，准备留待以后研究——不幸没有及时开始。"

伦琴和这些同样优秀的科学家的区别正在于伦琴摆脱了任何偏见，在研究中坚持严谨的态度，并用经过长期磨炼的实验技术，抓住了自然和思想的火花，把握了机遇。

在伦琴发现 X 射线后仅 4 天，美国医生就用它找出了病人腿上的子弹。伦琴也因此获得了巨大的荣誉和关注，但他并没有停下研究的步伐，避开了名声带来的骚扰，1896 年 3 月发表了《一种新射线（续篇）》，1897 年 3 月发表了《关于 X 射线性质的进一步观察（第三次报告）》。伦琴的《一种新的射线》的 3 篇报告，成为用精练和明晰的方式来阐述科学研究成果的典范；从这三篇著名的报告中，我们可以看到伦琴在观察和测量上所表现的坚持不懈的毅力和实事求是的精神。严谨的思维、敏锐的洞察力、一丝不苟的态度贯彻在他的研究中；他一次又一次地设计新的对照实验，让所得结果无可置疑；他对于任何不以正确的实验为根据的假设都抱着怀疑态度；在研究一个尚未了解的物理过程时，不会错过任何现象，也不会停留在现象的表面，而是去追究这个现象的本质。

X 射线的发现，传播得极为迅速，几乎一发现就应用于实际，产生了极为深远的影响。因此 1901 年，诺贝尔物理学奖首次颁发给伦琴时，大家普遍认为是伦琴为诺贝尔奖增添了光彩，伦琴也很快把奖金捐给了维尔茨堡大学。之后，有许多人觉得伦琴的发现只是一种偶然。哲学家闵斯特贝尔格说过："假使机会促成了发现，那么世界上充满了这种机会，只是伦琴太少。"

超越男性成就的伟大女性
——科学家居里夫人

1.波兰女孩巴黎留学记

1867 年 11 月 7 日,玛丽·斯科洛多斯卡出生于波兰的华沙,是家里最小的孩子,有一个哥哥和三个姐姐。她的父母都出生于波兰的中产阶级知识分子家庭。她的父亲在一所大学的预科学校担任物理老师和数学老师,母亲则是女子学校的校长。这在当时的波兰都是非常高尚的职业,他们都是非常优秀的教师,在波兰桃李满天下。

玛丽 9 岁的时候,大姐索菲娅感染斑疹伤寒而去世;两年后,母亲因感染肺结核也去世了。接连的变故给原本温馨和睦的家庭带来极大的悲痛和打击,与此同时,家里经济条件变差,玛丽不得不到公立学校读书。

当时,波兰被俄国、普鲁士和奥匈帝国瓜分,华沙处于俄国的高压统治之下。学校必须要用俄语教学,并且不准

左起:二姐、父亲、玛丽和三姐

教波兰语；公立学校的老师都是俄国人，连波兰语也不准学生说。玛丽和她的哥哥姐姐就在这种恶劣的环境下长大了。15 岁中学毕业的时候，玛丽成绩很好，但身体不太好，因此休养了 1 年。玛丽和二姐都打算到巴黎求学，但当时家里的经济情况不允许两个女儿一起留学。因此姐妹俩商量好，互相帮助完成学业，妹妹先去工作挣钱，等姐姐毕业了再帮助妹妹读书。

就这样，为了增加一些收入，帮助父亲供姐姐读书，玛丽放弃了在华沙本地找家中学教书的打算，去外地一个庄园主家里当家庭教师。18 岁的玛丽就这样开始独立谋生了，她的 3 个学生中，最大的女孩和她差不多大，不过她和他们的关系都很融洽。

3 年后，玛丽回到华沙，继续做家庭教师，同时参加了华沙的一个有秘密结社性质的青年学习团体，这个团体的青年以服务社会、报效祖国为己任，他们认为："我们祖国的希望寄寓于人民的知识水平的提高和道德观念的加强，唯其如此，方能提高我国在世界上的地位。而当前首要的任务就是努力自学，并尽力地在工人和农民中间普及知识。"这段经历更加坚定了玛丽学习深造的决心。

1891 年，从医学院毕业后成为一名医生的姐姐，嫁给了巴黎的一位医生，而这时父亲已经退休和大哥一起生活。24 岁的玛丽迫不及待地来到巴黎，去实现她魂牵梦绕了 7 年的梦想，在巴黎大学学习数学和物理学。和当时其他穷学生一样，玛丽的生活非常艰苦，取暖设施和食物都很匮乏，但是学业上的进步却让她心满意足、自得其乐，充分体会了自由与独立精神的珍贵。虽然和法国同学相比，她的基础知识和数学知识都不够，但她集中一切精力，把所有的时间都花在课堂、实验室、图书馆和阁楼的自修上，很快就追赶了上去。当时还在巴黎当医生的二姐夫后来回忆说，"那是我小姨子一生中最英勇顽强的时期"。

在 1984 年，玛丽认识了法国颇有名气的物理学家皮埃尔·居里。皮埃尔开始追求这位美丽而聪明的波兰女孩并向她求婚，玛丽有些犹豫，假期回家时，她甚至不知道自己会不会再回巴黎。还是科学帮了皮埃尔的大忙，假期过后，为了完成博士论文，玛丽回到巴黎，在巴黎大学的实验室进行研究工作。皮埃尔终于可以继续每天看她，他们的关系逐渐密切，终于认定彼此就是最合适的生活伴侣，玛丽28岁的时候，他们结婚了。

学生时代的玛丽

今天看起来，这对新婚夫妇几乎是"裸婚"，他们在学校附近租了一个房子，父母给买了些家具。婚礼很简单，来的只是为数不多的亲朋好友，新郎新娘甚至都没有购置结婚礼服，专门从波兰赶来的父亲和三姐让新娘子特别开心。这对新人除了需要一个安静的地方来居住和工作之外，他们并没有其他什么奢望，就这样，他们开始了幸福的生活。

2.志同道合才是幸福伴侣

1895年，玛丽与任教于巴黎市工业物理和化学学院的皮埃尔·居里结婚，随后加入皮埃尔的实验室工作。

皮埃尔出生在医生世家。他的父亲是位坚定的理想主义者，在巴黎公社时期在自己家里设置急救站抢救伤员，后在保护低龄儿童服务中心当巡回医生，是一个自由的思想者和反教会者。他的母亲性格开朗，把简朴的生活打理得很好，一家人相亲相爱，家里充满了温馨的气氛。

皮埃尔小时候爱幻想，适应不了学校正规的教学方法，被人认为脑子笨。其实，这种小孩专注自己感兴趣的问题，很早就有不依赖于他人的思想，自己的思路不容易被他人打断和改变，看上去反应迟钝，实际上是很聪明的。虽然拥有这类智力的人不在少数，但是历来公共学校很少能提供相

081

应的教育体系为之服务。幸运的是尽管他很明显不能成为一个优秀的学生，他的父母却不强迫他入学，他的启蒙教育老师是母亲，然后是哥哥和父亲。这种极其自由的教育方式成就了皮埃尔智力的自由发展，他因此始终感谢和怀念父母。快 14 岁的时候，他遇到了一位好老师罗贝尔·巴齐尔，巴齐尔老师教授基础数学和专业数学，很善于启发和关心学生。他发掘出了皮埃尔的数学天赋，并使他爱上了学习，皮埃尔的智力得到了飞速的发展。16 岁就通过了法国高中毕业会考，进入巴黎大学。18 岁就获得理论物理学士学位。在巴黎大学读书的时候，他就帮当助教的哥哥在大学实验室干活，也帮其他教授准备物理课的教案。因此受到了巴黎大学理学院高等教育研究实验室主任德桑和副主任姆东的赏识。在他们的推荐下，19 岁的皮埃尔当上了德桑的助教，带着学生做物理实验。虽然有了工作，又可以因为从事教职而免服兵役，但是皮埃尔的继续深造仍然受到了影响。皮埃尔彷徨了一阵子，在科学研究中找回了自己，他和德桑合作进行热波长度的确定并找到了全新的测试方法，又和哥哥合作进行了晶体的研究，发现了压电的一种新的现象，这两位年轻的物理学家凭借着出色的实验能力，找出了晶体产生这种现象必不可少的对称条件，确定了定量的规律，并找出了一些晶体的实例。他们继续进行深入的研究，证明了里普曼的压电晶体在电磁场中变形的预言。这项研究成果使得人们可以用压电石英测试微弱的电量，以及弱电压的电流。居里兄弟在研究过程中按照这个原理研制了新的象限静电仪，后被取名为居里静电仪（这个仪器在放射性研究中起到了巨大的作用）。居里兄弟因为对晶体研究所作的卓越的贡献，在 1895 年获得了普朗泰奖。

1883 年，皮埃尔获聘巴黎市工业物理和化学学院实验室主任。当时巴黎市工业物理和化学学院的校长舒赞贝格是位

巴黎大学居里校区

杰出的科学家,也是位杰出的领导者。皮埃尔结婚后,他特别允许皮埃尔的新婚夫人玛丽·居里在皮埃尔身边工作,这在当时是一个了不起的破格举动。舒赞贝格给了居里夫妇和其他同事很大的自由,在学校建立了气氛融洽、亲密合作的教学环境和研究环境,这让皮埃尔在这里一干就是 22 年,在他去世后居里夫人接替了他的职位,舒赞贝格的宽容和大度让这所市立大学拥有了两位诺贝尔奖得主。

在带学生做实验的同时,皮埃尔继续自己的学习和深造。1895 年,玛丽还在和皮埃尔交往的时候,参加了他的博士论文答辩。评委们对他的赞赏给了玛丽深刻的印象,这种醉心科学研究的魅力深深打动了玛丽。皮埃尔的研究成果层出不穷,在国内外的声誉也与日俱增。甚至连伟大的开尔文勋爵也专门到他的实验室来讨论带有保护环的标准电容器的构造和使用。但皮埃尔还是保持了一贯的低调的风格,经常谢绝各种荣誉。好在他的学术声誉还是给他帮了忙,他终于可以得到一个物理学教授的职位,收入有所增长,但是研究经费还是没着落。他遇到玛丽的时候,已经 36 岁了,他对玛丽解释自己这么晚还不结婚的原因时表示,他的未来原本就只有一条路,他把自己的生命献给了他的科学,他需要一位与他一起去实现这一个梦想的伴侣。直到他遇到了玛丽,双方都明白,谁都找不到一个更好的终身伴侣了。1895年 7 月 25 日,皮埃尔和玛丽举行了简单的婚礼,他们终于找到了幸福的生活方式。

居里夫妇

1896 年,玛丽也通过了教师资格考试,加入了皮埃尔的实验室。他们生活得亲密而融洽,几乎没有分开过。他们对工作有着共同的兴趣。休息日和假日他们的休闲方式是徒步或骑车远足,他

超越男性成就的伟大女性——科学家居里夫人

们的游历足迹遍及巴黎附近的海滨和森林。孩子出生后，无法远游，他们就在固定的地方度假，哪怕成名之后也和村民无异，让前来采访的外国记者大感惊异。皮埃尔脾气很好，几乎从不发火，他说自己"不怎么擅长发火"。但他的原则性很强，从不背离自己的行为准则，他父亲说他是个"温柔的顽固者"。他和玛丽的身体都不是太好，每当玛丽担心的时候，他都说："无论发生什么事情，哪怕是一个人成了一个没有灵魂的躯体，那另一个人也还是要努力地工作下去。"

3. 发现新元素

1896 年，亨利·贝克莱尔发现铀盐可以像 X 光一样辐射出射线，在黑暗中也可以让照相底片感光，铀盐也可以让验电器放电，这就是铀盐的放射性现象。玛丽和皮埃尔都对这个全新的问题感兴趣，打算进行研究，找出放射性能量的来源。

他们研究这个问题有一个很大的优势：玛丽可以使用居里兄弟研究晶体时发明的居里静电计设计一种新的测试装置，这种装置可以通过测量电离室中一块压电石英晶体上，辐射线电离空气时所产生的微弱的电流，计量出辐射线的剂量。玛丽的实验结果证明了铀盐的放射性是可以准确测量的，而且这种放射性是铀元素的特性。玛丽继续研究了其他物质，发现钍元素也有放射性。玛丽还发现几种含有铀和钍的矿物中放射性的强度比纯铀和纯钍还要高。当她确定这不是实验错误或误差之后，玛丽意识到这种矿物中应该至少还含有另外一种未知元素。发现新元素的意义非同小可，皮埃尔放下了手中的工作，和玛丽一起来寻找这个新的元素。

他们选择了铀沥青矿来研究，在同等条件下，这种矿石比纯铀的放射性要强 4 倍。他们期望可以在其中找到含量可能只有百分之一的新元素。他们过低地估计了这项工作的难度和工作量，这种新元素的含量只有百万分之一。

他们先采用化学分析法，把铀沥青矿分解成几种化合物，通过测量这些分开后的物质的放射性的方法，判断出放射性加强集中在两种不同的化合物之中，因此他们判断应该有两种新元素，一种与铋结合的被他们命名为钋（取钋的名字是为了纪念玛丽的祖国波兰），另一种与钡结合的新元素被他们命名为镭（为了纪念放射性的发现）。1898年7月，居里夫妇宣布了钋的发现，同年

实验中的玛丽

12月，他们又宣布了镭的发现（镭的发现还有另一位合作者贝蒙）。

虽然当时他们的研究成果已经可以完全证明这两种元素的存在，但是要让人们信服和认可，还是要把这两种新元素分离出纯净的钋和镭才行。他们需要大量的铀沥青矿，但这是一种昂贵的矿石，他们没有足够的经费购买。但他们推测在铀沥青矿提炼完铀的废渣之中一定会含有钋和镭。在维也纳科学院的帮助下，居里夫妇用自己的钱买下了八九吨矿渣，然后在原先实验室隔壁的一个废弃的仓库中开始了提纯工作。玛丽负责主要的化学分析和提纯工作，一次要处理多达20千克重的原材料，放到容器里加上水煮沸后再用大铁棒搅动沸腾的铀沥青矿渣，一搅就要几个钟头。1年后他们发现提纯镭比钋容易，决定先提纯镭，玛丽先提取出含镭的氧化钡之后，再用分布结晶法进行分离和提取。皮埃尔则负责镭的放射性的研究。

居里夫妇对提取出来的镭盐进行了放射性能力的研究。他们还把提取出来的一些镭盐样本借给其他好几位科学家使用，特别是第一个发现放射性的亨利·贝克莱尔。他们以及其他几位科学家的研究成果使人们认识了镭的放射线的性质：镭放射出带有放射性的运行速度极快的3组粒子束，其中带正电的粒子构成阿尔法射线，更加细小带着负电的粒子构成贝塔射线。

085

这两组射线带电,在运动过程中受到磁场的影响。第三组是不受磁场影响的伽马射线,与光和 X 射线类似。1899 年到 1900 年间,居里夫妇共同发表了几篇关于镭、放射性元素以及放射线的性质的论文,在 1900 年的物理学会的年会上,他们把新放射性元素的最新研究成果向国内外的科学家做了详细介绍,引起了极大关注。

在居里夫妇简陋的实验室中,因为地方不够,玛丽提纯的镭化合物在桌面上和架子上到处都是。尽管研究条件不尽如人意,居里夫妇仍然感到十分的幸福快乐。实验室的破木棚里,洋溢着宁静平和的气氛。他们要靠热茶暖和身体的时候,脑子想着的还是实验研究,这时的居里夫妇,生活在所有科学家梦寐以求的那种环境中。

1902 年底,玛丽终于提炼了 0.1 克极为纯净的氯化镭,并准确地测定了它的原子量和光谱,证实了镭的存在。镭是一种极难得到的天然放射性物质,它是有光泽的、像细盐一样的白色结晶,在黑暗中会发出微光。镭不是人类第一个发现的放射性元素,但却是放射性最强的元素。利用它的强大放射性,能进一步查明放射线的许多新性质。后来的医学研究发现,镭射线会很快破坏那些繁殖快的细胞,这个发现使镭成为治疗癌症的有力手段。在法国,镭疗术被称为居里疗法。镭的发现从根本上改变了物理学的基本原理,对放射性的研究带来了原子核物理的突破,具有跨时代的意义。

4. 金钱和荣誉

从 1897 年到 1902 年,在没有钱没有设备的艰难条件下,居里夫妇耗时 45 个月,通过艰苦的劳动从八九吨矿渣中用最原始的实验室方法提纯了 0.1 克氯化镭,奠定了放射性这门新学科的基础。但也就是在这段无比快乐的时光中,他们耗尽了本来不多的积蓄,生活几乎难以为继。工作 3 年之后,他们不得不在进行研究工作的同时,四处奔波寻找增加收入的办法。

因为没有进过法国的重点大学，皮埃尔很难在巴黎找到一个很好的教职。虽然他的学术能力和学术声誉越来越高，但是在竞争激烈的大都市巴黎，他的机会渺茫。1900年居里夫妇在物理学会的年会上做了令人瞩目的报告，瑞士日内瓦大学有意聘请皮埃尔当物理学讲座的教授，待遇从优，还可以专门为他建一个实验室做研究，玛丽也可以去工作。但是居里夫妇巴黎实验室里镭的研究工作正处在关键阶段，为了避免搬家带来的中断研究的风险，他们婉言谢绝了这个机会，科学研究始终在他们心中是第一位的。最终，他们在巴黎大学和赛弗尔女子高等师范学校得到了两个教席，收入虽然有所提高，但是时间却被教学占去了大部分时间。为了发展放射性研究，皮埃尔为争取更大的实验场所而努力，然而徒劳无功，他不得不在大学和木棚实验室之间穿梭往来。

早在1899年，皮埃尔就开始组织工业化处理沥青铀矿提取镭盐的工作，当时他们的工作渐为人知，国外也有人开始做类似的实验，对科学成果大公无私、慷慨大度的皮埃尔征得玛丽的同意，不在自己的研究中获取任何的物质利益，不申请专利，毫无保留地公布了所有研究成果和提炼镭的方法。1904年，法国企业家里斯勒看到了商机，他雇用了居里夫妇的几个学生，兴建了一座制镭工厂，正式在市场上销售镭。由于镭的医用价值被发现，放射线会杀死生长迅速的癌细胞，对普通细胞伤害却没有那么大，里斯勒和很多知名医生合作，在癌症治疗中推广使用镭疗法，他资助创建了相应的临床医学实验室，还创办名为《镭》的专业杂志。尽管因为原材料昂贵且制作工艺复杂，镭的价格昂贵，但和科学家的密切合作，让里斯勒的企业得到了发展的机会。心怀感激的里斯勒主动向居里夫妇提供了场地和资金的帮助。

这时，皮埃尔在繁重的教学之余，和玛丽继续研究，他们已经发现了镭的放射衰变现象，各国科学家们也都开始意识到这项研究的重要性。人们逐渐认识到原子的分裂会产生阿尔法射线和贝塔射线，而原子的衰变则会发出伽马射线，镭是铀产生的，而镭又可以产生钋。一种物质是可以变成另一种物质，能量和物质也可以互相转化，人类通过物理所认识的世界出现了

087

崭新的篇章。

早在 1901 年，法国科学家就授予了皮埃尔·居里拉卡兹奖，1902 年，在好友的力劝下和科学院物理所全体同仁的推荐下，皮埃尔申请法国科学院院士，结果失败了。直到 1905 年，皮埃尔的声誉达到顶峰，他才被法国科学院接纳。

与此形成对比的是，他们在国际上获得了同行的赞誉。随后 1903 年 6 月，玛丽·居里以博士论文《放射性物质的研究》通过答辩，获得了巴黎大学物理学博士学位。同年 11 月，居里夫妇被英国皇家学会授予戴维金质奖章。12 月，他们与贝克莱尔一起，获得了当年的诺贝尔物理学奖。伴随着诺贝尔物理学奖所带来的巨大声誉，居里夫妇陷入了疲于应付的社交之中。1903 年，领导们终于迫于压力，让皮埃尔接受荣誉骑士团勋章，皮埃尔婉言谢绝，只要求一间急需的新实验室。1904 年，皮埃尔被授予巴黎大学理学院的正教授头衔，这是专门为他创建的教席，但是不配实验室。郁闷的皮埃尔给上级写信，宁可不接受新职也要保留原来教职所配的实验室。最后，皮埃尔终于在得到教席的同时，获得了经费和编制并保住了原先所配的实验室；筋疲力尽的同时，一个聊以安慰的好消息是上级任命玛丽担任实验室主任，而这时他们原来那间充满了美好回忆的木棚实验室已经因为破败不堪而被拆毁了。

这时，皮埃尔的物理研究已经达到一流科学家的水平，他对物理学理论的基本原理理解得十分透彻，在设计和制造精密仪器和实验上也有着独特的天赋，他对实验研究的现象有着超凡的观察力，对实验结果有着令人叹服的独到见解，对研究报告又有着极度严格的要求。这些能力让皮埃尔可以驾驭不同的领域，在不同的研究课题之间游刃有余。但是令人分外惋惜的是，正当皮埃尔处于事业的巅峰，可以大出成果的时候，一场不幸的意外结束了这一切。1906 年 4 月 19 日皮埃尔参加完巴黎大学理学院教授委员会会议，出门过街时，被一辆运货马车撞倒，当场死亡，他辉煌的科学人生戛然而止。

法国科学界扼腕叹息之余，破天荒地决定让玛丽接任皮埃尔在巴黎大学理学院的讲座教席，她成为第一名在欧洲知名大学担任这一职务的女性。

玛丽忍住了悲痛,把皮埃尔的未竟之业继续下去,第一年担任副教授,两年后就被聘为正教授。她同时在实验室继续工作,1907 年,她更新了镭的原子量,1910 年,她用化学方法提炼出了纯净的单一的金属镭元素,并因此在1911 年再次荣获诺贝尔化学奖。这一成就,直到今天也没有另一个人可以超越。在不同领域获得诺贝尔奖的只有两人,而在不同的科学领域两次获得诺贝尔奖的就只有玛丽·居里一人而已(另一人获得的另一次是诺贝尔和平奖)。继皮埃尔·居里之后,居里夫人再次成为世界科学界瞩目的明星,尤其在当时的妇女看来,她是精神领袖一样的人物。

1912 年,在巴黎大学和巴斯德研究所共同倡议下创立了镭研究所,内设两个研究室——居里研究实验室和巴斯德研究实验室,研究镭射线的物理化学特性和生物效用。同时为了纪念逝去的伟人,通向镭研究所的那条街更名为皮埃尔·居里街。但直到 1914 年第一次世界大战爆发,实验室尚未竣工。

在战争中,居里夫人不遗余力地为她的第二祖国效力。她把镭研究所实验室的 X 射线设备都集中起来,建立了几个 X 射线医疗站,并训练志愿者操作那些设备。她还设计装备了第一辆流动 X 光透视车,起到了巨大作用并引发了强烈反响。在红十字会、全国伤病员救护会和卫生部的帮助下,居里夫人建立和改造了 200 多个 X 射线医疗站,装备了 20 辆流动 X 光医疗车,训练了 150 名女性操作员,这些设备和人员对抢救伤兵起到了很大作用,推动了放射学在医学领域里的运用。

1918 年,战争终于结束了,面对满目疮痍,唯一让居里夫人宽慰的是她的祖国波兰独立了,她的故乡华沙成为新的共和国的首都。居里夫人应邀回到波兰参加庆祝,欢欣之后,她回到巴黎,开始重建居里研究所。

1921 年,美国记者梅乐内夫人辗转得到机会采访了居里夫人。她发现这位镭的发明者并没有富甲一方,居里夫妇 18 年前就放弃了专利,并毫无保留地公布了镭的提纯方法。对此,居里夫人的解释异常平淡:"没有人应该因镭致富,它是属于全人类的。"梅乐内夫人问她:"难道这个世界上就没有你最想要的东西吗？"居里夫人说："有，1 克镭，以便于我的研究。可我买不起，它的价格太贵了。"

这篇报道传回美国后引发了热潮，在梅乐内夫人的倡议下，美国妇女成立了"玛丽·居里基金会"，1921 年 5 月 20 日，美国总统将公众捐献的 1 克镭亲手赠予居里夫人。数年之后，当居里夫人计划在自己的祖国波兰华沙创设一所镭研究院，开展治疗癌病工作的时候，美国公众再次向她捐赠了 1 克镭。这 2 克镭，加上自己提纯的 1 克，是居里夫人一生中拥有的 3 克镭。这 3 克镭，价值百万，虽不能像珠宝一样戴在身上炫耀，却比什么珠宝都绚烂夺目，那是人性的光辉。后来居里夫人在谈到放弃专利是否值得时说："他们所说的并非没有道理，但我仍相信我们夫妇是对的。人类需要勇于实践的人，他们能从工作中取得极大的收获，既不忘记大众的福利，又能保障自己的利益。但人类也需要梦想者，需要醉心于事业的大公无私。"

1934 年玛丽·居里因白血病逝世。直到她死后 40 年，在她用过的笔记本里还有镭射线在不断释放。而在她创立的居里研究所，放射性研究一直在继续着。1935 年，在这里工作的居里夫妇的大女儿伊伦娜·约里奥·居里和丈夫一起因人工放射现象的研究获得 1935 年的诺贝尔化学奖。直至如今，这所全世界景仰的科学研究机构依然是重要的癌症研究机构。

居里夫人博物馆

1995 年，法国政府将居里夫妇的遗体被送入象征法国最高荣誉的巴黎先贤祠。这位来自波兰的女留学生，成为国家先贤祠中的唯一女性。在波兰的华沙理工大学里，也树起了玛丽·居里的雕塑。多年后，华沙建起了纪念玛丽·居里的博物馆，这位波兰的优秀的女儿，也是全人类的优秀女性。

5.爱因斯坦的演讲《悼念玛丽·居里》

在像居里夫人这样一位崇高人物结束她的一生的时候,我们不能仅仅满足于只回忆她的工作成果和对人类已经做出的贡献。一流人物对于时代和历史进程的意义,在道德品质方面,也许比单纯的才智成就方面还要大,即使是后者,它们取决于品格的程度,也或许超过通常所认为的那样。

我幸运地同居里夫人有20年崇高而真挚的友谊。我对她的人格的伟大愈来愈感到钦佩。她的坚强,她的意志的纯洁,她的律己之严,她的客观,她的公正不阿的判断——所有这一切都难得地集中在一个人身上。她在任何时候都意识到自己是社会的公仆,她的极端谦虚,永远不给自满留下任何余地。由于社会的严酷和不公平,她的心情总是抑郁的。这就使得她具有那严肃的外貌,很容易使那些不接近她的人发生误解——这是一种无法用任何艺术气质来解脱的少见的严肃性。一旦她认识到某一条道路是正确的,她就毫不妥协地并且极端顽强地坚持走下去。

她一生中之所以能取得最伟大的科学功绩——证明放射性元素的存在并把它们分离出来,不仅是靠着大胆的直觉,而且也靠着在难以想象的极端困难情况下工作的热忱和顽强,这样的困难,在实验科学的历史中是罕见的。

居里夫人的品德力量和热衷,哪怕只要有一小部分存在于欧洲的知识分子中间,欧洲就会面临一个光明的未来。

阿尔伯特·爱因斯坦

原子核物理学之父
——桃李满天下的实验物理学家卢瑟福

1. 从偏远之邦到物理殿堂的寒门子弟

1871 年 8 月 30 日，欧内斯特·卢瑟福出生于新西兰纳尔逊镇附近的一个小村庄——泉林村里，他的父亲詹姆斯·卢瑟福是个制造车轮的手工匠人，同时也自己开荒种地。

1840 年，新西兰土著毛利人和英国王室签署了《怀唐伊条约》，新西兰成为英国殖民地，由英国王室建立政

今天的新西兰纳尔逊镇

府，提供法律并维持秩序，而当时新西兰 26.8 万平方千米的土地上只有 2 000 名欧洲定居者，10 万毛利人。2 年后，卢瑟福的祖父带着当时只有 3 岁的詹姆斯·卢瑟福从苏格兰移居新西兰。

新西兰拓荒者的生活相当艰苦。卢瑟福很小的时候就开始帮助父亲在锯木场干活，还要帮助父母耕种开荒出来的土地。新西兰壮丽的景色和艰苦的田园生活，造就了卢瑟福结实的身体和坚韧的性格，让他终身受益。

虽然家里生活艰苦，卢瑟福的父母却没有放弃对子女的教育，孩子们也

需要努力工作解决一部分学费。卢瑟福因此非常珍惜读书的机会,学起来特别专心和用功。卢瑟福15岁时,在一项州政府奖学金考试中取得了580分(总分600分)的好成绩,在获奖的10人中名列第4名,从而得到了纳尔逊学院奖学金,得以继续求学。纳尔逊学院既有牛津的毕业生、博学全才的福特院长,又有自学了物理和化学的古典文学教员利特约翰博士,可谓人才济济。利特约翰博士是卢瑟福的科学启蒙者,曾经有一段时间,利特约翰博士的自然科学选修课上,就只有卢瑟福一名学生。卢瑟福虽然不是那种绝顶聪明的学生,但是他的好奇心和坚韧的性格一直受到老师的称赞,在纳尔逊学院毕业时,他获得了数学、历史、英国文学、法语和拉丁语奖学金。在福特校长的鼓励下,18岁的卢瑟福参加了新西兰大学的奖学金考试,他本来没有什么过高期望,当放榜通知下来时,他还在菜园里挖马铃薯,从那一刻开始,他觉得自己的人生可以做些更重要的事了。

1889年卢瑟福入读新西兰的坎特伯雷学院,当时学院只有150个学生,7名教授。卢瑟福身体结实,是学院橄榄球队前锋,同时他性格爽朗,也是辩论学会成员,是一个喜欢同人讨论问题的学生。卢瑟福在学校里以性格坚定著称,认准了

新西兰大学

目标就绝不放弃,辅导他的主要有两位老师,比克顿教授与库克教授。比克顿教授教物理,他不受正统观念约束,善于启发学生思考问题;库克教授教数学,他严谨而正规。这两个老师给卢瑟福的科学工作打下了很好的基础。学校的一切都很简陋,实验仪器甚至比欧洲中学的都要逊色很多。这恰恰培养了卢瑟福的动手能力,他从这个时候就开始自己动手设计和制造仪器设备。1892年,卢瑟福取得了文学学士学位并获得奖学金。1893年,他获得了硕士学位,物理和数学都考了第一。1894年他取得了理科学士学位,他的学位论文是《使用高频放电法使铁磁化》,这个研究项目是对赫兹实验的

延伸研究,目的是研制更灵敏的赫兹波(电磁波)检波器。卢瑟福发明了磁检波器,这个他自己动手设计和制作的、由精密线圈和优质的磁化钢针构成的检波器比由法国科学家布兰利发明的金属粉末检波器效率更高,能检测到更远距离的无线电波。同年英国科学家洛奇用检波器和继电器、打字机相连,实现了无线传输摩斯密码。1896年意大利的马可尼结合了洛奇和卢瑟福的装置进行了改进,发明了可以实用的无线电技术并取得了专利。卢瑟福在偏远的新西兰,在实验条件很简陋的条件下,做出了当时关于电磁波最重要的研究成果,他凭借这个成果参加了1851年伦敦水晶宫世界博览会所设置在新西兰大学的奖学金的评比活动,结果卢瑟福和一个叫麦克劳林的人都具备了录取条件。可名额只有一个,基金委员会经过讨论决定把奖学金授予麦克劳林。然而,麦克劳林为了养家选择留在新西兰本地工作,放弃了去英国深造的机会。作为唯一人选的卢瑟福,在未婚妻的理解下,选择到英国继续追求科学。

1895年,身材高大、健壮朴实的新西兰青年卢瑟福,终于踏入了他梦寐以求的科学殿堂——剑桥大学。当时,剑桥大学的新西兰人很少,大家都抱着新奇和不信任的眼光看他。直到卢瑟福拿出了他研制的赫兹波磁检波器,大家才改变了对他的态度。卢瑟福进入剑桥大学卡文迪许实验室,实验室由汤姆逊掌管,当时这样的机构在英国是独一无二的。让卢瑟福高兴的是,卡文迪许实验室的大部分电工仪器设备也是实验室工作人员自己制造的,条件当然要比新西兰大学的好得多。在卡文迪许实验室,卢瑟福继续改进自己的赫兹波磁检波器,他制作的发送接收设备的有效距离可以达到800米,他用15厘米长的金属丝绕成了80匝的精密线圈,而线圈中的钢针比头发丝还要细。这个设备现在作为传家宝被卡文迪许实验室保存。他的成果最终启发马可尼发明了实用检波器,为现代无线电学奠定了基础。不过卢瑟福对经商图利、搞工程类的发明创造没有太大兴趣,他很快就被更奇妙的物理课题吸引了,而这新的兴趣将他引向原子核物理学,也使他成为原子核物理学之父。

2. 加拿大的物理教授

1896 年，卢瑟福在皇家学会上介绍了他的磁检波器，为他这部分的研究工作画上了句号。同一时期，汤姆逊在不列颠学会上介绍了 X 射线的照射会使气体产生电传导性的现象，这是当时科学研究的最新课题，卢瑟福作为汤姆逊的最得力助手，开始涉猎其中。在新的 X 射线和放射性射线的研究中，卢瑟福之前锻炼出来的精巧的双手和高超的实验技能使他如虎添翼，他用控制交变电流的方法控制两个金属片之间的带电

卢瑟福马可尼检波器

粒子移动，并据此算出带电粒子的速率，这在之前还没有人能够做到。卢瑟福通过给铀的放射性射线施加磁场，发现 X 射线由带正电、负电和不带电的 3 种射线组成，他将他们命名为 α、β 和 γ 射线。

1897 年，卢瑟福凭借出色的工作又获得了一笔奖学金，收入和生活有所改善，但还是负担不起结婚的费用。不过，卢瑟福已经完全融入卡文迪许深厚的学术环境中，他为人谦虚直率，喜欢交流，从不把自己的研究项目视为私人领地，更让人钦佩的是他那仿佛无穷无尽的旺盛精力，他就像一个勤劳而快乐的农民，总是乐于和大家谈论天气和收成，有他在，大家总是能畅所欲言，各抒己见。在卡文迪许，卢瑟福受到一大批当时世界上最优秀的实验科学家们的推崇和喜爱。不知不觉，卢瑟福在剑桥待了 5 年，成了汤姆逊最得力的助手。1898 年，在爱才的汤姆逊的推荐下，加拿大蒙特利尔麦吉尔大学聘请卢瑟福担任麦吉尔大学的物理系教授。在当时的英国，27 岁能当上大学教授，是很罕见的。这份正式工作可以让卢瑟福迎娶远在新西兰的未

095

婚妻玛丽，因此他决定再次漂洋过海，远赴另外一个大洲开始新的生活。

1898 年，卢瑟福再次坐上了帆船远洋航行，来到加拿大的蒙特利尔。麦吉尔大学是 1813 年由苏格兰移民詹姆斯·麦吉尔创办的，在卢瑟福所处的年代，因有位烟草大王威廉·麦克唐纳的慷慨捐赠，学校办学资金很充裕。卢瑟福负责的物理实验室便以"麦克唐纳"命名，他对实验室条件相当满意。邀请他的学校领导也在行政上对他多方支持，卢瑟福适应得很快，他开朗的性格和亲切的态度很快赢得了学生的赞赏和尊敬，而不知疲倦的工作态度更是让校方十分满意。

不过，让他没有料到的是，蒙特利尔的物价比英国还要高，卢瑟福和人合租的卧室租金一年就要花去他薪水的四分之一。尽管他在社会上承接一些研究项目，可以有额外的收入，但直到两年之后，29 岁的卢瑟福才终于攒够钱回到新西兰和玛丽完婚。回到加拿大，这对新婚夫妇在学校附近租了房子，开始了新的生活。第二年他们的女儿爱琳出世，卢瑟福终于过上了相对安定而美满的生活。

虽然在遥远的加拿大，卢瑟福和在卡文迪许实验室的老同事们仍然保持着紧密的联系。一到加拿大，他就写信请他们给自己寄一些放射性铀和钍的制剂，开始继续对 α、β 射线的研究。这时牛津大学的年轻学者弗雷德里克·索迪来麦吉尔大学进行学术交流，索迪当时只有 23 岁，却已经是位知识全面的化学家，正好可以和卢瑟福在放射性研究上取长补短。在麦吉尔大学的麦克唐纳实验室，卢瑟福和索迪对钍的放射性做了大量的实验，他们将硝酸钍溶液用氨处理，沉淀出氢氧化钍。他们发现过滤后干燥的氢氧化钍沉淀放射性显著降低，而滤液蒸干除去硝酸铵后的残渣却有极强的放射性。但一个月后，残渣的放射性消失，而氢氧化钍又恢复了原有的放射性。钍的放射性的这种变化无常，还表现在密闭器皿中的钍放射性强度较稳定，敞开器皿中的钍则放射性强度变化不定，甚至会受到表面掠过的空气的影响。不久他们便证明钍会放射出一种气体，他们称它为"钍射气"。

这时居里夫妇也发现了"镭射气"，还有锕也被发现放射出"锕射气"。

根据这些实验结果,1902 年卢瑟福和索迪大胆提出了"放射性元素蜕变假说",他们指出放射性是由于放射性元素的原子分裂或蜕变为另一种元素引起的,与其他化学反应不同的是,这种反应不是原子间或分子间的变化,而是原子本身的自发变化,放射性元素放射出 α、β 和 γ 射线,变成新的放射性元素。"放射性元素蜕变的假说"一经提出,立即引起物理学界、化学界的轩然大波,这个假说挑战了长期以来认为元素的原子不会改变的主流科学观念,引发了极大争议,甚至连居里夫人也表示不能轻易相信。门捷列夫则不但自己表示怀疑,还号召其他科学家不要相信。卢瑟福的老师汤姆逊,尽管同意并帮助他们发表了这篇论文,但在内心还是反对这一假说。

弗雷德里克·索迪

卢瑟福和索迪没有放弃,他们继续研究,用空气液化机在低温条件下浓缩了镭射气,从而证明镭射气是与惰性气体很相像的气体,这让他们继而推测 α 射线就是氦离子流。为了验证这一推测,1903 年 3 月索迪离开了卢瑟福的麦克唐纳实验室回到英国,和发现惰性气体的格拉斯哥大学的拉姆塞教授合作,继续研究放射性镭所放射的气体。不久他们的实验就确认了卢瑟福和索迪的上述推测的正确性,α 射线正是带正电荷的氦离子流。而此时远隔重洋的卢瑟福也证明了 β 射线就是电子流,他们的共同努力,逐步揭示了放射线的本质。

卢瑟福、索迪的开创性工作,吸引了许多年轻的科学家投入到放射性的研究中。到 1907 年,被分离出来的新放射性元素已近 30 种,多到周期表已没有可容纳它们的空位。这些新发现的放射性元素的研究发现,尽管放射性显著不同,有些放射性不同的元素化学性质却完全一样。索迪根据这些实验现象,于 1910 年提出了著名的"同位素假说":存在不同原子量和放射

097

性，但其他物理、化学性质完全一样的化学元素变种，这些变种处在元素周期表的同一位置上，称为"同位素"。1913年索迪又提出了"放射性元素蜕变的位移规则"：放射性元素在进行 α 蜕变后，在周期表上向前（即向左）移两位，原子序数减2，原子量减4；发生 β 蜕变后，向后移一位，即原子序数增1，原子量不变。

这样天然放射性元素被归纳为铀-镭系、钍系、锕系3个放射系列，根据位移规则推论，3个放射系列的最终产物都是铅，只是各系列产生的铅的原子量不一样。1914年美国化学家里查兹验证了同位素假说和位移规则的准确性。1919年，英国化学家阿斯顿研制了质谱仪，再次证实同位素理论的正确性。索迪和卢瑟福在麦吉尔大学开始的对放射性现象的研究，为放射化学、核物理学这两门新学科的建立奠定了重要基础。

1904年，卢瑟福当选为英国皇家学会会员。同年，他的著作《放射学》出版，成为这一学科的经典著作。哥伦比亚大学一直以双倍薪水的条件邀请他去任教，但卢瑟福没有动心，他用了9年时间，把麦克唐纳实验室建成了驰名世界的物理实验室。1906年，卢瑟福被选为加拿大皇家学会物理部主任，女儿也已

蒙特利尔山脚下的麦吉尔大学

经5岁了，他再次拒绝了耶鲁大学的邀请，在风光迷人、气候清新的蒙特利尔山上买了一块地，打算建造一座住房——大家都觉得他应该打定主意要定居在加拿大了。

但卢瑟福还是一直想着回到欧洲去，在那里，索迪和拉姆塞正在研究射气的成分，还有自己的老师汤姆逊，卢瑟福必须和他们保持频繁通信才能避免自己重复别人的工作，他离放射学研究的中心还是太远。就在1907年，曼彻斯特大学的物理教授舒斯特退休，卢瑟福接受了继任这一职位的邀请。

把实验室交给了得力助手伊夫教授后，36岁的卢瑟福带着妻儿和荣誉再度漂洋过海，迎接人生的新挑战。

1908年11月，卢瑟福应邀前往斯德哥尔摩，接受瑞典国王颁发的诺贝尔奖，表彰他在麦吉尔大学时证明了放射性是由于原子的自然衰变的出色工作。不过，诺贝尔奖委员会给他颁发的是诺贝尔化学奖。要知道，在卢瑟福所处的时代，相比其他科学还处于分类的阶段，物理学已经形成了严密的体系和理论架构，处于一枝独秀的地位。一直为自己是物理学家而自豪的卢瑟福曾经有句名言：All science is either physics or stamp collecting（物理之外的科学研究和集邮差不多）。

3.用α粒子轰击原子核

1907年5月，卢瑟福一家到达英国。曼彻斯特这座典型的工业城市当时的空气混浊不堪，卢瑟福年轻时到英国本土就很容易犯喉头炎。不过从曼彻斯特出发，几个小时，他就可以到达英国各个著名的学术中心，出席伦敦皇家学会的交流会议，很随意地去牛津和剑桥拜访，甚至去爱尔兰的都柏林和爱丁堡也只需要一天时间而已，对于卢瑟福来说，这完全可以弥补污浊的城市空气和漫天的尘埃带来的困扰了。

当时的卢瑟福只有36岁，这在世界知名的科学家中是非常罕见的，来访的日本教育部长菊池甚至认为卢瑟福本人应该只是大名鼎鼎的卢瑟福教授的儿子。当时曼彻斯特大学的物理系和化学

曼彻斯特大学

系正在为科学楼里实验室房间的问题争得不可开交，新来的卢瑟福在校务会上毫不相让，让大家发现这个大块头的"乡下人"为了科学争起"地盘"来可是很厉害的。卢瑟福还需要争取物资，当时研究放射性物质最缺乏的就是实验原料，尤其是镭，世界各国都缺。卢瑟福一到曼彻斯特大学就向维也纳学会申请借用半克镭，没想到伦敦大学的拉姆塞教授也同时提出了申请，维也纳学会只同意借出半克镭，由他们自己协商使用方法。由于平分这半克镭会大大减低实验效果，最好是轮流使用，拉姆塞教授的年龄和辈分都要大很多，不免有些倚老卖老，他声称应该由伦敦大学先保存一年到一年半，卢瑟福虽然尊重前辈，但为了自己的实验项目据理力争。两个著名科学家你来我往的争执甚至成了报纸新闻。最后还是维也纳学会为卢瑟福另外提供了镭，才平息了这场争执。

解决了纷争的卢瑟福，终于可以安心从事他最心爱和最擅长的科研工作了。他马上又焕发了活力，领导曼彻斯特实验室很快就做出了一项重要成果，这就是他和助手盖革一起发明的"盖革计数器"。为了计算镭放射出的α粒子的数量，他们延续了卢瑟福在卡文迪许

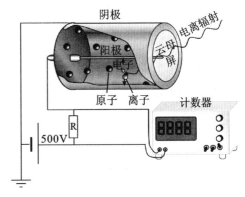

盖革计数器

实验室测量带电粒子速度时的思路：精确调整探测管中心金属丝电极和管壁电极之间的电压，使得管内气体刚好处于被击穿之前的临界状态，从而使得每个带电粒子进入探测管时都会引起一次电离放电。通过观测和记录电离放电的次数，就能记录进入探测管的带电粒子的数量了。20年后，盖革又和自己的学生米勒一起改进了"盖革计数器"，使其可以探测所有的电离辐射。由于卢瑟福设计的原理简单实用，盖革计数器经过进一步改进后，至今仍被广泛应用。拉姆塞在和卢瑟福争夺镭的时候，曾经一个理由是曼彻斯特大学的仪器设备比不上伦敦大学的，卢瑟福用行动证明了，他可以制作更

好的设备。

盖革计数器意味着人类第一次在实验室观测到单个的原子,卢瑟福和盖革很快算出千分之一克镭每秒钟能发射出 136 000 个 α 粒子,并计算出每个 α 粒子所带的电荷数是氢离子的两倍,从而证实了 α 粒子就是带电的氦原子。"α 粒子是什么"这个问题让卢瑟福思考多年,终于在曼彻斯特找到了确切答案。卢瑟福从加拿大千里奔波到曼彻斯特的辛劳终于得到了回报,不过他的付出可能更多,他实验室的工友就说:"谁也说不清他是什么时候离开实验室回家的。"在曼彻斯特的第一年,是卢瑟福一生中最艰苦的时期之一,不过他却因为实验工作进展明显而称心如意,夫人玛丽说他居然还长胖了,其实这里面不能排除卢瑟福有中年发福的因素吧。

卢瑟福的实验室里又聚集了一批世界上极为优秀的助手和学生,一大批从加拿大、美国、新西兰、德国和俄罗斯来的青年才俊,让曼彻斯特大学的物理实验室里充满了活跃的气氛。1909 年,卢瑟福当选了不列颠学会的物理数学部主任,他已经跻身世界一流科学家之列,无数的荣誉接踵而来,但卢瑟福并没有放松对学术的追求,他一生中最重要的发现就要到来了。

盖革计数器成功地帮助卢瑟福和助手解开了 α 粒子之谜,并令他们保持着在 α 射线研究上的领先优势。1911 年,在卢瑟福的指导下,曼彻斯特大学物理实验室的盖革和马斯登做了著名的 α 粒子散射(又叫"金箔")的实验。

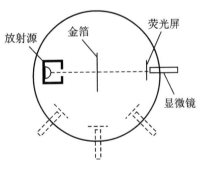

α 粒子轰击金箔的散射实验

整个装置放在一个抽成真空的容器里,在留有小孔的铅盒里放入少量的放射性元素钋,钋发出的 α 粒子从铅盒的小孔射出,形成很细的一束射线射到非常薄的金箔上。用一个带显微镜的荧光屏以金箔为中心在周围转动,这样,α 粒子穿过金箔后或者和金箔中的原子碰撞被折射时,在荧光屏上就会产生一个个的闪光,用显微镜就可以观察到这些闪光的位置,这样就可以通过描绘 α 粒子运行的轨迹来推测金箔内部原子的模型了。

根据汤姆逊的均匀原子模型(人们又把这个模型形象地叫作梅子布丁或者葡萄干面包模型),α粒子穿过金箔后偏离原来方向的角度应该是很小的。这是由于金原子比α粒子大得多,在质量均匀分布的情况下,相对于α粒子密度也小得多,很容易被穿透。如果正电荷是均匀分布的,α粒子穿过原子时,它受到的原子内部两侧正电荷的斥力相当大一部分互相抵消,使α粒子偏转的力不会很大;而电子的质量又很小,不到α粒子的$\frac{1}{7000}$,α

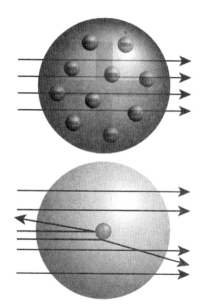

汤姆逊原子模型和卢瑟福原子模型

粒子碰到它,就会像飞行着的子弹碰到一粒尘埃一样,运动方向不会发生明显的改变。因此卢瑟福和盖革以及马斯登原先预计实验的结果是他们将会在射线穿过金箔后,在对面位置的荧光屏上,观测到所有直线穿过来的α粒子。

但奇怪的现象发生了,通过在圆周上移动荧光屏和显微镜观察到的实际现象是,虽然大部分α粒子是笔直穿过去的,然而,有极少数的粒子偏移角很大,甚至还观测到接近 180 度偏移角折返的α粒子!

这个现象让卢瑟福陷入了思索之中,1911 年的一个星期天的下午,他告诉盖革自己知道原子应该是个什么样子的了。当天晚餐时,他向助手和学生们讲解了他的理论:在原子的核心,是一个带正电荷的硬核,而电子就围绕着这个硬核运动,正电荷和原子的重量成正比,正电荷和电子的数目相当,这个模型就是我们现在所熟知的"原子行星模型"。这个著名的α粒子散射实验被称为最美的物理实验之一,它揭开了原子的面纱,让我们可以了解到原子的秘密。这也是原子核物理的开端,自此之后用带电粒子去轰击原子,就成了原子核物理最经典,也是最基本的研究方法。卢瑟福因此被尊为原子核物理学之父。

1912年,卢瑟福身边多了两位年轻人,一位是年轻的助手——牛津毕业的物理系讲师莫斯莱,另一位是从剑桥卡文迪许实验室转来的丹麦青年学者玻尔。擅长理论研究的玻尔将卢瑟福的原子核理论和普朗克的量子论结合起来,提出了卢瑟福-玻尔原子模型:电子环绕原子核作轨道运动,外层轨道比内层轨道可以容纳更多的电子;最外层轨道的电子数决定了元素的化学性质;如果外层轨道的电子跃迁到内层轨道,将释放出一个带固定能量的光子;如果内层轨道的电子得到一定的能量,就会从内层轨道跃迁到外层轨道。玻尔从这里开创了量子力学。

1913年,莫斯莱发现元素的X射线强度最高的短波长谱线和元素的原子序数有关,莫斯莱找到的这个经验公式——莫斯莱定律——揭示了化学元素的本性。门捷列夫在按照原子量排列元素周期表时,发现某些元素有不规则的情况,比如碲的原子量比碘大,但从化学性能上来说,碲是与氧、硫、硒一族的,而碘与氟、氯、溴是一族的,也就是说,碘要排在碲之后。而莫斯莱定律揭示了元素周期表这一现象的原因——决定原子序数的不是原子量,而是原子核的单位电荷数目。

1919年,卢瑟福用α粒子轰击氮核,发现一种新的粒子并命名为"质子"。卢瑟福测出质子的电荷为一个单位,质量也为一个单位,进一步阐明莫斯莱当年指出的元素原子序数的意义,也就是一个元素原子核中质子的数目。

4. 桃李满天下的"鳄鱼"掌门人

1908年,卢瑟福获得了诺贝尔化学奖,但他为不是物理学奖而遗憾,不过,假如诺贝尔奖委员会要颁发一个培养人才奖的话,恐怕他一定会非常乐于接受，而且他一定是当仁不让的作为第一候选人。如果人们要评价卢瑟福的成就，就一定要提到他的"桃李满天下"。在卢瑟福的悉心培养下，他的学生和助手中有 9 个人获得了诺贝尔奖：

1921 年，卢瑟福的助手索迪获诺贝尔化学奖；

诺贝尔奖章

1922 年，卢瑟福的学生阿斯顿获诺贝尔化学奖；

1922 年，卢瑟福的学生玻尔获诺贝尔物理学奖；

1927 年，卢瑟福的助手威尔逊获诺贝尔物理学奖；

1935 年，卢瑟福的学生查德威克获诺贝尔物理学奖；

1948 年，卢瑟福的助手布莱克特获诺贝尔物理学奖；

1951 年，卢瑟福的学生科克拉夫特和瓦耳顿获得诺贝尔物理学奖；

1978 年，卢瑟福的学生卡皮查获诺贝尔物理学奖。

卢瑟福是个性格外露的大嗓门，身材很高、精力充沛、信心十足，他总是给那些见过他的人留下深刻的印象。个性爽朗的卢瑟福不爱客套，当同行夸赞他那不可思议的能力和总是处在科学研究的"浪尖"上的运气时，他马上回应道："说得很对，为什么不这样？不管怎么说，是我制造了波浪，难道不是吗？"而卢瑟福能够培养出这么多优秀的人才，则是因为他另一种优秀的品格：卢瑟福年少时的求学过程十分艰苦，这段经历让他始终怀着十分感激的心情来缅怀往事，衷心感谢曾经帮助过他的人。有感于此，他比其他导师更乐意去帮助周围的年轻人，无私地伸出援手去扶助他们。他总是会在报告中提到他的助手，不让索迪、盖革的贡献在他的成果中埋没，不仅如此，他还不断鼓励助手独立做出成绩。

卢瑟福非常勤奋，做起实验亲力亲为，越是重要的实验越要亲自动手。他不满意理论物理学家对于数学的过分依赖，但他却没有门户之见，凡是对原子和原子结构感兴趣的理论物理学家都可以用不同的方式和卢瑟福或者曼彻斯特实验室合作或者接触，他就是这样发掘了玻尔这样的人才并与之合作的。而他合作过的学生和助手中，不乏像哈恩、盖革这样的德国人。一战打响之后，盖革要回德国服役，但这些丝毫没有影响他们的友谊。卢瑟福甚至在战争中还和德、奥的科学家通信，他还记得维也纳学会向自己曼彻斯特实验室提供的"镭"没有付钱呢。

1919年汤姆逊升任剑桥三一学院的院长，卢瑟福接替老师担任卡文迪许实验室主任。在卡文迪许，卢瑟福很喜欢年轻能干又活泼的俄罗斯人卡皮查，卡皮查也非常敬重卢瑟福勇往直前、不怕困难的精神。据说鳄鱼是一种从不往后看的动物，卡皮查就给卢瑟福起了个外号——"鳄鱼"。在卡文迪许实验室，敢于对卢瑟福如此放肆的也许也只有卡皮查一个人了。但卢瑟福毫不介意，反而为他争取到更多的奖学金，并建议他研究 α 粒子。很快卡皮查取得了满意的成果并拿到了博士学位。卡皮查拿到学位后跑去问卢瑟福："卢瑟福教授，你不认为我看上去更聪明些了吗？"这一有些不同寻常的问话引起了卢瑟福的兴趣："为什么你应该看上去更聪明些了呢？"卡皮查回答道："我刚刚变成了博士。"卢瑟福哈哈大笑，祝贺他之后接着说："是的，你的确显得更聪明了，你又理了发。"

1925年，卢瑟福当选为英国皇家学会主席。1930年，卢瑟福说服皇家学会，从蒙德的遗赠中拨出款项，专门为卡皮查建造了一所从事高场和低温研究的蒙德实验室，实现了他在1922年的诺言。当时卢瑟福对卡皮查说："如果我有可能为你建立一个专门的实验室，让你可以和你自己的学生在里面工作的话，我将非常高兴。"当蒙德实验室在1932年正式落成时，人们看到除了蒙德的雕像之外，门口的墙上刻着一条鳄鱼，实验室里面又有一幅卢瑟福的浮雕，这是卡皮查在以他独特的方式向卢瑟福表示敬意。至于为什么给卢瑟福起"鳄鱼"的绰号，有过种种不同的说法，还是听听卡皮查自己的解释吧："在俄国，鳄鱼是一家之父的象征，令人赞赏和敬畏，因为它有直挺挺的脖子，无法回头。它只是张着嘴，一往直前——就像科学、就像卢瑟福一样。"

　　1934年，卡皮查回苏联参加学术会议，却被苏联当局留下，不准他返回。卢瑟福几番呼吁未果，只好帮助卡皮查把蒙德实验室的仪器都运到苏联，以保证卡皮查可以继续进行自己的科学研究工作，这在当时的政治局势不安和民族主义情绪蔓延的情况下，是件非常了不起的事情。与此同时，卢瑟福还注意到德国逃亡来的犹太科学家，接着他应邀担任科学救援委员会的主席，和爱因斯坦一起，呼吁大家丢开一切政治上的不同见解，强

蒙德实验室的鳄鱼

调真正要解决的问题是拯救人类和它的精神财富，成为真正的继承者。

　　1937年10月19日，卢瑟福因病在剑桥逝世，与牛顿和法拉第并排安葬，享年66岁。他的挚友对他的这句评价，被认为是比任何赞美都更为真挚的墓志铭："卢瑟福从来没有树立过一个敌人，也从来没有失去过一位朋友。"

现代物理学的开创者和奠基人
——世纪伟人爱因斯坦

1. 令人头疼的天才学生

1879 年阿尔伯特·爱因斯坦出生于德国乌尔姆一个小业主家庭，有一个妹妹，父母都是犹太人。父亲赫尔曼·爱因斯坦是一个商人和工程师，母亲波林·科克是一位钢琴家。爱因斯坦出生后的第二年，全家搬到了慕尼黑。父亲和叔叔雅各布·爱因斯坦合开了一个为电站和照明系统生产电机、弧光灯和电工仪表的电器工厂。

据说爱因斯坦早期的语言能力不是很好，3 岁还没开始说话。虽然这存在争议，不过，作为一个励志故事已是广为人知，纠结其真实性反而没有必要了。在母亲的影

童年的爱因斯坦

响下，爱因斯坦 6 岁时开始学习小提琴，从此小提琴成了他的终身伴侣。爱因斯坦小时候曾经对父亲的一个袖珍罗盘特别着迷，他意识到尽管除了指针外罗盘是空白的，但是一定有什么东西使得指针转动。爱因斯坦也喜欢

古典诗歌，据他后来回忆，自己的弱点是"记忆力差，特别苦于记单词和课文"。在叔叔雅各布的启蒙下，爱因斯坦对自然科学产生了浓厚的兴趣。爱因斯坦10岁时，一位受到他们家帮助的犹太留学生塔尔麦德，在5年里每周都会拜访他们家，并为爱因斯坦带来有关科学的书籍、数学课本以及哲学著作，这些书包括康德的《纯粹理性批判》、欧几里得的《几何原本》、布赫纳的《力的物质》、伯恩斯坦的《自然科学通俗读本》，现代哲学和科学对世界图像的清晰描述给年幼的爱因斯坦留下了深刻的印象。

1894年，爱因斯坦的父亲和叔叔把家族生意搬到了意大利米兰，全家也一同搬了过去。父亲希望爱因斯坦能够尽快拿到中学文凭，为将来进大学、当电机工程师做好准备，因此，把他独自留在慕尼黑继续中学的学业。爱因斯坦失去了家庭的庇护，在学校的日子也不好过。那些死记硬背的科目都引不起他的兴趣，这些科目的老师们说他"生性孤僻、智力迟钝"，希腊文老师甚至对他说："你将一事无成。"而中学的数学和物理对他来说又过于简单，他提的问题让老师张口结舌，如果老师不理他，他发出的表示厌倦的声音又让老师觉得刺耳。爱因斯坦这时进入了叛逆的青春期，受不了德国中学里的枯燥和专制，计划着开个病假单逃离这个学校。结果还没等他行动，训导老师先找到了他，要他退学，爱因斯坦问自己做错了什么，这位老师的理由是："你带坏了班级的风气，由于你的存在，破坏了学生对老师的尊重。"

40年后，爱因斯坦发表的《论教育》中谈到这段经历时说："我以为，最坏的事是，主要靠恐吓、暴力和人为的权威这些办法来进行工作，这种做法摧残学生健康的感情、诚实和自信；它制造出来的是顺从的人。这样的学校，在德国和俄国已经成为司空见惯的事，那是没有什么可奇怪的。"

就这样，年仅16岁的爱因斯坦被学校勒令退学，离开慕尼黑去意大利米兰投奔父母。爱因斯坦虽然早有去意，但是这件事还是让他深感侮辱。由于在意大利的中学入学有年龄限制，爱因斯坦不能插班，1895年，家里安排他到瑞士去投考苏黎世联邦理工学院。在入学考试中，爱因斯坦只有数学和物理考得很好，其他科目都很糟糕，甚至没有及格，爱因斯坦的第一次高考就这样落榜了。但他在物理和数学上的表现还是引起了理工学院的物理学教授韦伯和校长赫尔岑的注意，他们鼓励这个偏科的少年继续学习物理，还推荐他到瑞士阿劳州立中学学习一年，以补齐功课。让爱因斯坦惊喜的是，瑞士高中的老师对学生十分宽容，鼓励学生自由地进行学习。校长温特勒先生还经常带着爱因斯坦和同学们到山里去远足，采集动植物标本。这段时光让爱因斯坦重新找回了学习的快乐，他深切地感到："自由行动和自我负责的教育，比起那种依赖训练、外界权威和追求名利的教育，是多么的优越！真正的民主绝不是虚幻的空想……人不是机器，要是周围环境不允许襟怀坦白、畅所欲言的话，人就不会生气勃勃了。"

少年爱因斯坦

和所有的中学生一样，他也在作文中写过未来计划：

> 如果我有幸通过考试，我将到苏黎世的联邦理工学院学习。在那里我将用 4 年时间学习数学和物理。我设想自己将能成为一名自然科学某些学科的教授，我的选择是其中的理论性学科。我制订这样的计划，理由如下：首先，本人爱好抽象思维和数学思维，缺乏想象力和对付实际的才能。其次，我有自己的愿望。它们激发我做出同样的决定，加强了我的毅力，这是很自然的。因为一个人总喜欢从事一些他有能力干的事情。另外，科学工作还有一定的独立性，这一点使我很喜欢。

1896 年，爱因斯坦如愿以偿，进入苏黎世联邦理工学院学习物理学。但是他还是不喜欢上课，理工学院那些讲求实际的课程对他来说还是枯燥乏味，他经常躲在自己的寝室里攻读物理大师的名著，逃课的问题十分严重。只有书本才是他的好老师，麦克斯韦、基尔霍夫、亥姆霍兹、赫兹的书都让他如痴如醉，他的寝室里堆满了书，他给妹妹的信里说："唯一使我坚持下来、唯一使我免于绝望的，就是我自始至终一直在自己力所能及的范围内竭尽

现代物理学的开创者和奠基人——世纪伟人爱因斯坦

全力，从没有荒废任何时间，日复一日，年复一年，除读书之乐外，我从不允许自己把一分一秒浪费在娱乐消遣上。"

不爱配合学校和老师的爱因斯坦和学校的关系又搞僵了，好在按照瑞士的教学制度大学只有 2 次考试，缺课不会有大麻烦，爱因斯坦可以自由支配自己的大部分时间。爱因斯坦在大学里开阔了眼界，小时候妈妈逼他学会的小提琴让他爱上了音乐，这个爱好也帮了他的忙，让他在苏黎世结交了不少朋友，这些朋友认为爱因斯坦才华横溢，聪明伶俐，见解独到，魅力十足。朋友中和他关系最好的是苏黎世联邦理工学院的同学马塞罗·格罗斯曼和米列娃·玛利奇。

格罗斯曼是爱因斯坦的同班同学，他是个兢兢业业的好学生，靠着他的笔记，爱因斯坦安然度过了每一次考试。米列娃也是物理系的同学，她很欣赏爱因斯坦在物理上表现出来的才华，主动照顾这个聪明而又心不在焉得出奇的家伙的生活，自然而然，两个年轻人成了一对情侣。

1900 年，爱因斯坦的大学生活结束了，他的毕业成绩相当不错，但是总是有自己见解的爱因斯坦给教授们留下了叛逆和偏激的印象，哪个教授都不想留他当助教。所以爱因斯坦一毕业就失业了。经历了一年到处当代课老师打零工的彷徨日子，还是老同学格罗斯曼帮了大忙，格罗斯曼的父亲向自己的老朋友，伯尔尼瑞士国家专利局的弗里德里希·哈勒局长推荐了爱因斯坦。相比大学教职来说，他更喜欢专利局的工作，他后来回忆道：

明确规定技术专利权的工作，对我来说也是一种真正的幸福。它迫使你进行多方面的思考，对物理的思索也有重大的激励作用。总之，对我这样的人，一种实际工作的职业就是一种绝大的幸福。因为学院生活会把一个年轻人置于这样一种被动的地位：不得不去写大量科学论文，结果是趋于浅薄，这只有那些具有坚强意志的人才能顶得住。我感谢马塞罗·格罗斯曼帮我找到这么幸运的职位。

2.神奇的一年

1902年爱因斯坦在大学同学格罗斯曼的父亲的帮助下,被伯尔尼瑞士专利局录用为技术员,从事发明专利申请的技术鉴定工作。1902—1907年,爱因斯坦在专利局工作了5年,在这段安稳的日子里,他和米列娃结婚生子,同时利用业余时间继续他的物理学研究,并在1906年取得了母校的博士学位。也就是在这段他一生中最有创造力的时光里,爱因斯坦在物理学3个不同领

在专利局任职时的爱因斯坦

域中取得了历史性的突破成就,特别是"狭义相对论"的建立和"光量子论"的提出,推进了物理学理论的革命。

1905年3月,爱因斯坦向当时物理学最权威的杂志,德国莱比锡的《物理学年鉴》投稿,他的论文《关于光的产生和转化的一个试探性观点》认为光是由小的能量粒子(光量子)组成的,量子可以像单个的粒子那样运动。"光量子"理论推动了1900年由普朗克创立的量子论,第一次揭示了微观世界的基本特征——波粒二象性。

1905年5月,爱因斯坦再次向《物理学年鉴》投稿,这次的论文是《热的分子运动论所要求的静液体中悬浮粒子的运动》。这篇论文讨论了布朗运动这种微小颗粒随机游走的现象,认为是水分子撞击花粉微粒并使它们不停运动,证明了水分子的存在。

1905年6月,爱因斯坦紧接着向《物理学年鉴》寄出了第三篇论文《论动体的电动力学》。这篇划时代的论文首次提出了狭义相对论的两个基本原理:"光速不变"和"相对性原理"。

111

1905 年 9 月，《物理学年鉴》第十七卷发行，令人惊叹的事情发生了，爱因斯坦的 3 篇论文竟然在这一期杂志上同时发表。像《物理学年鉴》这样著名的权威科学刊物，能同时在一期上发表 3 篇论文，这在《物理学年鉴》的历史上从未有过，而且这 3 篇论文还同时在 20 世纪物理学新开辟发展起来的 3 个重要的未知领域取得了相对论、量子论和分子运动理论这样重大的突破，1954 年诺贝尔物理学奖获得者玻恩曾经在一篇纪念文章中写道："依我之见，全部科学文献之中最卓越的卷册，就要数莱比锡《物理学年鉴》1905 年第十七卷了。这一卷里登载着爱因斯坦的 3 篇论文，其中每一篇论及一个不同的主题，而且每一篇现在都被公认是杰作，是物理学一个新的分支的起源。"

爱因斯坦并没有停下脚步，爱因斯坦继续在《物理学年鉴》的第十八卷上发表了《论动体的电动力学》的补充性论文——《物体的惯性同它所含的能量有关吗？》，在这篇论文里，爱因斯坦认为"物体的质量可以度量其能量"，并导出了那个伟大的质能公式：$E=mc^2$。

爱因斯坦在 1905 年间完成了 5 篇划时代的论文，在今天由于这 5 篇论文的发表，《物理学年鉴》被看成是创造了奇迹的学术刊物，传奇的第十七卷成为珍贵的文物，一册难求。而爱因斯坦本人被看成是创造了奇迹的人，1905 年也被看作是物理学创造奇迹的一年，被称为"爱因斯坦奇迹年"，100 年后的 2005 年也因此被定为"世界物理年"。

而在当时，这位创造了奇迹的人，却不是什么著名的学者和教授，只是一个专利局的三级技术员。除了《分子大小的新测定法》这篇爱因斯坦认为分量最轻的文章帮助他在 1906 年取得了博士学位，这 5 篇在后来产生巨大影响的论文虽然刊登在最有影响力的物理学刊上，却未能引起人们的重视。爱因斯坦还是继续以前的生活，白天在专利局上班，晚上回家带孩子，而《论动体的电动力学》的手稿则据说当了生炉子的引火材料。30 年后，在一次为打败纳粹德国而举行的募捐义卖中，筹资委员会希望爱因斯坦能捐出他的这份世界上最早提到相对论思想的手稿以拍卖募款，结果那份爱因斯坦重新手抄一遍的手稿卖到了 600 万美元。那时爱因斯坦还只有 26 岁，却能在物理学的 3 个未知领域里,齐头并进,同时取得巨大的成果。这在科学史上,不能不说是一个奇迹,只有 1665—1666 年时 23 岁的牛顿的成就可以与之相媲美。牛顿在回到故乡躲避瘟疫期间,开始了微积分、光的色彩组成和引力问题的研究,同样在 3 个方面取得了历史性的重大突破,但是当时的牛顿并没有推出完整的成果和论文,所以在这一点上爱因斯坦的成就比牛顿还要杰出。

3.《相对论》

1905 年爱因斯坦发表《论动体的电动力学》时,距离 1686 年牛顿发表《自然哲学的数学原理》已经过去了 219 年,经典物理学历经这 200 多年的发展,已经形成以牛顿力学、麦克斯韦电磁理论和经典统计力学为支柱的严密而完整的理论体系。面对如此辉煌的成就,当时大多数物理学家都深信,物理学的发展已经至善至美,绝大多数重要的基本原理已经牢固地确立,经典

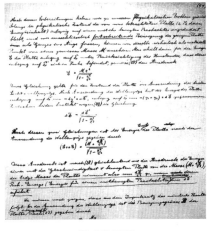

相对论手稿

力学和经典物理学已结合成严密而优美的体系,物理学剩下的不过是解微分方程和具体应用而已。开尔文勋爵 1900 年在皇家学会发表的《新年献词》中说:物理学大厦已经建成,以后的工作仅仅是内部的装修和粉刷。大厦上空只漂浮着两朵"乌云":迈克尔逊-莫雷试验结果和黑体辐射的紫外灾难。让勋爵没有想到的是,为了解决这两个看似轻飘飘的问题,物理学界却发生了一场大变革,不光导致了相对论和量子力学的诞生,也同时标志着经典物理学谢幕,现代物理学正式登场。而爱因斯坦正是拉开新时代大幕的第一人。

受经典力学思想影响,如水波的传播要借助水,声波的传播要借助空气

一样，物理学家认为光波也需要借助某种介质传播，这种介质被称为"以太"。按照当时的设想，以太应当充满宇宙，无所不在，没有质量，绝对静止，光波在其中传播。假设太阳静止在以太系中，由于地球在围绕太阳公转，相对于以太具有一个速度v，因此如果在地球上测量光速，在不同的方向上测得的数值应该是不同的，最大为$c+v$，最小为$c-v$。即使太阳在以太系上不是静止的，这个推论也成立，总之，在地球上测量不同方向的光速，应该是不同的。

1887年，美国物理学家迈克尔逊用他设计的高精度镜式干涉仪和莫雷合作实验，打算通过光的干涉原理测量不同方向上的光速，从而得出地球在绝对以太空间运行的速度v，从而证明以太的存在。这就是著名的迈克尔逊-莫雷实验。让迈克尔逊、莫雷以及其他物理学家迷惑不解的是，实验结果是零，不同方向上的光速竟然完全没有差异。难道以太并不存在？为何光速没有受到地球运动的影响？这两个疑问就是开尔文勋爵所说的第一朵"乌云"。

1892年荷兰的物理学家洛伦兹为了解释迈克尔逊-莫雷实验的结果，独立地提出了长度收缩的假说，认为相对以太运动的物体，其运动方向上的长度缩短了。1895年，他发表了长度收缩的准确公式。1899年，他在发表的论文里，讨论了惯性系之间坐标和时间的变换问题。1904年，洛伦兹证明，当把麦克斯韦的电磁场方程组用伽利略变换从一个参考系变换到另一个参考系时，真空中的光速将不是一个不变的量，从而导致对不同惯性系的观察者来说，麦克斯韦方程及各种电磁效应可能是不同的。为了解决这个问题，他发表了著名的变换公式（"洛伦兹变换"），并指出光速是物体相对于以太运动速度的极限。

"以太说"曾经在一段历史时期内是非常主流的物理学说，爱因斯坦从小就对以太这种神秘的宇宙物质很感兴趣，他试图在物理文献中寻找地球在以太中运动的实验证据，但是没有成功。在大学的时候，他甚至设计了一个实验装置想通过测试不同方向上的反射光的能量差来证明以太的存在。虽然他没条件做这个实验，但是这个实验的思路与迈克尔逊-莫雷实验非常相似,因此,当他得知迈克尔逊的实验结果时,他很快就得出了一个与众不同的结论:如果相信迈克尔逊-莫雷实验的各方向光速差值为零的结果,那么关于地球相对以太运动的想法就是错误的。他说道:"这是引导我走向狭义相对论的第一条途径。自那以后,我开始相信,虽然地球围绕太阳转动,但是,地球运动不可能通过任何光学实验探测出来。"

爱因斯坦的父亲从小就打算把他培养成电机工程师,因此他十六七岁时就自学并弄懂了麦克斯韦的电磁学理论,他十分熟悉有关电动力学的有关知识,他读了洛伦兹的论文后就相信,麦克斯韦-洛伦兹的电动力学方程在推导上是正确的,和迈克尔逊-莫雷实验一样可以推导出光速不变的结论。因此,洛伦兹的假说在物理上没有什么意义,也无法解释为什么与经典力学中速度相加原理相违背。

另外一个对爱因斯坦的发展影响很大的人是奥地利物理学家马赫,他曾经在《力学史评》中对牛顿的绝对时空观进行了有力的批判,这给爱因斯坦留下了深刻的影响。当爱因斯坦花了差不多一年的时间去研究洛伦兹的理论时,他找到了解决所有的困难的办法,那就是放弃以太,放弃绝对坐标系,放弃绝对时间和绝对空间的概念,用相对性原理来解释一切:不存在绝对静止的空间,同样不存在绝对同一的时间,所有时间和空间都是和运动的物体联系在一起的。对于任何一个参照系或坐标系,都只有属于这个参照系或坐标系的空间和时间。对于一切惯性系,运用该参照系的空间和时间所表达的物理规律,它们的形式都是相同的。一切迎刃而解,爱因斯坦在5周里就完成了论述狭义相对论原理的论文《论动体的电动力学》,他后来回忆道:

> 一旦这种想法的正确性得到了承认,最后成果就水到渠成了。
> 任何聪明的大学生理解这些成果都不会有什么困难。但是,在一个人茅塞顿开、恍然大悟之前,在黑暗中探索能感受到但又表达不出真理的那些年代里,那种强烈的求知欲望,那种时而有信心时而又产生疑虑的心理变化,只有亲身经历的人才能知道是什么滋味。

首先注意到爱因斯坦的是普朗克,他是另一朵"乌云"的解答者:在研究黑体辐射问题时,他提出了"能量量子化的假说",认为在热辐射过程中能量的放出和吸收都是以不连续方式进行，能量的最小数值叫"量子"，它的数值取决于基本作用量"普朗克常数"，每次放出和吸收的辐射能都是这个数值的整数倍，他给出了黑体辐射的普朗克公式，圆满解释了实验现象。但是那时的他仍旧想把自己的理论纳入经典物理学的框架之下。他坚持光的波动理论，反对爱因斯坦的光量子理论，并说："光量子理论不是后退了几十年，而是后退了几百年，那时克里斯蒂安·惠更斯就用光的波动论，打败了已占据优势的牛顿的光的粒子论。"

有趣的是，虽然普朗克这么坚决地反对爱因斯坦的光量子理论，直到1911年第一次索尔维会议上才被爱因斯坦说服，但是这一点也不妨碍他发现了爱因斯坦的狭义相对论的重要意义。作为《物理学年鉴》的编辑委员，当普朗克读到爱因斯坦的《论动体的电动力学》时，马上就意识到了这个理论的革命性意义，他给爱因斯坦写了一封信，信中写道："你这篇论文发表之后，将会发生这样的战斗，只有为哥白尼的世界观进行过的战斗才能和它相比……"这个预言非常准确，这篇论文所阐述的狭义相对论引发了一场最激烈的争论，远远超出了最初的哲学思想范畴，对自然科学的思想体系产生了极其深远的影响。

另一个率先意识到这一点的是爱因斯坦在苏黎世联邦理工学院的数学老师闵可夫斯基，他很快理解并看出了学生的这篇《论动体的电动力学》的深刻意义，他引入四维张量理论描述狭义相对论，并在1907年发表了相关论文，在第二年的学术会议上做了题为《空间和时间》的学术报告，宣传相对论的思想，其中有段著名的话广为流传："先生们！我要向诸位介绍的空间和时间的观念，是从实验物理学的土壤中生长起来的，这就是它们力量的所在。这些观念是带有革命性的。从现在起，空间自身和时间自身消失在阴影之中了，现实中存在的只有空间和时间的统一体。"闵可夫斯基的报告引起了与会者的巨大反响。可惜3个多月后，他就不幸患疾病去世了。闵可夫斯基在临终时说道："在发展相对论的年代里死掉，真是太可惜了。"值得欣慰的是，他的四维张量理论帮助爱因斯坦用数学描述广义相对论起到了重要作用。

相对论是爱因斯坦最杰出的成就,他随后又花了 10 年时间,把相对论从惯性系推广到非惯性系,将狭义相对论发展成为广义相对论。1916 年,爱因斯坦完成了长篇论文《广义相对论的基础》,加上 1915 年爱因斯坦先后向普鲁士科学院提交的 4 篇论文,宣告了广义相对论的诞生。"广义相对论"指出,物质的存在会使空间和时间发生弯曲,而引力场实际上就是一个弯曲的时空。爱因斯坦用太阳引力使空间弯曲的理论,很好地解释了天文学观察中发现的水星近日点进动中 43 秒的偏转的现象。广义相对论预言了强引力场中光谱向红端移动,后来也被天文学家证实。广义相对论的最广为人知的预言是恒星发出的星光在经过太阳附近时会发生 1.7 秒的偏转。1919 年,在相对论的狂热支持者英国天文学家爱丁顿的争取下,英国派出了两支远征队分赴两地观察日全食,经过艰苦而认真的观测得出最后的结论是:星光在太阳附近的确发生了 1.7 秒的偏转。英国皇家学会和皇家天文学会正式发表了观测报告,确认广义相对论的结论是正确的。在宣读会上,皇家学会会长开尔文勋爵说:"这是自从牛顿时代以来所取得的关于万有引力理论的最重大的成果,爱因斯坦的相对论是人类思想最伟大的成果之一。"

4. 大人物的针尖对麦芒

1905 年,爱因斯坦提出"光子假设",成功解释了光电效应,因此获得 1921 年诺贝尔物理学奖。继普朗克被称为"量子理论的奠基人"后,他成为量子理论的重要发展者。量子假说与物理学界几百年来信奉的"自然界是连续的"这一哲学思想相矛盾,因此量子理论出现后,许多物理学家都觉得难以接受。普朗克本人也十分怀疑,一度期望能把自己的量子假说重新置入经典物理学的框架中,甚至反对爱因斯坦的光量子说。但是,历史已经将量子论推上了物理学新纪元的快车,量子论的发展势不可挡,不光没有等普朗克转过弯来,甚至连爱因斯坦也没追上脚步。

1925 年薛定谔和玻恩分别发表《波动力学》和《矩阵力学》,建立了量子力学后，爱因斯坦却成了量子力学的主要反对者。他不满意量子力学的后续发展——以玻尔思想为代表的哥本哈根诠释，这一套诠释明确指出自然法则中存在根本的随机性，例如海森堡提出的著名的"测不准原理"。这个原理指出，不可能同时精确地测量出粒子的动量和位置，测量其动量就不能测定位置，反之亦然。虽然在解释事物的微观行为时，量子力学能够很好地处理原子和分子现象中的细节。然而，这一新理论的颠覆性比爱因斯坦对牛顿绝对时空的颠覆还要大。海森堡用测不准原理直接限制了人类对微观世界的认识，并告诉我们只能得到被影响过的结果，而且从理论上这个被测试影响的结果永远不可能更精确。这让爱因斯坦也无法接受。

薛定谔在 1935 年针对这种情况，设计了一个著名的思想实验"薛定谔的猫"：

把一只猫放进一个封闭的盒子里，然后把这个盒子连接一个包含一个放射性原子核和一个装有有毒气体的容器的实验装置。设想这个放射性原子核在一个小时内有 50% 的可能性发生衰变。如果发生衰变，它将会发射出一个粒子，而发射出的这个粒子将会触发这个实验装置，打开装有毒气的容器，从而杀死这只猫。根据量子力学，未进行观察时，这个原子核处于已衰变和未衰变的叠加态，但是，如果在一个小时后把盒子打开，实验者只能看到"衰变的原子核和死猫"或者"未衰变的原子核和活猫"两种情况。

正常的故事中，我们会说那只猫要么死了，要么活着，两者必居其一。但是在量子力学的那套解释中，盒内系统处于两种态的叠加之中，猫处于死活叠加态。显然现实生活中没人见过叠加态的猫，这种说法是在"逗闷子"，猫显然也很介意自己是活还是死，然而量子力学就是打定主意，让这个不幸的动物处于一种悬而未决的第三种状态，直到有人打开盒子看个究竟。这时，猫才会要么生龙活虎，要么一命呜呼，它的死活取决于"打开盒子看究竟"这个行为。

1927 年 9 月，在意大利科摩湖畔召开的纪念伏特逝世 100 周年大会上，玻尔以《量子公设和原子论的最新发展》为题作了讲演。玻尔首先提出"互补原理"，指出微观粒子现象的任何观测，都必然使得粒子和测量仪器间存在"原则上不可控制的相互作用"，因而我们不可能使微观粒子的波动性和粒子性在同一实验中表现出来，因而必然得出测不准关系。粒子性和波动性，位置和速度，以及能量和时间这些概念是互相排斥的，但在描述同一微观现象时，这些互斥的概念又是互相补充，缺一不可的。而且，只有它们互相补充，我们才能够得到完备的描述。依照这一原理，玻尔指出："通常意义下的因果性问题不复存在了。相对论改变了空间和时间的观念，现在量子论将改变传统的因果概念。相对论指出同时性的确定离不开参考系的选择，现在量子论则指出在微观领域里不能忽视仪器对微观客体的作用，所以，在这儿我们发现自己正同爱因斯坦走着相同的道路。"

　　同年 10 月，比利时布鲁塞尔举行第五届索尔维物理学会议。这次会议的主题是"电子和光子"，这是当时涉及物理学各个领域的一个重要问题。会议中讨论的中心问题就是在新出现的量子力学解释中，是不是一定得采用测不准原理，还有没有比互补原理更好的解决方法。

　　这次会议爱因斯坦和玻尔都参加了。爱因斯坦秉承他一贯不讲情面的风格，毫不犹豫地直说他不喜欢测不准原理，互补原理也不是一种可以接受的好理论。他说："这个理论的缺点在于，它一方面无法

爱因斯坦和玻尔

与波动概念发生更密切的联系，另一方面又把基本物理过程的时间和空间拿来碰运气。当主要的描述方法还不完备时，当然只能由此得出统计性的结果来，这是不足为奇的。"爱因斯坦认为哥本哈根学派的解释，只不过是一种过渡方案。他曾开玩笑地问玻尔："难道你们真的相信上帝靠掷骰子办事

吗?"玻尔也幽默地针锋相对:"难道你不认为用普通的言语来描述神的旨意时,还是小心一点为妙吗?"

3年之后,布鲁塞尔举行了第六届索尔维物理学会议。大家都想看看上次会议的争论还会不会继续下去。会议一开始,爱因斯坦设计了一个非常巧妙的"光盒"思想实验,专攻"测不准原理"。按照科学家讨论问题的惯例,只要证明测不准原理在任何一个事件中不成立,就可以证明量子理论还不够完备。

和"薛定谔的猫"一样,"光盒"也是思想实验,通过假想的实验进行逻辑推理,以检验思想的成熟性,这是理论物理学家重要的科学研究方法。爱因斯坦的"光盒"是一个假想的里面装满了辐射物质的盒子,一侧有一个小洞,洞口有一块挡板,一个机械钟可以控制挡板的开关。当某一时刻洞门打开,就会放出一个光子。爱因斯坦指出:光子跑出匣子的时间可以精确测出来,而光子的能量可以简单地通过盒子重量的变化以及公式 $E=mc^2$ 而精确地确定,这样,测不准原理中不能同时测准时间和能量的规则就被打破,而准确性和因果性得到了维护,世界恢复正常。

玻尔被难住了。玻尔一晚上苦苦思索都没个头绪,本来打算投降了。第二天,玻尔居然找到一个绝妙的反驳,让这个本来是终结测不准原理的思想实验成了它最好的证明。玻尔找到了相对论中的另一个论断:一只钟如果沿重力方向发生位移,它的快慢会发生变化,因此,当光子跑出盒子时,由于匣子重量发生了变化,从而造成了钟表快慢的变化,这样,在测量光子能量的同时就不能准确测量粒子跑出的时间了。这一反驳,实在是太妙了。爱因斯坦不得不承认,玻尔的反驳是完全正确的,尽管他还是不承认玻尔的理论是完备的、不需要补充的。

虽然玻尔始终无法改变爱因斯坦的看法,但他一再表示,正是从爱因斯坦的反对意见中,完善了自己量子力学的思想。他曾经说:"爱因斯坦的关怀和批评,很有价值地激励我们所有人来再度检验和原子现象的描述有关的形势的各个方面。"

与爱因斯坦齐名的物理之神

——原子物理学家玻尔

1. 教育世家的物理学子

1885 年 10 月 7 日,尼尔斯·玻尔出生于丹麦首都哥本哈根一户书香门第。祖父是一家私立学校的校长;父亲克里斯丁·玻尔是哥本哈根大学的生理学教授,后来还被提名为诺贝尔生理学奖和医学奖的候选人;母亲出身于一个富有的犹太银行家兼金融家家庭;姨妈汉娜终

哥本哈根

身未嫁,致力于教育事业,创办了丹麦第一所男女合校的学校。玻尔的父亲虽然是生理学教授,但他的兴趣十分广泛,他是丹麦皇家科学学会 3 位院士(哲学教授赫弗丁、物理教授克里斯蒂安森和语言学家汤姆森)的好友,他们经常聚会,讨论各种哲学、科学问题。玻尔的父亲允许自己的孩子旁听这些讨论,条件是孩子们要保持安静。这种大师级的讨论,是引向真知灼见的最好方式,从小受到这样的熏陶,无疑是一种最好的教育。同时性格严谨的父母给了玻尔另一个让他终身受益的品质:能够忘我地致力于既定的目标。

121

在这样的环境下长大，玻尔从小受到良好的家庭教育，虽然不是爱在学校出风头的学生，但他的各门功课成绩都很不错，尤其是数学和物理，他甚至可以指出教科书中隐藏的错误。玻尔喜欢历史和语言，尤其喜欢诗歌。对于一个学生来说，他的思想过于超前，喜欢追求自然而真实的内容，写出的作文难免会让老师觉得奇怪。作为生理学教授，玻尔的父亲大力提倡体育教育，在玻尔兄弟很小时就教他们溜冰、踢足球等各种体育运动，他的弟弟海拉德·玻尔当过职业足球运动员，代表丹麦国家队参加了 1908 年奥运会并作为前卫得到了银牌。而玻尔早就毫不犹豫地选择好了职业道路：成为物理学家。

1903 年，玻尔 18 岁的时候，顺利从中学毕业，进入哥本哈根大学学习物理。哥本哈根大学是国王克里斯蒂安一世于 1479 年建立的欧洲最古老的大学之一，不同于其他大学，哥本哈根大学位于旧城的中心，没有围墙和校门，与繁华的街道相邻。玻尔在大学生活中如鱼得水，他卓越的才能和朴素的性格得到了同龄人的敬爱。玻尔还对哲学非常感兴趣，在他父亲的好友赫弗丁教授的哲学课上，他和其他学生组成了哲学小组，像父辈们一样广泛地讨论科学和哲学问题，这种一个月一次的哲学辩论为这些思维活跃的年轻人提供了很好的思维训练平台和展露才华的机会。

1905 年，丹麦皇家科学学会悬赏征集关于液体运动和液体表面张力的论文。玻尔决定参加这次征文，并打算深入研究瑞利的理论和实验，通过实验修正瑞利的应用公式中的相关参数。追求完美的玻尔反复验证自己的理论，以至于要赶不上论文的截止日期，还是在了解他的老爸的监督下，才勉强把论文写完。结果这篇以实验为基础讨论水的表面张力的论文，以对理论的深入研究而和一位电器工程师的论文并列获得了金奖，这个大二的大学生首次展露了他在理论物理上的才华。

2.山穷水尽,柳暗花明

拿到博士学位的同时,玻尔也获得了丹麦啤酒厂所设的卡尔斯堡基金会的奖学金,可以到剑桥著名的卡文迪许实验室实习一年。当时卡文迪许实验室的主任是汤姆逊,汤姆逊提出了原子模型,并由于发现和研究电子方面的工作获得了 1906 年的诺贝尔物理学奖。汤姆逊活力非凡,以眼力独到、善于培养人才著称,加上卡文迪许实验室的优良环境,他门下曾经先后聚集了卢瑟福、郎之万等一大批优秀的物理学家,其中先后有 3 人获得

卡文迪许实验室

诺贝尔奖,20 多人成为英国皇家学会成员,50 多人在世界各著名大学成为物理系主任。当时玻尔的硕士论文和博士论文都以金属中的电子作为研究对象,发现电子的汤姆逊就是年轻的玻尔心中崇拜的偶像。

1911 年 9 月,玻尔来到了梦寐以求的剑桥。不过他没想到的是,在剑桥他遇了不少麻烦,他的英文基础很差,老师汤姆逊又是非常传统的科学家,对他离经叛道的思想既不驳斥,又不想和他深入讨论,这种英国绅士风度的疏离让玻尔不知何去何从,老一代科学家和新生代科学家之间存在不小的代沟。玻尔第一次感到了山穷水尽带来的无力感。

好在不久后玻尔就在一位父亲故友的介绍下结识了卢瑟福,卢瑟福比他大 14 岁,此时正在曼彻斯特大学主持研究关于放射性的研究的一个新的科学领域——原子物理学。

卢瑟福当时参加了第一次索尔维会议,结识了普朗克和爱因斯坦,对物

理学的新前景充满了热情，对玻尔这位物理学的新生力量十分欢迎。玻尔回剑桥提出了转去曼彻斯特的要求，大度的汤姆逊同意了。1912 年春天，玻尔转到了曼彻斯特大学，虽然他在那儿待的时间并不长，而且那里的同事包括卢瑟福在内也都是实验物理学家，对理论物理兴趣不是太大，玻尔曾经还担

曼彻斯特大学

心最终会一无所获，好在事实证明这个选择非常明智。卢瑟福是个非凡的导师，他能够看出并激发玻尔的潜力。在卢瑟福的鼓励下，玻尔那种奇妙的洞察力又开始慢慢复苏了。

一次，玻尔无意中看到了 C.R. 达尔文的关于电子的论文。爱追根刨底的玻尔，意识到卢瑟福的原子模型和实验观察到的现象十分相符，问题的关键是解决卢瑟福的原子核模型在经典力学和电动力学下那致命的缺陷，这就是"坍塌佯谬"：运动的电子根据电磁理论会发出电磁辐射损失能量，损失了能量的电子无法保持行星轨道，在很短的时间（千万分之一秒）内就会落到原子核上无法保持稳定状态。因此卢瑟福的电子绕原子核进行高速运动原子模型是普遍不被当时的理论物理学家所接受的。而醉心于理论研究的玻尔在博士论文中已经研究过普朗克和爱因斯坦的量子论，灵光一现，玻尔意识到卢瑟福的原子体系模型稳定性的问题可以用量子理论来解决，这是卢瑟福和其他的实验物理学家没有想到的开拓性的新方向，同时也是他自己未来的工作方向。

玻尔这次没有拖拖拉拉，而是废寝忘食地投入到理论构建工作去，以至于卢瑟福实验室那些邀他聚餐不成的新朋友们都怪他过分用功了。不过，热情的卢瑟福带领下的都是些直言不讳、无拘无束的实验物理家，玻尔和他们大部分人终生保持了朋友关系。

玻尔这么急切地投入工作还有另外一个原因,他在去英国之前,和弟弟的好朋友诺伦德的妹妹玛格丽特订婚了,英国游学结束后就会举行婚礼。他希望可以尽快做出成绩,这对自己回国得到教职,顺利地建立自己的事业和家庭也会是很大的帮助。一向效率不高的玻尔在回国前夕交出了论文提纲:用量子理论解决卢瑟福原子模型的稳定性问题。虽然作为实验物理学家的卢瑟福知道当时的实验数据并不足以支持玻尔建立新的理论,作为导师他有责任提醒玻尔不要太激进,但是他又完全明白玻尔的理论一旦成立将会对

玻尔夫妇

自己之前的工作成果是一个大大的促进,因此他又满怀兴趣地和玻尔探讨了所有的观点和看法,卢瑟福对很多观点表示赞同,鼓励玻尔把这些想法尽快变成成形的论文。

得到了卢瑟福这样重量级人物支持的玻尔非常兴奋,而且还有更幸福的事情在等着他。一个月后,他和心爱的姑娘玛格丽特在 1912 年 8 月 1 日举行了婚礼。新娘不光贤淑美丽、聪明能干,还十分善解人意,同意心系物理的丈夫改变计划,去英国蜜月旅行。心急的玻尔还是决定在剑桥的公寓把自己的想法写出来,新娘子花了一周时间在玻尔口授的情况下帮他笔录了论文,帮他校订英文译稿并进行润色,从此成了他能干的秘书和事业上的好帮手,一个物理学家要到哪里才能找到更完美的新娘呢?

完成了论文之后,这对新婚伉俪去曼彻斯特拜访新郎的老师,得到了卢瑟福夫妇热情的欢迎,他们都非常喜欢玛格丽特,这次聚会成为他们两家多年亲密友谊的开端。而卢瑟福实验室的那些朋友们则大吃一惊:“这个憨头憨脑的丹麦人居然能征服这样一位美人。”玻尔的形象在物理界得到了大大的“提升”。更让玻尔高兴的是卢瑟福对自己的论文给予很高的评价,允诺

125

如果他能取得实质性的进展完善自己的理论，会亲自把这篇论文推荐给权威的学术刊物《哲学杂志》发表。

1912年9月，度过了一个完美蜜月的玻尔回到丹麦，成为哥本哈根大学的编外副教授（暂时没有合适的教职），讲授热力学的力学基础，同时继续完善自己的研究工作。他通过通信和卢瑟福以及其他英国的朋友保持着密切的联系。

这时玻尔已经想通了卢瑟福原子模型稳定性的佯谬，引入了稳定态的公设：假定电子在原子轨道上运行时，不遵守经典的麦克斯韦定律，不向外辐射（电磁波）能量，在这些轨道上电子所处的状态，就称为"稳定态"。这个假设可以与卢瑟福的观点相适应，这样原子的所有质量集中于带正电的原子核，但是带负电荷并围绕着原子核的电子沿着不向半径的稳定轨迹运动而不辐射能量。玻尔计算出，在一个轨道（或壳层上）上能够有1～7个电子旋转。当电子超过7个时，就会形成新的壳层。增添一个新电子，就等于形成一种新元素。同样，建立了一个新壳层则增添一个新的元素族。这个模型看上去是合理的，但如果不能和实际的实验现象联系起来，解决不了什么现实问题，就显然不足以构成完整自洽的科学理论，玻尔考察了已知的原子和分子的实验数据，都没有得到什么进展，他原打算在"散射"问题上寻找突破，但有经验的卢瑟福告诉他当时并没有人在研究这个问题，没有什么数据和参考成果，劝他不要着急。

玻尔纠结了几个月，有一次，他和从格丁根大学回来，对光谱比较熟悉的物理学家朋友汉森聊天，提起了他对原子结构的想法，汉森很感兴趣地问他这个理论能不能解释原子的光谱。玻尔第一反应是光谱太复杂了，他连光谱公式都不清楚呢。在汉森的强烈要求下，玻尔把光谱的书找来一翻，就看到了巴尔末公式，巴尔末公式是1885年由瑞士数学教师巴尔末根据实验数据和投影几何的原理提出的用于表示氢原子谱线波长的经验公式，之前这是个奇妙而孤立的公式，根本没有人想到过可以从理论上来解释，而玻尔一看到这个公式，苦思冥想的难题一下子在他面前全清楚了。借助巴尔末公式他找到了他的第二把钥匙——"跃迁公设":"与经典电磁理论相反,稳定态下运动的电子不发生辐射,只有在两个稳定态之间的跃迁才发生辐射,辐射发出的电磁波的频率是由两个稳定态的能量差决定的。反之,用这种频率的电磁波照射原子时,可以引起吸收过程,使原子从后一个稳定态跃迁回到前一个稳定态。能量的吸收和释放是不连续的,一份一份量子化地进行。"

这个公设比第一个更为大胆,完全颠覆了经典电磁理论关于电磁波的基本法则,但是却完美解释了光谱公式,除了成功导出了巴尔末公式中的里德伯参数,还和实验值吻合得非常好,相差不到7%。这个理论和实验值的符合程度,给人留下了非常深刻的印象。

这两个公设加起来就是物理学中著名的"玻尔公设"。其标新立异、突破传统的程度令人印象深刻,即使支持和鼓励他的卢瑟福也充满了疑问和困惑。玻尔专程前去曼彻斯特,花了几个晚上与卢瑟福长谈,虽然在论文的风格和语言上在卢瑟福的帮助和建议下做了重要的修正,但保留了所有的争议要点。卢瑟福很久以后还常常饶有兴味地谈起这场有趣的战斗,描述这位彬彬有礼的丹麦人如何步步为营"迫使"他步步后退。玻尔回忆往事的时候,对恩师十分感念,称他为自己的第二个父亲,的确,没有卢瑟福的包容、鼓励和支持,玻尔的想法早就胎死腹中了。

为了让自己的理论更易于被接受,玻尔十分有策略地分3次发表整个理论,分别是1913年6月发布的《被带正电的原子核所束缚的电子》,9月和11月发表的《单原子核系统》和《多原子核系统》。玻尔的原子模型和关于物质的电磁新理论第一次用氢原子模型说明了氢光谱,在此之前,人们没有任何理论可以把原子内部结构和实际的物理规律联系起来。人们因此称玻尔为"原子之父",称1913年是原子物理学诞生的一年。

127

3. 众星云集，共创辉煌

1916 年，玻尔成为哥本哈根大学的物理学教授。1920 年，他创建了哥本哈根大学理论物理研究所，并在此后的 40 年里一直担任所长。

1924 年，巴黎大学的物理学博士生德布罗意在博士论文《量子理论研究》中，根据爱因斯坦的相对论和普朗克的量子论，提出了"物质波"的概念，为玻尔原子结构的量子化条件给出了一个物理模型，但是这个物质波到底是什么，德布罗意却不能给予回答。这个理论看上去太过新奇，而且也没有太多数学上的支持，幸亏他的导师郎之万和爱因斯坦都很包容和鼓励创新，使得这篇论文得以通过，德布罗意如愿拿到了博士学位，"物质波"这一革新理念也得以保全，而且按照传统，这篇博士论文被分发给了欧洲各个大学。1925 年底，瑞士苏黎世大学物理系的讲师薛定谔比较空闲，教授德拜安排他研究一下这篇论文。薛定谔研究后，向德拜介绍成果，德拜批评这个理论太孩子气，认为既然是波，就应该有波动方程，让薛定谔再研究一下。没想到这个有些无意的工作安排，竟然成了波动力学开始的契机。几周后，在一次研讨会上，薛定谔说："德拜建议应该有一个波动方程，现在我有了一个。"1926 年 3 月，薛定谔连续发表了 4 篇同样名为《量子化就是本征值问题》的论文，在论文中，他系统地阐明了波动力学理论，给出了物质波的波动方程即著名的"薛定谔方程"，这个波动方程的解，就是玻尔的氢原子模型中电子能级的量子化条件。这成功让薛定谔相信，微观粒子就是"在各个方向上尺度很小的波包"，这样就解决了波粒二象性的佯谬，物理世界又恢复了连续性。

波动力学诞生之际，正是大家为 8 个月前海森堡提出的原子模型的矩阵力学头疼的时候，薛定谔紧接着给出了证明，证明波动力学和矩阵力学在数学上是完全等价的。波动力学一出世就十分惊艳，吸引了整个物理学界的注意,老一辈的物理学家爱因斯坦、普朗克都大为赞赏,年轻的物理学家也觉得波动力学比矩阵力学要容易理解得多,而且比矩阵力学更能表现原子的物理图景。

1927年,美国科学家戴维森和革末共同合作发现了电子衍射现象,而其衍射图谱和用于X射线衍射的布拉格定律所预测的完全一样,从而证实了德布罗意的物质波理论。

在提出波动方程后,薛定谔认为电子是振动着的"云",而不是独立的粒子,电子的辐射起源于与电子波相伴随的振动。格丁根大学的玻恩教授第一个指出薛定谔的云模型是不稳定的,波包扩散理论会使云耗散掉。类比光学理论,认为空间某一点光的强度是光子存在的概率数,玻恩对波函数的物理意义做出了统计解释:空间某点的粒子的德布罗意物质波的振幅绝对值平方代表了测量该点粒子是否存在的概率,波函数的实质是概率波。这个诠释也被称为"概率诠释",被玻尔和哥本哈根学派迅速接受,"对原子现象的描述在原则上就只能是统计性的"这一观点最终被原子物理学家所普遍接受,并构成了量子力学的基础,玻恩因此获得了1954年的诺贝尔物理学奖。但玻恩的概率诠释在刚提出时,则遭到了爱因斯坦和薛定谔等著名物理学家的坚决反对,而爱因斯坦则直到去世都不接受,坚持无论如何"上帝是不掷骰子"的看法。

1926年10月,玻尔邀请薛定谔到丹麦物理学会上发表了题为《波动力学的原理》的演讲。在演讲中,薛定谔反对玻恩的概率诠释,认为波函数描述的是物质分布,是实在的而不是概率分布,而且他也认为玻尔的跃迁过程可以用连续的函数表示,量子跃迁的概念可以放弃了。量子跃迁是玻尔原子模型的两大假设之一,如果不存在,那么普朗克的黑体辐射公式和爱因斯坦的光量子理论也不可能存在。海森堡和玻尔同薛定谔展开了激烈的辩论。尤其是玻尔,以他那独特的谦虚但是毫不客气的批判,一个个指出薛定谔的错误,执着地要说服他。辩论持续了几天后,薛定谔竟然病倒需要卧床休息。

130

薛定谔离开后，海森堡和玻尔意识到，虽然试图用经典波动理论诠释原子模型是错误的方向，但量子力学必须解释波粒二象性的问题，找到物理图景。海森堡的矩阵力学建立在电子的位置、速度等运动轨迹不可测量，只能用定态能量、光谱级的频率与强度等量子力学的

海森堡和玻尔

概念来对应表示，但威尔逊云室的照片上，白色的雾线如果不用电子的运动痕迹来解释，又是什么呢？海森堡和玻尔也陷入了没完没了的争论。为了避免再有一个人倒下，玻尔决定到挪威去滑雪，让两个人先独立冷静思考。事实证明这是一个非常明智的决定，1927 年 3 月这对盟友加对手重新见面时，他们都分别取得了决定性的突破。

海森堡设想了一个 γ 射线显微镜的理想实验，通过对电子位置和速度这两个物理量在微观尺度的分析，结果得出了著名的"不确定性原理"，即在微观领域里，不能同时得到一个粒子精确的速度和位置。与宏观领域的位置和动量、能量以及时间这些物理量相对独立不同，在微观领域这些物理量之间存在着统计关系，这种统计关系的表现就是不确定性。

玻尔则发现互斥的粒子语言或波动语言都有其不适用性，一方面因为其互斥性不可能同时应用它们，但另一方面要对微观世界的物理现象提供完备的描述，又必须同等应用它们。不确定性的根本原因在于波粒二象性，波粒二象性正是整个量子力学的核心，必须兼用两种语言才能做出最佳描述。这就是玻尔提出的著名的"互补原理"。

海森堡用不确定性关系告诉了位置和动量、能量以及时间这些经典概念在微观层次中的适用界限，但在用射线显微镜讨论不确定性关系时，海森堡忽略了波的衍射是本质性的，只强调了光的量子本性。但是，用玻尔的互补性原理，就可以将海森堡的不确定原理和矩阵力学，与薛定谔的波动方程

和波动力学结合起来,再加上玻恩的概率诠释,整个量子力学的大厦终于得以完整,玻尔开创的量子理论终于可以大功告成了。

长期深入研究玻尔理论和思想的学者戈革先生引用玻尔的原话和自己的理解对"互补性"做过这样的描述:

> 玻尔一生举过许多"互补性"的例子。他在日本发动侵华战争以前访问过日本和中国。在日本,他看到了富士山。他描述道:"在黄昏时候,富士山的山顶笼罩在云气中,山体黑暗,显示出一种雄伟庄严的气象;到了早晨,太阳出来了,山体清清楚楚,使人心旷神怡;这就是富士山的两种"互补的"形象。你不能把两者结合起来,因为山景不可能既朦胧又清楚,但是你若舍弃其中的一种形象,也就不能完全地代表富士山。"人们说,这也许是他举过的最有诗意的一个例子。但是我们必须指出,在这个例子中,他要强调的是那种既互斥又互补(缺一不可)的特殊关系,而不是着眼于单纯的风景描述。

4. "物理之神"的对决

1922 年底,玻尔得到消息,他将被授予 1922 年的诺贝尔物理学奖,不过更让他高兴的是,瑞典皇家科学院决定把 1921 年空缺的诺贝尔物理学奖颁发给爱因斯坦。玻尔马上给爱因斯坦写信:

> 亲爱的爱因斯坦教授:对于您荣获诺贝尔奖,我表示衷心的祝贺……我能够和您同时获得诺贝尔奖,这是我能从外界获得的最大荣誉。我知道我是何等的受之有愧,但是我愿意说,我感到最大的幸运是在我被考虑授予这一荣誉之前,您在我所工作的那个专业领域里做出的贡献(即使抛开您对人类思想界的伟大贡献不谈),也像卢瑟福和普朗克的贡献一样得到了承认,而且是完全公开地得到了承认。

爱因斯坦的回信同样也是惺惺相惜：

最亲爱的玻尔：您充满热情的信我在抵达日本之前就收到了。我毫不夸张地说，您的信和诺贝尔奖一样使我高兴。我感到特别让人感动的是您担心在我之前获奖，这是真正的'玻尔式'作风。您的关于原子的新研究一直伴我度过旅行的日子，而且它们使我对您的思想有了更强烈的感情。

1927年，随着薛定谔的波动方程、玻恩的波动力学的概率诠释、海森堡的矩阵力学和不确定原理以及玻尔的互补性原理的形成，整个量子力学趋于完整，而领军人物玻尔则综合整个量子理论的成功，给出了哥本哈根诠释，完成了量子

1927年第五届索尔维会议

力学理论大厦的最后一瓦。现在玻尔的工作，就是要迎接那些不同意这些观点的物理学家们的挑战了，而带头反对的就是爱因斯坦，1927年10月在比利时的布鲁塞尔召开的第五届索尔维会议主题就是"电子和光子"，之前爱因斯坦对量子理论一直不看好。这一次，两位最受人敬重的物理学家要在最令人瞩目的问题上正面交锋了，所有的物理学家都翘首以待这场精彩的对决。这次会议，世界一流的物理学家全部云集布鲁塞尔，这是真正的物理学界的盛会。

会议开始的第一天，玻恩和海森堡作了有关量子力学的报告，他们声称量子力学是一种完备的理论，其数学物理基础已经不需要进一步的修改。接着，玻尔应会议主席洛伦兹的邀请发言。玻尔指出，是波粒二象性本身决定了用经典概念描述原子过程必然遇到根本性的困难，对原子现象的任何观察，观察仪器都不可避免会对结果产生不可忽略同时又不能补偿的作用，正因为如此，量子物理学诠释必然只能是统计性的。这3个人的发言和解

释,为量子力学理论的发展画上了句号,听者无不感到激动,大家都望向爱因斯坦,等着他的评价。

爱因斯坦直接表示他既不喜欢测不准原理,也不接受互补原理:玻尔的诠释使得量子力学既不用解释波动概念,又不用处理基本物理过程的时间和空间问题,是一个靠假设偷懒的哲学理论,不能算是科学的理论。这个观点一出,会场秩序大乱,无论支持的还是反对的,物理学家纷纷抢着发言,还是艾伦菲斯特机灵,开了一个圣经中关于巴别塔和人类语言不通的混乱的玩笑,才让大家的激动的情绪慢慢平静下来,分成两派,开始了大讨论。

玻尔明白,只有说服爱因斯坦,才能体现量子力学真正的力量。他为了说明互补原理的普遍性,举出了爱因斯坦的光量子说、原子自发辐射的概率说、光的二象性说等例子,用爱因斯坦之盾来挡爱因斯坦之矛。爱因斯坦根本不为所动,他坚信科学的理论必须是决定论的理论,像这种用概率表达的统计意义上的理论无论如何是不够完备的,于是他觉得靠逻辑就可以打败这个哥本哈根诠释,在此之前曾经构思了一个又一个的思想实验不断挑战玻尔。然而,玻尔同哥本哈根、慕尼黑以及格丁根学派的玻恩和海森堡甚至是研究波动学说的薛定谔都进行了数不清的辩论和深入探讨,因此,爱因斯坦的刁难都被玻尔一一化解。玻尔成功地向与会的物理学家展示了哥本哈根诠释的逻辑性和完整性。当时艾伦菲斯特旁听了他们每天直到凌晨3点的辩论,看到了这两个充满了思想的大师一个不断找出新思路进攻,一个又不断找到新工具来解决,对他来说,那是无与伦比的人生经历。作为爱因斯坦的最亲密的朋友,艾伦菲斯特彻底被玻尔折服了,他后来写道:"布鲁塞尔的索尔维会议真太妙了!……玻尔完全超越了每一个人。他起初根本没有被人理解,后来一步一步地击败了每一个人。"

但爱因斯坦可没有就此罢休,3年后的第六次索尔维会议他卷土重来,并精心准备了著名的"光子盒"思想实验。思想实验是指在客观条件无法实现的情况下,依靠科学原理,通过逻辑推论在头脑中实施的实验活动,在想象中,思想实验的基本方法和物理实验相同,并可以远远先于物理实验,并为物理实验做好准备。这是理论物理学家普遍采用的科学研究方法，用来检验理论的逻辑性和完备性。当年伽利略的惯性定律实验，爱因斯坦"同时性的相对性"的追光实验，海森堡的伽马电子显微镜实验，都是这种思想实验。

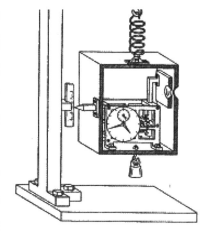

光子盒

爱因斯坦的"光子盒"是这样的：一个密封的盒子里面有辐射源，由里面的时钟控制盒子快门的开启，同时用弹簧秤测量盒子重量，实验时，先测量盒子质量一次，当时钟在短时间内控制开启快门，有一个光子溢出，这时快门关闭，再测量一次质量，这样测量质量（能量）和测量时间是独立进行的，互不干涉，都可准确测量，因此这个精心设计的实验就可以证明测不准原理失效，量子力学不自洽。

只要找到一个例外，科学理论就会被驳倒，据说深知这个道理的玻尔听到这个巧妙的例子之后，脸色苍白，呆若木鸡。他想了一夜，都不知如何反驳，正当他打算向爱因斯坦认输的时候，灵光一现，他突然想到了答案：那两种仪器的测量值并非互相独立的——光子盒放出光子，弹簧秤称出盒子质量的变化时，盒子轻了，弹簧的弹力与盒子的重力将不再相等，两力的合力将给盒子一个向上的位移，测到的质量改变和这个位移有关，同时根据爱因斯坦的广义相对论，这个位移会导致盒子里的时钟产生相对论效应，时间测不准了！因此，最终测量质量（能量）和测量时间是相关的，测不准原理起作用了，玻尔用爱因斯坦的相对论理论打败了他的光子盒思想实验！第二天听到玻尔的答案后，爱因斯坦不得不承认，玻尔的推理完全正确，玻尔绝地反击，又赢下了第二场辩论。爱因斯坦试图证实量子力学在逻辑上的错误的努力彻底失败了，他不得不承认具有统计性的量子力学是一种正确的科学理论。

然而爱因斯坦并未就此善罢甘休，他始终觉得量子力学的概率诠释作为"终极定律"让他难以接受，统计性的理论总是不完备的理论，一定可以找到背

后还有更深一层次的基本规律,从而排除概率诠释。他这样描述过量子力学理论:

> 量子力学是令人赞叹的,但是有一个内在的声音告诉我,这还不是真正的经典。这个理论有很大的贡献,但是它并不使我们更接近上帝的奥秘一些。无论如何,我不相信上帝会掷骰子……我正在辛苦工作,要从广义相对论的微分方程推导出看作奇点的物质粒子的运动方程。

1935 年,爱因斯坦开始了第三次"战役",他和波多尔斯基以及罗素一起提交了论文《能认为量子力学对物理实在的描述是完备的吗?》,这篇文章提出了以他们 3 人首字母命名的"EPR 佯谬":设想一对处于"量子交缠态"的粒子分道扬镳,各自朝相反方向飞行了一段距离以后,对其中一个粒子进行测量,不仅能确定该粒子的状态,而且由于两个粒子之间的量子相互作用,也同时确定了已在远处的另一个粒子的状态。爱因斯坦等人认为,如果一个物理理论对物理实在的描述是完备的,那么物理实在的每个要素都必须在其中有它的对应量,即完备性判据。当我们不对体系进行任何干扰,却能准确地预言某个物理量的值时,必定存在着一个物理实在的要素对应于这个物理量,即实在性判据(否则就是存在超距的瞬时量子相关作用)。而量子力学不满足这些判据,所以是不完备的。

而玻尔对此的反驳是"不对体系进行任何干扰"的测量在微观体系中是不可能实现的,因此实在性判据也无从谈起。这虽然可以否定 EPR 的假设前提,但却是用自己的假设去否定人家的假设,把科学争论变成了哲学争论,而无法确定孰胜孰负,因此,争议保持了下去。后来,出现了令人兴奋的转机。西欧核子联合研究中心的贝尔发表了论文《论 EPR 佯谬》,他设计了一个判决性实验,把这个已经属于哲学的命题再次转化为科学命题,这个实验将量子力学的结论与相对论的光速不变原理对立起来,两者中必定有一个是错的,因此叫作"判决实验"。几十年来不断有人在做,其结果是 10 次证明量子力学的结论,而 2 次证明了相对论的结论。最新的结果再一次证明量子力学的结论是对的，确实存在超距的瞬时量子相互作用，但却不可能用来传递信息，所以也并不违反相对论。

EPR 佯谬以思想实验开始，发展成许多真实的实验，爱因斯坦和玻尔的大讨论不仅加深了人们对量子力学和相对论的理解，而且经过几十年的发展，从中阐发出有关量子态的机制，继而提出了一些可能的实验应用：量子通信、量子密码甚至量子计算机。科学探索的脚步永不停歇！

爱因斯坦在和英弗尔德合著的《物理学的进化》中写道：

> 科学不是而且永远不会是一本写完了的书，每一个重大的进展，都带来了新的问题，每一次发展总要揭露出新的更深的困难。

> 在我们所有的努力中，在每一次新旧观念之间戏剧性的斗争中，我们坚定了永恒的求知欲望和对于我们的和谐的始终不渝的信念。而当在求知上所遭遇的困难愈多，这种欲望与信念也愈强。

由于人类的进步和社会的发展，科学已经被认为是社会进步的根本推动力，但科学的精神却远远没有被整个人类社会所承认和接受。大部分人只是承认科学的用处，享受科学带来的便利和好处，对科学的基础理论知识并不热心，更不关心科学的原动力或科学的精神到底是什么。不少人为了维持自己的"权威"地位，故意把科学理论弄得晦涩，仿佛某种"科学贵族"的奢侈品。对于这种"权威"，伽利略曾经说过："可能他们所谈的东西，自己也不真正懂得，谈那些只是为了显得自己高明。"而这些人的特点，就是有意或无意地压制争论和新思想，从不平等地讨论，殊不知科学精神最基本的特征之一就是怀疑和批判。

而像玻尔和爱因斯坦这样真正的科学巨人，既担负着维护科学的严谨和完善的任务，又对未知的自然世界充满了探索精神。他们永远欢迎争论，欢迎所有新的思想，正是这样的态度，才对科学的进步起到了关键的推动作用，使科学精神成为人类思想和实践最有力和最重要的工具。

1962 年 11 月 18 日，玻尔在哥本哈根去世，去世前一天，他在工作室的黑板上画的正是当年爱因斯坦那个光子盒的草图。

物理学的良心
——"毒舌评委"物理学家泡利

1. 得天独厚的物理王子

1900年4月25日,沃尔夫冈·恩斯特·泡利出生于奥地利维也纳一位犹太裔学者的家庭。父亲沃尔夫冈·约瑟夫·帕修斯·泡利是一位医学博士,著名的生物化学教授;母亲贝莎·卡米拉·泡利·舒尔茨是那个时代的新女性,泡利出生后,27岁的她还去当时开风气之先的女子高级中学学习并通过了结业考试。作为女性主义者与和平主义者,她为维也纳知名的《新自由报》撰写剧评和史评,还出版过一本关于法国革命的历史书。从小就崇拜妈妈的泡利耳濡目染,长大后也是视野开阔、思维敏捷,看来这伶牙俐齿也有家学渊源呢。

泡利和妈妈

泡利的父亲和恩斯特·马赫是世交,马赫是著名的物理学家和教育家,他的《力学史评》挑战了牛顿经典力学的绝对时空观念,给爱因斯坦的物理思想很大的启发,被爱因斯坦称为"相对论的先驱"。泡利的父亲和马赫的

137

儿子是同学加好友，后来他和马赫本人也有很深的交往，马赫的思想对他的科学之路影响至深。因此，当泡利出世的时候，对宗教反感的马赫同意做泡利的教父，泡利则以马赫的名字恩斯特为中间名字。众所周知的是马赫并不支持爱因斯坦的相对论，后来泡利虽然非常推崇相对论，却在首次见面时当众调侃爱因斯坦，估计也是想与教父立场保持一致吧。

恩斯特·马赫

　　在父亲和马赫的影响下，泡利很小就开始学习自然科学。马赫的家离泡利家不远，泡利经常去看自己的教父。马赫总给小家伙看一些新奇玩意儿，例如透镜、棱镜、电子设备什么的，告诉他这些实验修正或者支持了什么理论。马赫还给泡利推荐了不少好老师，大数学家维尔丁格当年曾被请来指导泡利的数学；教泡利物理的是阿道夫·玻尔，虽然不像爸爸尼尔斯·玻尔那么大名鼎鼎，不过这位小玻尔也是响当当的理论物理学家。无怪乎日后泡利的研究生导师索末菲教授说自己没什么可教的了。泡利中学时在班上算不上模范学生，但物理和数学特别好，14岁就学会了微积分，哲学也不错，不过拉丁文和希腊语就很一般，后来他发奋把这两门功课赶了上去，主要还是为了阅读物理和数学原著，泡利靠自修在中学时就学完了所有的大学物理课程。

　　1918年泡利中学毕业，他带着父亲的介绍信，直接到慕尼黑大学求见著名的物理学家索末菲，要求直接做索末菲的研究生。索末菲是位非常好的物理学家和老师，一生不光多次被提名诺贝尔奖，还有6位学生获得诺贝尔奖，他很快认识到泡利的才华，让他成为慕尼黑大学最年轻的研究生。两年后，索末菲又招收了另外一名中学毕业生做研究生，那是比泡利小一岁的海森堡。当年，18岁的泡利就发表了一篇关于引力场中能量分量的论文，小露才华。第二年,泡利用两篇论文指出韦耳引力理论的一个错误,并从批判的角度评论韦耳的理论。1921 年,泡利以一篇氢分子模型的论文获得博士学位。他所表现出来的成熟的物理思想和学术能力,让人们无法不对这个初出茅庐的年轻人刮目相看。

1921 年,德国的《数学科学百科全书》编辑部请索末菲教授撰写关于狭义相对论和广义相对论的词目,索末菲教授把这个任务交给了泡利。谁都没想到的是,泡利洋洋洒洒写了 237 页,该

19 岁的泡利

文到今天仍然是这个领域的经典文献之一,爱因斯坦曾经评价说:"任何该领域的专家都不会相信,该文出自一个仅 21 岁的青年之手,作者在文中显示出来的对这个领域的理解力、熟练的数学推导能力、对物理深刻的洞察力、使问题明晰的能力、系统的表述、对语言的把握、对该问题的完整处理和对其的评价,使任何一个人都会感到羡慕。"

其实,爱因斯坦和泡利还颇有渊源,爱因斯坦非常推崇泡利的教父和启蒙老师马赫,他和泡利这位初生牛犊还不止一次交过手。在泡利读博士的时候,有一次爱因斯坦到慕尼黑大学来演讲,泡利坐在最后一排,他向爱因斯坦提出了一些非常深入的问题,其观点之成熟,见解之深刻,连爱因斯坦都招架不住。据说此后爱因斯坦到慕尼黑大学演讲时,

泡利和爱因斯坦

139

眼光都要特别扫过最后一排，看看那个观点犀利的小伙子在不在。另外还传闻，一次爱因斯坦在国际学术会议上做报告，演讲完后，坐在最后一排的泡利起身发言，第一句就是："我觉得爱因斯坦并不完全是愚蠢的。"尽管有种种轶事传出，爱因斯坦一点也不以为忤，反倒对这位比自己小 21 岁的嘴巴不饶人的少年天才青眼有加，两人结为忘年之交。

1945 年爱因斯坦向诺贝尔委员会推荐了泡利，使他因不相容原理的贡献成为当年诺贝尔物理学奖的获得者。爱因斯坦在普林斯顿高等研究院为泡利开的庆祝会上，特地发表演讲以示祝贺。爱因斯坦去世后，泡利后来写信给玻恩回忆时说："这样一位亲切的、父亲般的朋友从此不在了。我永远也不会忘记 1945 年当我获得诺贝尔奖之后，他在普林斯顿所做的有关我的讲话。那就像一位国王在退位时将我选为了如长子般的继承人。"在泡利骄傲的内心中，显然对这位物理学家是充满敬意的。

2. 风云变幻的量子时代

1922 年，泡利博士毕业后到格丁根大学担任玻恩的助教。玻恩是量子力学的创始人之一，1954 年因对量子力学的基础性研究尤其是对波函数的统计学诠释，获得诺贝尔物理学奖，当时他和丹麦的著名物理学家尼尔斯·玻尔，都是哥本哈根学派的代表人物。当时第一次世界大战刚刚结束，欧洲的物理界也是风云激荡。牛顿的经典物理学大厦在爱因斯坦相对论的撼动之下开始动摇，一大批新的物理思想紧跟其后破茧而出，对前人的挑战层出不穷。和相对论一起，被誉为"现代物理学的两大支柱"的量子力学，就是在这个时候由一大批物理学家共同创立的，这些观念之新、挑战之激烈，即使连爱因斯坦也应接不暇。泡利就是一个量子力学诞生过程中的生力军和见证人。

1900 年 4 月，76 岁的开尔文勋爵在皇家学会所做的那篇著名演讲《在热和光动力理论上空的 19 世纪乌云》中指出了经典物理在光以太和麦克斯韦-玻尔兹曼能量均分学说上遇到的难题,也就是物理学家在迈克尔逊-莫雷实验和黑体辐射研究中的困境。让开尔文勋爵没有想到的是,他的演讲简直像一段神秘的谶言,预示了经典物理学神殿的崩塌,导致相对论和量子论革命的爆发,让物理学迎来了伟大的新生。相对论只是破除了传统理论的绝对时空观念,而量子力学则干脆连决定论都一并否定,这已经不是推翻某个理论的问题,而是对整个决定论系统的挑战。决定论是那时整个科学的基础,因此,量子论挑战的是整个科学界。量子论的成长史,更像是一部艰难的探索史,伴随着巨大的阵痛。量子论的思想是如此惊人,以至于一大批堪称伟人的物理学家们即使参与了推动它的工作,却终究因不能接受这些过于惊世骇俗的解释而纷纷站到了反对的保守派一方。这些伟人就包括了普朗克、瑞利、汤姆逊、爱因斯坦、德布罗意,甚至薛定谔,这些物理史上最伟大的名字,中间大部分都是量子论的开创者和关键人物。量子论就是这样在同它自身创建者的斗争中成长起来的,和经典力学或者相对论不同,没有牛顿或者爱因斯坦这样个人天才的标签,甚至连哥本哈根学派都不能占据上风,恰恰是所有的支持者和反对者这所有的精英和天才的智慧和努力加在一起,才构成了量子力学这座大厦的全部奇幻图景。

推动量子论发展的主力是一帮青年军,这个跨时代的理论突破靠的是年轻人。爱因斯坦 1905 年提出光量子假说的时候是 26 岁。玻尔 1913 年提出他的原子结构的时候是 28 岁。德布罗意 1923 年提出粒子波的时候是 31 岁。在后来的 1925 年,玻恩在格丁根大学时的量子力学理论班里,海森堡 24 岁,泡利 25 岁,狄拉克 23 岁,乌仑贝克 25 岁,古德施密特 23 岁,约尔当 23 岁,该班被人叫作玻恩的“量子幼儿园”,而那时作为前辈的玻恩和薛定谔也才分别为 43 岁和 36 岁。

这里面值得一提的是泡利的师弟海森堡。海森堡比泡利小一岁,是一个很特别的物理人才,他的物理直觉十分惊人,他的博士论文课题是湍流,但在论文中他并没有严格推导计算湍流,而直接给出了湍流解,虽然后来这

141

个解被林家翘严格证明，又被诺伊曼通过数值计算证实是完全正确的，但是海森堡只是靠直觉得出了这个答案，让人觉得匪夷所思，不过他的导师索末菲倒是颇为欣赏，给了他一个 A。海森堡的物理实验就差很多了，博士论文答辩的时候教实验物理的韦恩教授考了他

泡利和海森堡

一个很基础的问题：如何计算显微镜和望远镜的分辨率，结果把这个沉迷于理论物理世界的家伙给考倒了，完全不知道如何回答的海森堡只得了个 F，好在索末菲给的 A 可以平衡，不至于拿不到博士学位。泡利也非常欣赏海森堡的头脑，经常一起讨论问题，泡利曾经告诉海森堡他觉得相对论方面近期的进展是到头了，倒是原子物理方面倒是大有可为。结果这对双子星毕业之后先后去格丁根大学玻恩的"量子幼儿园"当助教，然后又都受邀去玻尔的哥本哈根大学物理研究所从事研究工作，一同加入了 20 世纪初最引人注目的量子力学群英会。

1922 年，泡利在格丁根大学任玻恩的助教时，就和玻恩联名就天体摄动理论在原子物理中的运用发表论文。玻尔应邀到格丁根大学讲学期间，和泡利在交谈中发现了这个年轻人的才华。当年，玻尔就邀请泡利到哥本哈根大学理论物理研究所从事一年的研究工作。在哥本哈根，泡利先是与克拉默斯共同研究了谱带理论，然后又专注于反常的塞曼效应，泡利根据朗德的研究成果，提出了朗德因子。

1923 年，泡利到汉堡大学任讲师。1925 年 1 月，泡利公布了一生中最重要的发现——泡利不相容原理，泡利的不相容原理可以这样表述：1 个原子中，任何 2 个轨道电子的 4 个量子数不能完全相同。不相容原理后来被称为量子力学的主要支柱之一，是自然界的基本定律，它使得当时所知的许多有关原子结构的知识变得条理化。在当时，不相容原理并没有立刻呈现出它

的价值,今天看来,这个原理看上去也只是量子力学的一个推论。实际上,这个原理的提出早于海森堡提出量子力学。不相容定律是泡利从观察到的大量光谱数据中,通过直觉和洞察力总结出来的,这个工作相当于当年开普勒在不知道行星运行定律的情况下,通过整理第谷的浩如烟海的星象数据,把行星运行轨道的三大定律总结出来,其难度可想而知。人们可以利用泡利引入的第四个、表示电子自旋的量子数,把各种元素的电子按壳层和支壳层排列起来,并根据元素性质主要取决于最外层的电子数(价电子数)这一理论,对门捷列夫元素周期律给以科学的解释,为原子物理的发展奠定了重要基础。

而到了1925年的晚些时候,跟着师兄脚步的海森堡,从格丁根转到哥本哈根,在玻恩和玻尔的指导下,海森堡完全放弃轨道等经典概念,只从可观测量出发建立了量子力学。1927年,海森堡更是提出了饱受争议的"测不准原理",从根本上动摇了经典物理学。对物理学家来说,那真是个日新月异,让人目不暇接的年代。

1925年泡利提出不相容原理时,年仅25岁,虽然当时不相容原理的重要性还未展现,可是泡利的才华却因此而得到社会的承认。1927年泡利作为年轻"激情"反叛的哥本哈根学派的中坚力量出席了著名的第五次索尔维会议,他举出大量实验例子,批驳了德布罗意关于粒子和波的不正确观点,让德布罗意不得不放弃;不过让他印象更深刻的恐怕还要数他作为观战者亲眼看见了爱因斯坦和玻尔的思想实验大论战,看到真正顶尖理论物理学家的巅峰对决,那会让任何一个物理学研究者都终身受益。

1928年,波利被任命为苏黎世联邦工学院教授,1935年,他为躲避纳粹的迫害前往美国讲学,并就此留在美国。1940年他应邀到美国普林斯顿高级研究所工作,他再次凭借超人的洞察力预言了中微子的存在,并获得普朗克奖章。他提出的不相容理论通过20年时间的验证,其正确性和它产生的广泛深远的影响终于得以确认,经由泡利心目中的物理国王爱因斯坦的提名,1945年泡利凭借这个理论的杰出贡献获得了诺贝尔物理学奖。

其实作为理论物理学家，泡利的贡献遍及当时物理学的各个领域：量子力学、量子场论、相对论。他大量的工作都出现在他和许多物理学家的通信当中，他在给约当信中给出了关于矩阵力学和波动力学的等价性证明，他在给海森堡的信件里首先提到了测不准原理，泡利也早就在通信中指出过狄拉克的泊松括号量子化的对易关系的表示方法。1958 年，年仅 58 岁的泡利就因病去世［比泡利大 21 岁的爱因斯坦(1879—1955)3 年前去世］，在病榻上，泡利遗憾自己一生中没有像这位心目中的偶像一样，独立做出伟大的工作成就，但是时也势也，了解了泡利光芒四射的一生之后，有谁敢自称比他做得更好呢？

3. 唇枪舌剑的泡利和他的师友们

泡利是理论物理学家这个比较沉闷的群体中，为数不多的几个有个性、不怕出风头的人物之一，大家以传播泡利的故事为乐，他也兴致勃勃地参与其中，为理论物理学家单调的学术生活增添了不少乐趣。除了他对物理界的各个大师出言不逊的种种轶事，最有名的应该是物理界流传的"泡利效应"——泡利出现在哪里，哪里的试验设备就会出岔子。有一次，他的朋友实验物理学家 J. 弗兰克(1925 年诺贝尔物理奖得主)位于格丁根大学的实验室里出现了一次事故，泡利不在场。弗兰克写信给泡利时调侃道，"泡利效应"终于失效了一次。泡利马上写信回嘴说，事发当时自己乘坐的从苏黎世到哥本哈根的火车却恰好在格丁根的站台上停留了一会儿！

泡利为"泡利效应"辩护，是因为据说"泡利效应"会保护泡利本人：有一次泡利去参加一个学术会议，准备会议的年轻物理学家们打算捉弄他，他们在会议厅的门上做了一个机关，只要泡利一推门就会发出爆炸声，到时候就可以看这个嘴硬的家伙的笑话了。结果那个机关居然在泡利进门的时候失灵了，"泡利效应"这次"拯救"了他自己。

"泡利效应"的名气如此之大，以至于泡利的朋友 O. 斯特恩(1954 年诺贝尔物理学奖得主)把这事儿当了真,由于担心"泡利效应"会破坏自己重要的实验,过度紧张的斯特恩干脆禁止泡利进入自己位于德国汉堡的实验室。

"泡利效应"的名气,还是来源于他的毒舌传说:泡利批评起人来六亲不认,加上他的闪电思维和伶牙俐齿,一般人真的是无从招架。他的好朋友荷兰物理学家 P.艾伦菲斯特曾给他取过一个外号,叫作"上帝的鞭子"(God's whip)。在他们第一次见面时,艾伦菲斯特说:"我喜欢你的物理胜过喜欢你本人。"对此泡利马上反击:"和你在一起,我的感觉恰好相反。"

有一次,泡利听了意大利物理学家塞格雷(1959 年诺贝尔物理学奖得主)的报告之后,发表感想:"我从来没有听过像你这么糟糕的报告。"比他小5 岁,熟知这位大哥脾气的塞格雷故意一言未发。泡利见他不搭话,就回身对同行的瑞士物理化学家布瑞斯彻说:"如果你来做报告,情况会更加糟糕。当然,你上次在苏黎世的开幕式报告除外。"这最后一句就算是泡利的夸奖了。

泡利的轶事有很多,甚至有很多以讹传讹,认为他是个狂妄自大、恃才傲物、谁都不服的人。其实那些故事很多只是出自他和同行们通信之时的诙谐玩笑而已。他的老师、朋友和同事认真说到泡利时,都十分喜爱他的性格:"泡利总是有与众不同的见解而且绝不轻易被别人说服,他好争论但绝不唯我独尊。当他验证了一个学术观点并得出正确结论后,不管这个观点是他自己的还是别人的,他都兴奋异常,如获至宝,而把争论时的面红耳赤忘得一干二净。"正是他这种在科学上的赤子之心,赢得了索末菲、玻尔以及爱因斯坦这些真正的理论物理学大师的厚爱。而对这些有真才实学的师长,泡利向来是持礼甚恭的。

他对索末菲一直毕恭毕敬,就好像换了一个人,从不会加以调侃。对爱因斯坦、玻尔等人,虽然敢于当面直言,甚至口

泡利和恩师索末菲

出不逊,但在私下和内心,一直对其保持着敬重,前面已经说过他对爱因斯坦的尊崇。在回忆自己的科学生涯时,泡利也一再表达对玻尔的敬意,他说:"我科学生涯的一个新阶段始于我第一次遇见尼尔斯·玻尔。"

而玻尔则这样评价自己曾经的这位爱将:"确实,每个人都渴望听到泡利永远很强烈和很幽默地表示出来的对于新发现和新想法的反应,以及他对新开辟的前景的爱与憎。即使暂时可能感到不愉快,我们也永远是从泡利的评论中获益匪浅;如果他感到必须改变自己的观点,他就极其庄重地当众承认,因此,当新

泡利和玻尔在玩陀螺

的发展受到他的赞赏时,那就是一种巨大的安慰。同时,当关于他的性格的那些轶事变成一种美谈时,他就越来越变成理论物理学界的一种良知了。"

4. 泡利的错误

像泡利这么牛的人会犯错误吗?还有人能指出他犯的错误吗?遗憾的是,在物理学的殿堂上,无论多么牛的大腕,牛顿也好,爱因斯坦也好,泡利也好,最终都被证明犯了不小的错误;奇妙的是,这些错误一点也不会掩盖他们的功绩,反而让物理学这所大厦能够通过不断突破,历久弥新。泡利是一个勇于承认错误的人,他承认自己在物理学上犯过错,而且犯过两次非常严重的错误。

泡利一生擅长争论,评论也往往一针见血,他曾经批评学生的论文:"连错误都算不上。"他对一篇文章最好的评价就是:"这文章几乎没有错。"他强大的气场轻易就把心理素质不够硬的对手弄得无法招架。但也正因为如

此,当他找不到智力可以与之匹敌的对手时,他就会沉浸在自己的思维之中找不到突破口,进而会错过重要的发现。而把这些发现挖掘出来的,反而是些智力不如他,口才更不如他的,但耐心和定力强过他的同行或者后生小辈。比如他的师弟海森堡和他相比就是一位不善言辞之人,经常被他骂成笨蛋,但海森堡却能在量子力学上比他更早做出重大的贡献。而让泡利深感遗憾的两大错误——电子自旋和

演算中的泡利

宇称不守恒的提出者都曾被他损了个够呛。

1925 年 1 月 16 日,泡利在论文《原子内的电子群与光谱的复杂结构》中,提出了"泡利不相容原理"。这一原理指出,在一个原子中不能有两个或更多的电子处在完全相同的状态。通过这一原理,可以解释原子内部的电子分布状况和元素的周期律,这是量子力学之前的原子论的最后一项杰出成就。后来进一步的研究表明,这个原理对于所有的基本粒子都适用,被公认为自然界的基本规律之一。

但是,有一个问题泡利并没有搞清楚,那就是为了完全确定一个电子所占据的定态,在描述原子中一个电子已有的 3 个量子数(自由度)外,泡利本人提出的第 4 个量子数,在经典物理学中没有相似的量与之对应。泡利说这个量子数是"一种经典方法无法描述的、电子的量子理论特性中的双值性",他根本就不想把自己基于量子的这个原理和经典概念再联系起来,他觉得那样就不够完美了。

这时年轻的美国物理学家克罗尼格在泡利手下做助手,他从模型的角度,提出可以认为电子在自转,那么这第 4 个量子数可以对应电子的角动量,他通过计算发现和已知的氢原子的数据是一致的。他马上告诉泡利,泡利

147

看后,马上指出这样电子的表面速度就会超过光速,从而与相对论不符,泡利对克罗尼格说:"你的想法的确很聪明,但是大自然并不喜欢。"克罗尼格被这么一打击,就放下了继续研究把这个想法写成论文的念头。

半年之后,艾伦菲斯特(就是和泡利斗嘴的那个荷兰物理学家)的两个学生乌伦贝克和 S. 高德斯密特产生了同样的想法,并写成了论文交给了艾伦菲斯特,艾伦菲斯特让他们再去向洛伦兹请教。一周后洛伦兹告诉两位年轻人,经过计算,如果电子自旋,那电子表面的速度将是光速的 10 倍! 这和泡利的直觉判断是一样的。两个年轻人颇受打击,觉得出了糗,把这个结果告诉了艾伦菲斯特。出乎他们意料之外的是艾伦菲斯特竟然已经将他们的文章投寄出去,马上就要发表了。艾伦菲斯特倒是相当淡定地安慰两个沮丧的弟子:"你们还非常的年轻,做点蠢事也没什么关系!"

没想到论文一经刊出,海森堡马上来信表示同意,并提出了利用自旋-轨道耦合作用的建议,爱因斯坦也提出了相对论方面的建议,玻尔也很赞赏这个工作成果,用"自旋"这样一个简单的力学概念就解决了困扰了物理学家们多年的光谱精细结构问题。1924 年,在哥本哈根研究所工作的英国物理学家托马斯引入了坐标系变换的相对论效应,解决了最后的困难,这样一来,物理学界很快就普遍接受了"电子自旋"的概念。泡利开头还反对运用力学模型进行思考,认为"一种新的邪说将被引入物理学",这时也不得不承认自旋的假设是有效的,他给玻尔写信说:"现在对我来说,只好完全投降了。"

泡利花了两年时间,用矩阵力学把电子自旋包括了进去,不久狄拉克建立的相对论量子力学中,很轻易地得出电子具有内禀角动量这个自由度了。一切在量子力学的框架下还是很完美。

泡利所犯的第二个广为人知的错误是弱相互作用的宇称不守恒。当他得知吴健雄在进行这个实验时很肯定地断言:做这个实验是浪费时间,他愿意押下任何数目的钱,来赌宇称一定是守恒的。而当吴健雄实验成功的消息传来,泡利开玩笑地说:"在最初的震惊过去后,我开始镇定下来。事情的发展的确很有戏剧性……幸亏没有真的打赌,否则我要输掉一大笔钱。现在只损失了一点名誉,好在我的名誉不小,损失一点没什么关系。"当时他还有一句非常经典的话:"我不相信上帝是个弱的左撇子!"这句话和爱因斯坦那句"我不相信上帝在掷骰子!"一样成了经典的错误。

在20世纪50年代,海森堡和泡利曾经合作提出过一种非线性旋

泡利和吴健雄

量理论,杨振宁称之为海森堡版的"统一场论"。但泡利后来不仅退出了合作,而且对海森堡进行了公开而尖刻的批评,在1958年夏天的日内瓦国际高能物理会议上,两人爆发激烈争论,杨振宁事后回忆说:"这是我从来没有见到过的,两个重要的物理学家当众这样不留情面地互相攻击。"而杨振宁不知道的是,同年秋天,泡利告诉海森堡:"你必须把这项工作推进下去,你总是有正确的直觉。"而此时,他已经被查出患上了胰腺癌,要到瑞士治疗。

在苏黎世红十字会医院住院时,泡利告诉来探病的助手恩兹:自己住的病房房号是137(泡利一直很感兴趣但始终没弄清楚的一个问题是精细结构常数 α,这是他的老师索末菲首先发现的,近似值是1/137,这个常数和很多自然量都有某种联系,但一直没有得到解释)。1958年12月15日,泡利在137号房间去世。泡利去世后,又有一个段子流传:泡利的灵魂升天后见到了上帝,上帝问他还有什么问题没有,泡利想了想就问上帝:"精细结构常数 α 到底是怎么回事,理论上要怎么推导呢?"上帝说:"这是我构造世界的秘密,不过我可以偷偷告诉你,这几张纸上就写着答案。"泡利接过上帝递过来的纸,打开一看,脱口而出:"Das ist Falsch!"(德语:这是假的!)

泡利的一生,就是这样作为伟大的质疑者而行走于人间,哪怕是上帝,也要接受他智慧的拷问,这样光明磊落的智者,根本就不会害怕被人发现自己的错误,恰好相反,他会如获至宝,大大地赞赏那位有本事能发现他错误的人呢。

149

悲情的爱国者
——天才德国物理学家海森堡

1. 书香世家翩翩佳公子

1901 年 12 月 5 日，维尔纳·海森堡出生于德国巴伐利亚州的小城维尔兹堡，哥哥埃尔文比他大一岁半。当时父亲奥古斯特·海森堡作为维尔茨堡高级中学教师，刚刚获得维尔茨堡大学希腊学的讲师资格，可谓双喜临门。外公尼古劳斯·韦克兰也是研究古希腊文化的专家，同时也是巴伐利亚州首府慕尼黑著名的马克西米利安高级文科

海森堡父子 3 人

中学的校长。1910 年，奥古斯特·海森堡获聘慕尼黑大学讲授中世纪及现代希腊语言学的终身教授，全家人也因此迁居慕尼黑。

1911 年，海森堡进入马克西米利安高级文科中学。当时外祖父不仅是这所知名学校的校长，还是知名的教育家，领导着巴伐利亚州教育委员会和科学学会。1912 年，德国王储路德维希（后来的国王路德维希三世）访问马克西米利安高级文科中学，海森堡为王室贵宾朗诵了他母亲专门写的欢迎

短诗，王储将自己的纯金袖扣送给了他，在多年之后，海森堡还为此感到非常骄傲。第一次世界大战爆发之后，海森堡的父亲应召入伍成为预备役上尉，指挥家乡小镇的防空武装，那时海森堡才12岁。海森堡从小在家庭中耳濡目染，在心中形成了很强的国家和荣誉的观念。

海森堡的父亲个性很强，教子颇严，鼓励两个孩子"在竞争中求上进"。他自己在事业上就非常拼搏，著作等身的同时，学术地位也是不断提升，这无疑是很好的家教方式，海森堡兄弟俩从小就在学业上激烈竞争，形成了良好的互动。中学老师对海森堡的评语是："这个孩子异常自信，总想超过别人。"海森堡有着非常敏感且执着的性格，加上天资过人，很快就在科学上脱颖而出，他还在钢琴方面有过人的天赋，如果不是科学迷住了他，他也许会成为一个室内音乐演奏家。

一战后期，德国陷入了物质匮乏的困境，16岁的海森堡为了可以吃饱饭，响应当局号召，参加了战时服务，到慕尼黑附近的一个农庄的制酪场工作了4个月。他后来回忆说，在农村学到了什么叫劳动，磨掉了知识分子的骄傲自大，去掉了对体力劳动的偏见。

1918年德国战败，一战结束。第一次世界大战的失败和君王的退位在德国引起革命骚动。这是德国近代史上极为混乱的时期。当时各派政治力量互相竞争，经历了大动荡、大分化、大改组的过程。海森堡的家族在政治上倾向社会民主党，希望有一个共和政体的国家，反对极端布尔什维克主义的苏维埃共和国。在这种背景下，17岁的海森堡加入了政府军的青年志愿兵，不过他最危险的经历只是和哥哥及朋友，一起徒步到封锁线外给断粮的家里找食物而已。

好在局势终于稳定了下来，久违的和平生活，让海森堡喜欢上了和"青年运动"的朋友们一起长途徒步旅行的活动。来自社会各个阶层的青年们结伴在山野森林里徒步漫游，露营，在篝火边畅谈自由、友谊、自然和科学，这很符合年轻人追求浪漫主义生活的特点。海森堡的沉稳性格得到了同龄人的喜爱和信赖，大家推举他做徒步旅行团的领队。在青年时期和朋友们结下的友谊和养成的徒步旅行的爱好，海森堡一生都保持着。海森堡反对在青年运动中掺杂政治因素，尤其反感宣扬日耳曼式效忠的民族主义，对建立强大德意志帝国的梦想也不感冒。海森堡支持的是建立民众学校，把艺术和文学推广到成人教育中去的文化运动。他主动到带有社会主义色彩的慕尼黑高级民众学校去给工人上天文课，给他们讲解莫扎特的歌剧，他觉得有责任对这些大部分刚从战争中归来的普通德国民众提供精神食粮，因为他们是他的同胞。

2. 量子时代的良师益友

海森堡的外祖父尼古劳斯·韦克兰是一位有着远见卓识的教育家。在当时的德国，虽然在正规教育中基督教伦理学所注重的希腊文、拉丁文还占有过高的比重，但随着工业化的迅猛发展和进步，社会实际需要给了教育改革强大的推动力。韦克兰校长为马克西米利安高级文科中学配备了最齐全的理科教学设备，把这所"文科"高中建成了当时慕尼黑最现代化的中学。由于当时理科老师不多，因此同一个老师可能需要教 9 个年级的学生。这样，一个早熟的低年级学生，反而可以更早地接触到更深的科学知识。求知欲旺盛的海森堡得益于此，再加上父亲总是鼓励他去和高一个年级的哥哥竞争，他在数学上的学习早就超过了中学数学大纲的要求，自学了微积分和数论，又读了爱因斯坦的《狭义与广义相对论浅说》和赫尔曼·魏尔的《空间·时间·物质》。1920 年海森堡以优异的成绩通过了中学毕业考试，并得到了马克西米利安基金会的奖学金，他决定到父亲任教的慕尼黑大学深造。

海森堡在中学时对理论数学和数论非常感兴趣，父亲介绍他去见了慕尼黑大学当时最著名的数学教授林德曼，但当林德曼知道海森堡对爱因斯坦的相对论著作感兴趣时，这位老先生直截了当地告诉这个走向"叛逆"之路的年轻人，"学数学你是没指望了"。

在父亲的建议下，海森堡决定转向物理学，师从慕尼黑大学的理论物理学教授索末菲。索末菲十分欣赏海森堡敏捷的思维和出众的才华，欣然同意让他直接参加由优秀生和博士生组成的研讨班，这位善于循循善诱的导师鼓励海森堡带着问题，在讨论、争论中不断面对挑战，从而不断提高自己。他对海森堡说："我们将会看到你可能知道些什么，即使你什么都不知道也没有关系。"

虽然当时德国战败陷入不景气之中，慕尼黑大学却人才济济，资金充足。著名的 X 射线发现者威廉·伦琴是慕尼黑大学物理研究所的前任所长，接替他的威尔海姆·维恩是索末菲的表兄，同时也是发现支配热辐射的维恩定律的 1911 年诺贝尔奖的得主。而索末菲则创建了理

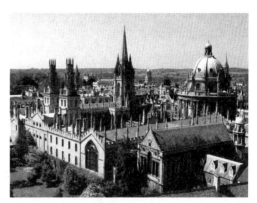

慕尼黑大学

论物理学研究所，该研究所很快成为国际上在相对论和量子论研究方面领先的研究中心，索末菲即被誉为"慕尼黑学派的创始人"，马克斯·冯·劳厄在他的领导下因 X 射线的晶体衍射研究，获得了 1912 年的诺贝尔奖。索末菲是位知识非常渊博的理论物理学家，他教授的课程既有理论力学、统计热力学与电动学这种经典物理学，又有相对论与量子论这种非经典物理学，他的教材《原子结构与光谱线》成了当时原子物理学的"圣经"。索末菲每个学期都会有一次特别的讲座，专讲自己正在研究但没搞清楚的课题，激发自己的学生挑战未知的难题，他告诉学生："如果什么都知道，那么还有什么意思呢？"而负责直接指导海森堡的则是泡利，泡利和性格温良的海森堡比起来，更是锋芒毕露，海森堡后来回忆泡利时说："他极其尖锐，我不知多少次地挨过他的骂，但那对我却是很好的鞭策。"这段师兄弟情谊海森堡和泡利保持了一生，他们之间直率的讨论和互相批评是外人很难理解的，30 年之后，就

在泡利被发现患癌症的那一年，他们还在学术会议上吵得不亦乐乎，吓坏了一旁的杨振宁。

1922 年 6 月，索末菲带着得意门生海森堡一起到格丁根大学参加"尼尔斯·玻尔节"科学讲座。"玻尔节"聚集了欧洲的原子物理学的重要人物：玻尔、玻恩、弗朗克、洪德、约当、泡利、艾伦菲斯特、朗道、克拉莫斯等 100 多个学者，让海森堡大长见识。这 100 多位学者主要来自 3 个科学共同体——哥本哈根学派、慕尼黑学派和格丁根学派，每个学派内部的思想交流都很充分，专业上判断一致；而不同学派之间，由于他们的知识背景不同，思考问题的习惯方式也各不相同。

尼尔斯·玻尔是哥本哈根派的领军人物，他取得的那些成果更多地凭借他在物理学上的直觉、灵感与洞察力，并依靠大量的实验资料及时检验与校正他的物理直觉，而不是依赖复杂的数学计算与逻辑推理；以索末菲为代表的慕尼黑学派主要关心玻尔理论在光谱学中的实用价值，追求的是用含有高超数学技巧的"量子技术"发展量子光谱学。因此玻尔被称为"量子哲学家"，而索末菲则是"量子工程师"；格丁根学派则以拥有一大批杰出的数学人才而闻名，早在 19 世纪中叶，一种数学和物理学相结合的伟大传统在格丁根就已经建立起来了，它曾经拥有黎曼、高斯、克莱因、希尔伯特等几代大师，而希尔伯特当时曾经有这样的名言，"物理学对于物理学家来说是太困难了"，"毕竟只有数学家真正能够把难题（理论物理学的）彻底解决"。而正是在希尔伯特的支持下，玻恩依靠格丁根大学强而有力的物理学传统，把格丁根大学理论物理研究所发展成为新的原子物理中心。玻恩是量子物理格丁根派的领袖，曾经是爱因斯坦的数学老师闵可夫斯基的助理，闵可夫斯基英年早逝后，玻恩延续了他关于相对论和电动力学的工作，成为相对论专家，并在实验物理学家鲍尔和弗朗克的帮助下，继承并发扬了格丁根的数学-物理传统，让格丁根这个偏远的德国北方小城成为欧洲学子特别是物理学子们向往的圣地。

让海森堡终生难忘的是，在这次学术盛会上他得到了玻尔大师耳提面命的启迪,从而改变了他的学术之路。事情的起因是在玻尔节的第三次演讲后的讨论时间里,海森堡站起来质疑玻尔的助手对于光谱线在电场中分裂的计算。在慕尼黑大学索末菲的讨论班上,海森堡曾经对此做过研究,对氦原子的实验室数据和光谱资料十分了解。海森堡直率的批评让会场一片寂静,玻尔从这位不怕权威的初生牛犊身上看到了真正的潜能,他邀请这位年轻人和他下午一起到附近的海因山散步。多年以后,海森堡回忆往事,称那个下午是他“科学生涯的真正开始”。

在海因山上,玻尔一边和海森堡俯瞰美丽的格丁根大学城,一边畅谈原子理论的历史和自己的领悟。玻尔告诉海森堡,虽然通常人们把原子描述为一个微型的太阳系,但那只是一个便于教学的模型,真正值得注意的是物质原子奇特的稳定性,每一种物质都有自己的特征光谱,牛顿的经典物理是无法解释这种稳定性的。而他自己因为老师卢瑟福的帮助,在曼彻斯特实验室工作时得以经常和实验物理学家以及化学家接触,眼界大开,启发自己更深入地考虑理论问题和哲学问题:先前的经典物理学家都相信物理现象有严格的因果律,喜欢采用“还原主义”的方法,试图把新的有待解释的现象还原为已知的现象和规律。但是玻尔相信,在原子物理学中,经典力学中的各种旧的概念都不再适用,原子物理学家需要新的物理语言来阐述原子结构。玻尔物理思想中的这种哲学倾向给了年轻的海森堡深刻的印象,使得从小接受古希腊文化熏陶的海森堡十分心仪。玻尔又结合亲身体验,向海森堡预示了量子理论的光明前景,玻尔认为尽管量子理论与经典力学对立,但越来越多的新实验正在揭示原子物理奇妙的量子特性,玻尔希望量子论的发展可以清晰描绘出全新的原子力学,这条路任重道远,他鼓励海森堡加入进来,一起进行这项“充满希望的未来和新奇的可能性”的工作。谈话中,海森堡介绍了索末菲在玻尔的量子理论上发展出来的“量子技术”和量子光谱学,他告诉玻尔自己为解决反常塞曼效应问题提出了半整数、半角动量等概念,玻尔虽然不同意,但只是说“要验证这一假说是很困难的”,玻尔特别指出海森堡的理论除了在实验上需要可检验性(证实或证伪),通过技术推导出符合实验的结果之外，这个理论还需要可以被广泛理解的框架来达成完备性。最后，玻尔热忱欢迎海森堡在适当的时候到哥本哈根当访问学者，合作研究一些新课题。这次谈话让海森堡深受鼓舞，他预感到自己的学术未来会和原子物理学的量子理论紧密地结合在一起，前途将是一片光明。

费米、海森堡和泡利

当时在格丁根做玻恩助教的泡利打算接受玻尔的邀请去哥本哈根做访问学者，正好海森堡的导师索末菲应邀到美国出访一年，泡利于是推荐海森堡接替他的位置到格丁根大学游学，玻恩也注意到海森堡的确是一株好苗子，和索末菲商量之后，大家都同意了这个安排，负责任的索末菲特地给海森堡留了两个高难度的研究课题：湍流初始状态和半整数氢模型，让他可以同时完成慕尼黑大学的博士论文答辩课题。

就这样，这个夏天，海森堡找到了影响其一生的学术方向，成为继泡利之后量子力学三大流派的通晓者和继承者，索末菲用工具主义这种技术流的方法带领海森堡入门，让他了解量子理论在实际应用中如何发挥作用，解释实验现象，同时鼓励他不受技术约束大胆打破常规（海森堡称之为乐观主义）；而玻尔开拓了海森堡的眼界，向他展示了物理直觉、灵感和洞察力是如何在构造理论时起到关键的作用，使物理超越数学工具而具有实质内容；而格丁根的玻恩这位"量子数学家"将教会海森堡掌握数学的严格性与逻辑的一致性，把物理直觉用数学这种科学通用语言翻译给全世界的物理学家。

3. 失之东隅,收之桑榆

海森堡在1922年10月来到格丁根,这个"数学王国"的特殊氛围吸引了一大批欧洲学子,数学与物理学是格丁根最受欢迎的学科,数学家和实验物理学家经常举行各种联合讲座和科学讨论会,而讨论会的口号是"可以提而且欢迎提愚蠢的问题!"泡利那种不留情面地打断报告人的谈话直截了当的批评,在格丁

格丁根大学

根是司空见惯。而玻恩则对奥本海默的尖锐和他直指要害的批评感到紧张。不过正是这种自由争鸣的气氛为学术繁荣和科学团体的健康成长提供了最为合适的条件。海森堡在这些讨论会上不光表现出令人赞叹的才能和对科学的热情,他的好脾气更是得到了所有人的喜爱。

在玻尔节上,为了使玻尔模型获得逻辑上的一致性,"量子哲学家"玻尔提倡运用微扰方法,他认为电子绕核运动同时受原子核和其他电子影响,和天文学上的摄动问题相类似,但这只是玻尔靠直觉类比得到的模糊想法,他不能确切地证明。擅长公理化的玻恩则在对晶格的研究中熟悉了微扰方法,具有数学和逻辑双重优势的"量子数学家"计划通过类比借用行星天文学的方法和牛顿的经典力学技巧,将太阳系模型与原子模型类比,将微扰(摄动)方法应用于原子模型,但格丁根人对数学的偏好使他们对物理学实质性的内容不能很好领会,无法进一步突破。机缘巧合下,玻恩和擅长建构物理-数学模型的"量子工程师"索末菲的两位大弟子泡利和海森堡先后合作,让这两位得到三位大师耳提面命的年轻人能够充分吸收前辈们精髓的

157

思想养分，既可以集三大门派所长，又能跨域三大门派的局限，做出突破性的贡献。

最初，海森堡在玻恩的指导下，采用玻尔的方式，用经典力学加量子条件，计算多电子原子系统的定态或激发态能量，但与光谱资料有很大出入，他们的微扰方法和原子行星力学失败了。玻恩与海森堡进行了严格正统的氦计算，但海森堡发现"当时所有的氦模型和原子物理理论都是错的！"他产生了信念危机。不光是他，整个量子研究都走向了"量子危机"。

祸不单行，在这个时候，海森堡在母校慕尼黑大学进行博士论文答辩的时候遭遇了一次"走麦城"。海森堡博士论文答辩的题目是"研究流体的稳定性以及为湍流复杂的方程求解"。这个问题是德国伊萨尔河航运公司为了解决航道中水流从平流到湍流的过渡问题，特地赞助索末菲的流体力学课题，这也充分体现了索末菲和现实相结合的研究风格。而当时美国工程师、空气动力学家雷诺，在能量守恒的基础上发现了一个控制平流向湍流过渡的重要常数——雷诺数。海森堡采用了在玻尔和玻恩那里学到的类比方法，结合索末菲新教给他的偏微分方程，通过对雷诺数的讨论得到了湍流解，这是单纯的物理学家和数学家无法做到的，虽然海森堡无法给出严格的数学推导，但却和10年前索末菲的学生崔普夫用实验得出的数据是一致的，21年后湍流解的这个问题被华人应用数学家林家翘在博士论文中通过证明一类微分方程中的存在定理解决了。但能在当时数学工具还不够发达的情况下猜出正确答案，不能不说是海森堡的物理天赋发挥了很大作用。

索末菲对海森堡开创性的学术成果十分赞赏，后来还写信给老海森堡称赞老同事的儿子，"你的家庭出了一位物理学与数学奇才"。不过答辩委员会有4位考官，除了索末菲，还有数学教授潘隆、天文学教授西里格和实验物理大师维恩。在答辩中海森堡轻松答出了索末菲的理论物理学问题和潘隆的数学问题，但是从西里格的天文学开始就有点磕磕巴巴，到了维恩这里，海森堡基本傻眼了。原来海森堡和他的师兄泡利一样，也是个实验克星，属于在索末菲羽翼下受到保护的偏科十分严重的学生。维恩的问题是法布里-帕罗干涉仪的原理,这个问题其实不算难,现在也就是大学二年级的光学实验题目,不过一直沉浸在原子物理学里的海森堡显然根本没听过维恩的实验物理讲座,他答不上来。不高兴的维恩问他望远镜、显微镜的分辨率如何计算?海森堡还是不知道,维恩干脆问了一个中学物理问题:蓄电池的工作原理是什么?被问傻了的海森堡头脑一片空白,恐怕他一辈子也没有经历过这么糟糕的考试。结果索末菲和潘隆给了一等,西里格给了二等,维恩给了四等即最差,海森堡大受打击,连博士生毕业晚会也没有参加就灰心地回了格丁根。

不过,了解海森堡才华的玻恩不以为意,他和索末菲早就说好等海森堡通过博士答辩后去他那里工作,他安慰海森堡说维恩的考题对于一个原子物理学家来说太刁钻了。这个安慰算是雪中送炭,不然海森堡的心理真要崩溃不可,一向骄傲的海森堡还没有遭受过这样的"滑铁卢"呢。不过也难怪他,当时他全部的兴趣和精力都投入在量子理论和理论物理上面,不知道望远镜和显微镜的分辨率如何计算,又有什么关系呢?

玻恩后来说,量子力学的发展途径是一条纠缠不清、错综复杂的羊肠小道。虽然索末菲在量子光谱学上功绩卓著,但是他的思想也因此被束缚,他相信,只要附加量子条件,经典力学在原子领域还是基本适用的。玻恩与海森堡对玻尔-索末菲旧量子论的正确性与可靠性产生怀疑,他们更先进的量子论观点担当了"量子革命"先锋队的角色,他们觉得可以发展出一套完整的、逻辑上能自洽、数学上更严密的公理化的新量子论——一个完全脱离经典力学的量子力学。

1924 年 3 月,玻尔在学年假期期间,邀请海森堡到哥本哈根去当一个月的访问学者。能直接在量子哲学大师身边工作一段时间,让海森堡感到非常愉快。他一直认为,"玻尔是唯一能从哲学意义上理解物理学中重要问题的人"。

这时玻尔正和助手克拉默斯、美国学者斯拉特一起进行 BKS 理论的研究,这个以 3 人名字命名的理论受虚振子和虚辐射场的概念影响而提出。对于虚场而言,物质与电磁辐射的相互作用中,动量和能量的守恒定律只有在取平均时才成立,而在吸收或发射的微小元过程中守恒定律不成立。这个理论怀疑能量守恒,是十分大胆和创新的想法,但是在几个月内就被实验物理学家盖革和波特的实验证伪了:单个原子相互作用中,能量和动量是严格守恒的。BKS理论在短暂的生命中向人们提出了启发性的思想并引发了新实验,为色散问题提供了新思路,最重要的是,原子的虚振子概念与玻尔的对应原理效果一致。

和泡利对BKS的彻头彻尾的批判态度不同,克拉默斯没有轻易放弃,他推进了这个工作,并得到了相干色散公式,又称"克拉默斯公式"。海森堡和玻恩也联手加入进来,用微扰方法与数学对应原理的结合也导出了色散公式,这一成果后来被克拉默斯称为"BKS理论的皇冠"。在有关色散理论的工作中,海森堡采用经典的格丁根方式,也就是完全的数学手段来解决问题,不再像玻尔和克拉默斯那样时刻依赖于物理对比,他的"对应关系"仅仅是数学性的振子与谐波的符号对应,伟大的玻尔反复思量,最终认可了海森堡迈出的这重要的一步,他让克拉默斯按照海森堡的思路撰写关于色散的论文,并和海森堡联合署名发表。海森堡后来回顾说:"摆脱直观模型的必要性在这里第一次被强调和宣明,这是今后一切工作的指导原则。"海森堡之所以紧接着能在量子力学方面取得突破性进展,获得革命性的成果,他主要依靠的是两件武器:对应原理和可观察量原则。而在这一工作中,这两件法宝都初露锋芒。

1925年,泡利发表了"泡利不相容原理",基于他和马赫的渊源,他从小就相信被称为"马赫原理"的可观察量原则,并且早在1919年就撰文尖锐批评魏尔的观点。玻恩也指出原子在时空中的力学模型并不具有任何物理真实性,实验只能测出定态能量、光谱级的频率与强度,而测不出电子的位置速度和瞬间相位。泡利开始对哥本哈根旧量子论和原子模型的轨道力学进行毫不容情的批评,称之为"空洞的、无意义的虚构",以至于错过了"电子自旋"的发现——泡利十分排斥让自旋这么简单的经典力学概念跑到他的新量子理论中去。而海森堡则是这条"上帝的鞭子"的真正受益者,他放弃了对直观模型的依赖,完全倒向了可观察观念。

1925年5月,海森堡患了严重的"花粉热",他对花粉过敏,脸肿得像被人狠揍了一顿,他不得不请了两周病假,到德国北部海边的赫尔兰岛去疗养。他住在岩岛的南边,看到的只有大海、沙滩和岩石。在壮丽的大海面前,一向喜欢自然景象的海森堡每天独自长时间散步和游泳,剩下的时间就用来思考他的量子力学。他的研究进度非常快,在这个时期他有了3个阶段性的突破:①他利用原子的虚振子发射辐射的可观察特性,把经典的空间-时间运动方程转换为量子力学中对应的非经典公式;②他把可观察性原则设定为建构量子理论的基本假设;③他发明了"量子乘法"来取代直观模型中的力学轨道。终于在赫尔兰岛上一个寂静的深夜里,那个关键性的灵感降临了:能量守恒要求总能量保持常数,这样通过量子乘法就可以导出原子各种定态的能量。他开始尝试和计算,到凌晨3点,终于把所有的计算结果做了出来,各项都满足能量守恒原理,他发明的量子力学具有数学上的连贯性和一致性,通过测试数据所表现的原子现象,看到了大自然中原子完美的数学结构,欣喜若狂的海森堡无法入睡,在拂晓时分攀上了岛南端一块巨大的岩石,在那里等待太阳的升起。

1925年6月,海森堡回到格丁根,把自己的突破性发现写成了划时代的论文《关于运动学和力学关系的量子论转译》,这篇论文开宗明义,讨论如何把经典力学方程转换成量子力学的运动方程。海森堡采取宽容的多元主义的态度,改写玻尔-索末菲的量子条件,并加以规范化,提出了"用傅立叶振幅表示跃迁概率"的物理思想和不遵守交换律的量子乘法(现称"海森堡对易关系")的数学思想。不过这个时候,这两个思想的真实含义和意义连海森堡自己也不太清楚,他请泡利和玻恩帮他审议这篇《转译》,以便确定是否值得发表,然后他就应邀出国访问去了。

玻恩细看这篇论文时,一下子就被海森堡那奇异的量子乘法规则吸引住了,他敏锐地意识到这就是海森堡发现的关键,同时他又觉得似曾相识,冥冥之中他觉得这对自己多年苦心研究的量子力学将具有特别的意义,他想了一周,终于领悟到海森堡的量子乘法就是矩阵运算,海森堡没有学过线性代数,他根据需要自己发明了一套矩阵运算符号,并命名为"量子乘法",这次他再次天才地发挥了他的物理直觉。玻恩立刻发表了海森堡的论文,并马上着手用严格的数学把海森堡的量子乘法重新表述为矩阵力学的基本方程。他引入了普朗克常数,建立了新的对易关系,开创了矩阵力学的第二块基石。玻恩把这个工作成果当作自己毕生的骄傲和杰作,并把这个新对易关系的公式刻在了自己的墓碑上面。

4. 战争中的物理学家

就在海森堡和自己的师友们在量子的海洋中畅游的时候,德国的社会政治发生了由暗流涌动到滔天巨浪的转变,纳粹祭起在欧洲由来已久的反犹太旗,除了要把犹太人赶出德国,还要对付"白色犹太人"——那些精神上接受犹太人思想和同情犹太人的德国人。由索末菲、玻恩和玻尔建立的慕尼黑大学、格丁根大学和哥本哈根大学这

1941 年海森堡夫妇访问哥本哈根

个铁三角组成的"物理学家国际大家庭"在政治风潮面前逐渐土崩瓦解,由菲利普·勒纳发明的"德意志物理学"借由经典物理学成为每个物理学家头上的乌云,竭力排斥现代物理学并斥之为异端。而相对论和量子力学则更是被冠以"犹太物理学"之名,大批犹太裔物理学家被迫流亡。1933 年 11 月,刚得到诺贝尔奖的海森堡由于拒绝和纳粹合作,也受到了人身攻击。在流亡的建议面前,海森堡选择留下。因为牵挂心中永远不能放下的家人和

朋友,他无法抛下他们独善其身。乐观主义也好,现实主义也好,他要在风波动荡的现世竭尽所能为他们建造一个避难所,这也是他在 1938 年战争爆发前夕,硬是乘坐最后一条船从美国回到德国这个危险的政治漩涡之中的主要原因。他没想到的是,留在德国的种种不得已而为之的经历,让他在指责面前百口莫辩。

1938 年 12 月德国化学家O. 哈恩和 F. 斯特拉斯曼发现了铀裂变。这一发现使得原子能的开发和利用成为可能。1939 年 9月二次世界大战在欧洲爆发,德国军械局把利用铀裂变制造核武器的研究立项,招募海森堡来领

德国的铀俱乐部

导这个项目,海森堡把昔日同事和好友悉数招致幕下,旨在把德国科学家在这场不知何时结束的浩劫中保护起来,他要为自己心目中的那个德国做力所能及的事情。但是科学家的秉性还是让他们兢兢业业地进行着自己的工作,海森堡首先在理论上分析了"铀裂变机器"的工作原理,然后和他在莱比锡的同事进行了实验研究。1942 年春天他们相当肯定地得出结论,建立以天然铀为燃料和以碳棒或重水为缓冲剂的核反应堆是现实可行的。但他们知道制造铀弹的费用和时间都非常浩大,至少要延续数年,耗费几十亿帝国马克的开支。海森堡相信那时无论如何战争都会结束,他的建议是建造核反应堆,从而维持科学家团体的生存。

到了 1942 年,纳粹军械局将上述铀裂变项目转交民用部门负责。海森堡被任命为凯萨-威海姆物理研究所所长兼柏林大学教授,计划在柏林进行核武器的具体研制和大规模实验。由于战争条件的限制,该计划直到 1945年初才在德国南部小城海格劳赫实施。

1940 年丹麦被德军占领。玻尔虽然有 50% 犹太血统,却对保存丹麦的文化和科学抱有幻想,希望"只要还有一丝可能,就要留在丹麦"。为了彰显

163

德国庇护下的所谓"民主和自由"，德国人也暂时没有侵犯丹麦的 7 000 犹太人，还允许海森堡等德国学者去访问讲学。内心怀有秘密和重负的海森堡，费尽心机争取机会，前去探访这位曾经亲切和景仰得如同父亲的恩师。他希望为老师提供保护，同时也希望得到恩师的理解，为残酷的局势做一些挽救。但是欧洲严酷的政治空气和叛国罪的利剑悬在头顶，无论是海森堡和玻尔都不能毫无顾忌地进行交流了，他们现在是两个敌对交战国家的公民，无论多么谦卑，学生都是以征服者身份出现在老师被侵略的国土上，尽管海森堡一再隐晦地表示，尽管德国人知道了建造原子弹的可能性，但是他代表的德国科学家无力也没有愿望制造它。但作为一个刚被纳粹的武力恐吓征服的有着犹太血统的弱国公民，玻尔考虑的则是海森堡一再拒绝了美国的挽留而回到德国，他对德国的感情就和自己对丹麦一样。玻尔深知自己的命运不允许在这种情况下，对任何一个以占领者姿态出现的德国人抱有任何幻想，他甚至认为海森堡隐晦的态度表明海森堡觉得希特勒会取得战争的胜利，现在是来向他劝降，要求他也一起为纳粹制造原子弹。玻尔少见地发火了，他委婉但坚定地表示：在战争中一个人要把他所有的才能和力量倾注给他的国家，这既可以认为是对海森堡立场的理解，更是对自己爱国立场的郑重声明，师徒二人不欢而散。

两年后，德国要求丹麦政府处死抵抗运动成员的要求被拒绝，遂全面进攻丹麦军队，宣布丹麦实行战时法令，丹麦被全面占领。一贯不合作的玻尔在被逮捕前夕逃出了丹麦，辗转瑞典来到英国，途中因为搭乘军用飞机在高空没有使用氧气面罩缺氧昏迷，差点丧命。到了英国之后，他才知道1939年爱因斯坦已经会见并说服美国总统罗斯福，请求美国立即研制原子弹，全力对抗纳粹德国，这就是著名的"曼哈顿计划"的起因。玻尔随后与儿子阿格·玻尔一起来到美国洛斯阿拉莫斯，成为"曼哈顿计划"的观察员。在美国的流亡者十分痛恨留在德国的为德国的铀计划服务的那些原子科学家，马克思·玻恩在给爱因斯坦的信中写道："绝大多数科学家与纳粹分子同流合污、相互勾结，甚至海森堡也全力以赴地去为这些罪人工作。"玻尔和玻恩这两位恩师和海森堡的关系再没有恢复。

在欧洲战事即将结束时,一个美国特别分队逮捕了海森堡和其他9位德国原子物理学家,在这个特别分队里负责收集德国原子弹情报的原子专家正是当年发现电子自旋的荷兰物理学家古德施密特。这些德国科学家被拘留在英国将近一年,接受盟军的秘密审讯。在条件优厚的拘留所里,海森堡等人获悉了日本广岛和长崎被美军原子弹摧毁的消息,第二次世界大战以核武器的研制成功和毁灭性使用后果而告终。被拘禁的德国科学家们为此发生争论,拥有核武器到底是会更好地保护自己国家的和平,还是会给人类带来更加深重的灾难和沉重的道德负担,这也是原子时代所有人的宿命议题。

得知原子弹在广岛被投下时,和海森堡一起被盟军关押的发现核裂变的哈恩懊恼得想要自杀,担心他的海森堡和弗里德里希进行了一番长谈,海森堡把这番谈话记录在自己的文章《科学家的责任》中,这既是海森堡的反思和自省,但同时也是科学家的自白辩护词,让人只能为陷入战争中的科学家慨叹。所有人都是人类战争的牺牲品,即使是毕生追求理性和真理的科学家也不例外,无论在研究和探索自然方面表现出多么杰出的能力,在面对人类自相残杀的疯狂面前,科学家也和普通人一样无能为力。人类除了科学,还需要更多的理性。

实验和理论的全才

——"文武双全"的核物理学家费米

1. 意大利的少年天才

1901 年 9 月 29 日,恩里克·费米诞生于意大利罗马的一个普通工薪家庭。费米的爸爸没什么学历,靠勤奋当上了铁路局的段长,妈妈是严于律己的小学教师。费米是家中的老三,他还有一个哥哥和一个姐姐。费米小时候,父母都要工作无法照顾他,他被交给乡下的奶妈哺乳,直到两岁多才回到罗马的家中。刚回到家时,费米一直哭个不停,妈妈很认真地告诉他:"在这个家里,小孩子不许调皮。"费米就此止住了哭声,从此再也没有闹过脾气。费米家的条件相当艰苦,他们住在火车站附近的旧房子里,既没有热水也没有暖气,三姐弟冬天只能用冷水洗澡。妈妈很重视责任感和正直的品质,不过这些都与她对家庭的热爱结合在一起;她的爱对家庭具有一种和谐的影响,家庭成员之间非常和睦。费米的哥哥比他大 1

鲜花广场上的布鲁诺像

岁,从小活泼可爱,天资聪明,和费米十分要好,却不幸在 15 岁时生病去世了。目睹了生命的脆弱,费米试图摆脱忧伤,而办法是读书,他成了罗马的旧书市场——鲜花广场的常客。1600 年时布鲁诺就是在这里被施以火刑,而 1889 年人们则在这里为他修建了纪念碑。在纪念碑下的书摊上,费米找到了一本耶稣会卡拉法神父在 1840 年出版的《物理数学基础》,书里介绍了行星的运动、波的传播和海洋的潮汐,这些有趣的知识让费米入迷,以至于都没有注意到这本书是用艰深的拉丁文写的。

费米很早就学会了阅读和写字,他的记忆力很惊人,对抽象问题的理解也难不倒他。他是那种天才型的小孩,很早就表现出成人一样的思维能力,说话十分简洁,甚至写作文也和写论文一样要点明确没有修辞,不过这在重视口才和文学修辞的意大利可不常见,他的小学老师和妈妈都曾经怀疑过他的智力。

上了中学之后,费米遇到了一个对他影响至深的人,爸爸的同事——工程师阿米达。阿米达是个数学和物理爱好者,费米喜欢问他各种科学问题。阿米达发现,费米不费力地自学了《射影几何学》,并且独自完成所有的习题和证明,于是他开始系统地按知识的深浅向费米提供自己的科学书籍,让费米可以循序渐进地奠定数学和物理的基础。费米在 4 年时间里读完了一系列科学名著,从平面几何、球面几何、代数分析和微积分,到理论力学和矢量分析。当时德国是世界物理学研究的中心,在阿米达的建议下,费米自学了德语以便直接阅读德语版的物理学名著。到 17 岁高中毕业时,费米已经读过大量的物理学名著,成为一名物理学家的想法在他心里扎下根来。

1918 年,17 岁的费米提前一年高中毕业,报考比萨大学的皇家高等师范学院。皇家高等师范学院是隶属于比萨大学的精英学院,学院的目标是培养高级人才、促进高级研究,招生极其严格公正,是意大利优秀人才的培养基地。费米入学考试的作文题目是《声音的特征》,费米在作文中给出了震动杆的偏微分方程,算出了本征函数和本征值,以及函数的傅立叶级数展开公式。这份至今还保存在学校的档案中的答卷，达到了博士生入学水平，让主考官比皮塔莱利教授大感惊奇，他预言费米一定会有一个光辉的未来。

当时在意大利，理论物理学还没有发展成专门学科，物理学家研究的都是实验物理，接近理论物理和力学理论的课题都是由数学家作为应用数学在研究，最新的相对论和量子理论在意大利根本无人问津。而自学能力极强的费米，在大二的时候就接触到了爱因斯坦的相对论和玻尔–索末菲的原子光谱理

比萨高等师范学院

论，并且随时关注着科学杂志上物理研究前沿的最新动态。费米的大学物理老师普钱蒂教授很快就发现自己没有什么东西可以教给这个学生，反而需要向费米请教理论物理学，他盛赞 19 岁的费米已经是个头脑清晰的思想家。应普钱蒂之邀，费米还真的给自己的老师们办了几次关于相对论和量子理论的讲座。

到 1920 年，费米已经学完了所有研究生的课程，进入物理实验室开始了自己的博士课题。普钱蒂教授给了费米领头的研究生小组最大的权限，他们拥有实验室、图书馆和仪器室的钥匙，可以自由行动，当然，这同样得益于他们是战后第一批学生，而费米的水平也足以成为领导者。费米通过阅读文献，认为 X 射线是研究光谱学最好的入手处，很快，他的小组就开始自制真空管等试验设备，得到了好几种元素的 K 辐射。

费米拿到博士学位后回到罗马，遇到了他的伯乐——老一辈的物理学家柯比诺。此时的柯比诺身兼公共教育部长和参议员的双重职务，投身行政和政治活动已经有相当长时间，但对学术研究始终念念不忘，除了怀念宁静却充满激情的科学研究生活之外，还怀有一个宏伟的梦想，期望可以恢复

168

达·芬奇和伽利略所代表的文艺复兴时期的意大利科学传统的辉煌,建立可以媲美哥本哈根、格丁根的意大利物理学派。正在寻找领军人选的柯比诺对年轻有为的费米十分欣赏,费米也对这位思维敏捷、善于抓住事物实质、对世界物理最新发展一直关注的老科学家倍感尊敬,两人一见如故,费米成了编外讲师和柯比诺的助教。1922 年底,柯比诺帮助费米申请到了意大利公共教育部的博士后研究经费,费米前往德国格丁根大学跟随玻恩学习了一年。虽然费米不太习惯格丁根的理论研究气氛,他还是在一年内写出了 14 篇专业论文。回到罗马,费米因为在格丁根写的一篇关于统计力学的论文,引起了荷兰著名物理学家艾伦菲斯特的注意。1924 年 9 月,艾伦菲斯特帮费米争取到洛克菲勒奖学金,邀请他到莱顿大学短期进修。在莱顿短短 3 个月的时间里,艾伦菲斯特和索末菲一起把费米介绍给许多知名的物理学家。费米在莱顿研究所里也找到了适合自己的研究方向:统计力学和光谱学。费米在前辈们的帮助下,从一个物理爱好者成长为一个成熟的物理学家。

费米基本上靠自学的成长经历,让他形成了特有的研究方式:他总是试图把复杂的现象简单化,然后合理地提出突破性的假设,经过详细的数学推导和近似处理后,再进行实验验证。这种方法注重实效,没有过多形而上学的哲学思考,但费米并不排斥理论,他只是喜欢理论和实验交替进行,把理论和实验有机地结合起来,尽量避免复杂理论中的哲学问题。因为费米的这种特质,在格丁根,泡利就曾经说费米是"量子工程师",目光敏锐的泡利一语道出了费米的特质。不过费米可不是仅仅工程师这么简单,他能够把大量信息和知识条理化,化成几个基本原则,并把这几个原则有效地应用在具体研究之中,因此称费米为"量子工程大师"更合适。

2. 罗马学派

1924 年底，费米结束了莱顿的研究回到意大利，参加了撒丁岛卡利亚里大学数学物理教授席位的选拔。选拔的主考人中有一半是传统的数学家，反对爱因斯坦的相对论，作为相对论在意大利的重要拥护者和推广者，费米落选了。他在佛罗伦萨大学得到一个讲授初级理论力学和电学的临时讲师职位，在认真备课教学之余，费米继续自己在莱顿的研究。令费米高兴的是，他的老朋友拉赛蒂正好也在佛罗伦萨大学的物理实验室工作。拉赛蒂天生具有极强的动手能力和实验物理才能，是费米不可多得的合作伙伴，他们的合作自此持续了 14 年，一直到费米离开意大利。这两兄弟的第一个重要研究成果就是在佛罗伦萨大学实验室做出的，他们通过研究交变磁场下共轭谐振光辐射的去极化现象，证明了费米提出的原子进动频率与去极化效应存在一定关系的假说。这时正是原子物理学蓬勃发展的时期，新理论、新观点层出不穷，而理论研究的主要热点之一就是对原子和原子定律进行充分表述，其中最著名的问题就是气体的简并问题。1924 年，爱因斯坦和玻尔提出了玻尔-爱因斯坦统计，适用于光量子和普朗克辐射公式，却不适用于电子。在泡利提出不相容原理之后，费米立即把这个原理推广到理想气体原子中，提出了费米统计法。从此，在原子物理上，整数自旋的粒子不受泡利不相容原理限制，能够使用玻尔-爱因斯坦统计法，这类粒子被叫作"玻尔子"；而具有半整数自旋的粒子则受到泡利不相容原理的限制，必须使用费米统计，这种粒子被称为"费米子"。后来人们知道，电子、质子、中子都是费米子，因此费米统计法应用十分广泛，可以解释包括金属热传导性和电传导性在内的许多现象。费米的相关论文《论理想单原子气体的量子化》在 1926 年一经发表，就引起轰动，这是意大利物理学家继伏特之后在物理学发展上所做出的第一个世界级贡献。

在柯比诺的努力下,教育部颁布法令,第一次在意大利的高校中设立区别于数学物理的理论物理学教授教席,从而在理论物理学,这一当时发展最快的领域上同其他国家展开竞争。费米成为第一人选,1926 年 10 月,费米出任罗马大学物理研究所理论物理学教授。柯比诺创建意大利物理学派的梦想迈出了艰难的第一步。接着,柯比诺紧锣密鼓地开始了第二步,先把拉赛蒂找来做自己的首席助教。作为实验物理

罗马大学

学家,拉赛蒂在光谱学方面和费米相得益彰,已经获得了显著的成绩,可以和费米组成很好的教师班底。第三步就是要招募热爱物理的优秀学生,柯比诺到工学院的课堂上去动员杰出的学生转到物理系。最初响应他的号召的是阿玛尔迪、赛格莱、马约多纳这几个有数学基础的工科高才生,罗马学派终于初见规模了。和卡文迪许、格丁根、哥本哈根这些其他欧洲物理中心采用在已经做出成绩的年轻物理学家中选拔人才的模式不同,罗马学派的招聘制度是家庭作坊式的,柯比诺寻找合适的年轻的学子送到这个小集体中来,让费米和拉赛蒂通过言传身教进行针对性的教育,在相当长的一段时间里,学派成员固定不变,他们一同学习,一起工作,业余时间也在一起,彼此结下了深厚的友谊。由于共同的生活、经常的交往和相互参与工作,形成了人人教我,我教人人的关系。是导师和创造的环境以及实验室里的人们共同造就了这些杰出的年轻科学家。学派建立的 1927 年,费米和拉斯蒂不过 26 岁,最小的阿玛尔迪才 19 岁。柯比诺称他们为"我的孩子们",他是这个研究机构的强而有力的保护人,在政治动荡、社会不安的意大利,让这些醉心物理学的年轻人有了一块学术研究的乐土。

费米作为学派的领袖,总是以直接而友善的态度对待自己的学生和合作伙伴,既不苛求也不迁就。把现代物理学介绍到意大利是他领导的小组

所做的第一个重要工作，他们在科学促进会和各种场合发表演讲，在技术杂志上刊登文章。1928 年，费米出版了第一本用意大利文编写的教材《原子物理学导论》，这本篇幅不长的书为快速训练年轻的物理学家起到了很大作用。

作为物理学家，费米在理论和实践上都有极高的素养；作为老师，费米也是无人能敌，他的教学非常生动有趣，能够把学生紧紧地吸引在他的周围，有效地把他渊博的知识传授给他们。罗马学派采用柏拉图式的教学方式，没有固定的学习课程，主要的学习方式就是自学与参与讨论。每天下午，大家在费米的办公室碰头，任何即兴的谈话都可能引起一场讲座和讨论会。费米的讲授措辞简明而且逻辑清晰，尽量避免繁杂的论证和推理，因此讨论中学生们十分容易跟上他的思路。同时他没有课本和讲稿，可能讨论的内容就是费米刚刚读过的论文，学生必须自己记笔记，课后的作业也和实际研究直接相关，总是紧紧跟着物理发展的前沿。其他时间，费米把他通过自学掌握物理的本事，很好地传授给了那些刚跨入物理学门槛的年轻人。费米对学生的要求非常严格，对学生发表论文的质量要求远远大于数量的要求，他要求学生必须一开始就要在前沿领域做一流的创新，这种严格要求和费米的以身作则在年轻人中间产生了积极的影响，他们迅速地成长了起来。

费米的知识和兴趣覆盖了整个物理学，他阅读了大量物理学杂志，对物理学各个领域中的各种具体问题——经典力学、光谱学、热力学、固态理论等，他都做了深入的研究。费米发展出一种令人惊讶的解决问题的本领，几乎没有计算误差和错误的表述，而且思路非常清晰绝对不会跑题。而他的学生们，每天都能倾听他讲解正在进行的思考和各种新的应用研究。索末菲学派的贝特曾经和费米讨论过量子电动力学的问题，他盛赞费米思考理论物理问题时的简明性，费米可以剥去数学上的复杂性和不必要的形式主义，通过分析本质问题并按照重要次序进行估计，得出非常明了而注重实效的答案。

费米在罗马大学的第一篇重要论文是《确定一些原子属性的统计方

法》,把统计法应用于原子模型上。他进一步发展了统计法的许多特别应用,统计法成为他最拿手和最喜欢的一种工具。1928年,费米在《高能核事件》论文中,把统计方法应用到高能物理上。同一年,费米应邀参加了德拜发起的莱比锡会议,成为国际物理学的领导人之一。1930年,费米参加了著名的索尔维会议第六届大会,是唯一被邀请的意大利科学家。

3. 中子的辉煌年代

罗马学派创建的初期,工作主要集中在光谱学和原子物理学的研究上。这时量子力学的充分发展,已经让原子物理学的研究越来越详尽,突破的机会越来越少。而新兴的核物理领域能看到的挑战和机遇则越来越明朗,罗马学派在科研上进入了成熟期,费米指出:"当时唯一可能存在伟大发现的机会在于人们对原子核内部的认识,这是物理学中最值得做的工作。"1929年9月21日,意大利科学促进会在佛罗伦萨召开。大会上,柯比诺做了题为《实验物理学的新目标》的报告,提出意大利物理学必须转到核物理研究方面去,而费米也做了题为《新物理学的实验基础》的演讲。罗马学派确定了自己的新目标。

从1930年开始,罗马学派的成员陆续被派到欧洲各地的物理中心学习核物理方面的先进技术和力量,拉赛蒂去了西班牙巴塞罗那的密立根实验室研究雷曼效应,后来又去柏林跟随迈特纳学习制造云室、制备钋样本和放射计数器;赛格莱去汉堡跟随斯特恩研究分子束;阿玛尔迪去莱比锡向德拜学习液体的X射线衍射;费米则到美国的密歇根大学观摩劳伦斯的回旋加速器。他们通过信件保持密切的联系,并经常聚会交流各自所学的技术和理论。同时他们坚持在德国和英国的重要杂志上发表学术研究文章。罗马学派声名鹊起,国内外的优秀物理学家纷纷驻足罗马,和他们一同开展研究工作。1931年10月,第一个关于核物理的国际会议在罗马召开,罗马学派是主要的组织者，柯比诺是大会主持人，40多位活跃在核物理领域的一流物理学家全部出席了这次会议，我们耳熟能详的有玻尔、索末菲、居里夫人、迈特纳、贝特、艾伦菲斯特、海森堡、泡利……罗马会议的召开是罗马学派正式向核物理领域进军的宣言。

这时，罗马大学已经拥有了一座高质量的云室、伽马射线光谱仪、自制的盖革-米勒计数器和功率最大的中子源，他们的实验设备已经和世界上最好的实验室处于同一条起跑线上，而罗马学派的成员们则掌握了最先进的核物理知识和实验技术。

1931年的冬天，约里奥·居里夫妇用阿尔法粒子轰击金属铍元素，发现有高能粒子放出，但他们误认为这也是阿尔法射线的康普顿效应。第二年，卢瑟福的学生查德维克重复了这个实验，发现放射出来的中性粒子就是卢瑟福预言的中子。

说起来有些遗憾，罗马学派的马约多纳也独立重复了约里奥的这个实验，并且也意识到那是中子，只是比查德维克晚而已。费米在他的研究基础上，结合在第七次索尔维会议上得到的新观念，提交了一篇名为《β射线的实验性理论》的论文。在这篇关于β衰变的中微子假说的论文中，费米提出了"弱相互作用力"这种和"强力"一样只在原子核内部起作用的新型的力。费米还根据电子光谱能量分布的实验数据，提出了弱相互作用中的费米常数，可以计算出β衰变中衰变的能量和平均寿命的关系。这样，费米就给出了原子核内部弱相互作用领域的所有基本观念，这对于核物理和粒子物理学的发展都有着非常重要的作用。这篇风格简洁的论文带有强烈的费米风格，反映了他超乎寻常的洞察力，也是费米一生中最重要的突破性理论工作，是一项可以真正令他名垂青史的理论物理学成就。

约里奥·居里夫妇继续着自己的研究，他们发现了人工放射性现象：铝这种元素会在阿尔法粒子的轰击下，变成磷的不稳定同位素，然后这种同位素放射阿尔法粒子，衰变成硅。这是人类第一次通过人工的方法，把一种元素变成另外一种。

1934 年 1 月,约里奥·居里夫妇的发现一经发表,就得到了科学界的广泛注意,这是 20 世纪极为重要的发现,这预示了科学家们将可以分裂元素,同时爱因斯坦在相对论里用质能公式描述的巨大的能量将会被释放出来。由于阿尔法粒子是带正电的氦核,很容易受电子的引力作用而慢下来,而且在撞击另一个带正电的原子核时,巨大的静电斥力会让它弹开,因此阿尔法粒子对重核元素不起作用。看过约里奥·居里夫妇的实验报告后,费米马上意识到用中子做实验的效果更好,他立刻行动了起来。费米的直觉再次起到了关键作用。

罗马学派有了实验所需要的计数器,但是他们没有中子源,幸运的是,和他们共用研究楼的公共卫生部物理实验室有一克镭,还有一套提取氡气的设备,氡的自发衰变可以发射阿尔法粒子,如果把氡气和铍粉混合,就能发射中子。公共卫生部实验室的主任特拉巴基教授是个大好人,他慷慨地把镭和提取氡气的设备提供给费米使用,这位"天赐好人"还加送了一位得力助手——正在巴黎居里夫人实验室学习放射性化学的化学家达哥斯蒂诺,这位化学家的加入让物理学家的专业研究能够更系统化。

严谨的费米在动手之前就做好了打算,他要从轻到重,把当时元素周期表里的元素都用中子"轰炸"一遍。最初的轻元素都没有什么理想的实验结果,费米没有动摇。结果,还没有到铝,就在氟上取得了进展——氟的放射性被激活了,半衰期大概是 10 秒。接下来是其他元素……为了避免中子源干扰计数器的测量,最简单的方法是让中子源辐射物质和计数器保持足够的距离,费米把中子源和计数器分别放在实验楼长廊两端的房间里。如果受辐射后产生的新元素的半衰期很短的话,就必须很快地把受辐射后的样品送到另一头的计数器那里去测量。费米带领着年轻的物理学家们进行了有趣的竞赛,在长廊里赛跑,比赛看谁能够更快地把样品从长廊一头送到另一头。

1934 年的春天来临的时候,罗马学派的年轻物理学家们已经轰击了 63 种元素,得到了 37 种放射性同位素,这段时间对于罗马学派来说是"激动人心的日子,最为充实的生活,最为辉煌的日子"。费米合理分派成员的工作,既避免他们相互竞争,又避免难于交流和沟通。在费米的组织下,实验室的知识和技能总是可以集中在最需要的课题上,费米这种在学术组织上的管理艺术被认为是罗马学派成功的关键之一。

按照当时观测的效应,重元素铀将会捕捉轰击它的中子,变成更重一些的同位素铀-239,经过衰变后,铀-239有可能变成另外一种原子序数更高的元素,而这个元素将是一种新元素——原子序数为 93 的超铀元素。而实验的结果显示,铀的衰变产物中,果真出现了一种未知元素。把这种元素和铅到铀之间的放射性元素进行对比之后,不是其中任何一种,看来这个阶段罗马学派工作将会有发现新元素这样重大的突破。

但是这次他们错了,而且他们因此失去了一个更为重大的发现——铀核裂变。一个著名的德国女化学家诺达克夫人以化学家的专业眼光指出,费米仅仅证明未知元素不是铅到铀之间的任何一种放射性元素,并不能证明这是一种新元素,他应该把未知元素和所有已知元素进行比较,为什么铀核不会分裂成两个类似、序号都低得多的元素呢？费米没有认真考虑诺达克夫人的意见:一个能量只有百分之几电子伏的中子,怎么能够抵得住几百万电子伏能量的原子核发生分裂呢？这就和乒乓球能把铅球撞成两半一样不可思议,物理学家们就这样错过了这个机会。

费米这时候的研究重心在于解释这些元素在中子轰击下产生放射性同位素的机理,这就是"放射性捕获":重核捕捉到中子变成新元素,同时放出一个光子来达到能量守恒。罗马学派的下一个任务是用实验来证实放射性捕获,工作任务越来越繁重,不少新人加入了工作。1934 年 8 月,蓬特科尔沃在帮阿玛尔迪做银的人工放射性实验时,本来是要把银筒放在一个用来屏蔽的铅盒里,再在银筒中放入中子源对银筒进行辐射,但蓬特科尔沃发现如果把银筒放在铅盒的不同位置,测到银筒产生的人工放射性程度会不同,阿玛尔迪也不能解释,就把这个现象告诉费米和拉赛蒂,拉赛蒂认为是实验精度和测量误差造成的,而费米建议他们在铅盒外面进行辐射,结果实验结果更加奇怪了,似乎放在不同的地方对银筒产生的放射性都会有影响,甚至放在木头上辐射产生的放射性比放在金属上还要大。

从 10 月开始,大家开始进行系统的探索。他们把中子辐射源放在银筒外面,在中间插入一些物体,看看在有不同的分隔物体的情况下会有什么发生。他们从原子物理常用的重金属材料开始尝试,例如铅。10 月 22 日那天上午,做实验的人有课,费米决定亲自动手,鬼使神差地,他没有在中子辐射源和银筒之间放上准备好的铅板,而是放上了一块很轻的石蜡,结果一个惊人的实验现象出现了,银产生的人工放射性奇迹般地增大了好多倍,计数器前所未有地强烈摆动,以至于费米一度认为它出了毛病。每个人都过来观看这个强烈的放射性现象,他们又试了其他的材料,只有石蜡才有这么强的效应。午休后,回到实验室的费米想明白了这是怎么一回事:中子和石蜡以及木头里的氢核发生弹性碰撞而变慢,而变慢的中子更容易被原子核捕捉,从而更容易产生"放射性捕获"。如果费米的这个解释正确,那么任何含氢元素成分高的物质,都应该和石蜡有类似的效果。大家马上开始验证费米的想法:数量可观的水应该就是这种物质。就在实验室前面的喷水池里,罗马学派的实验证实水同样可以使银的人工放射性增加许多倍。

到 1935 年初,罗马学派达到了辉煌,用中子和慢中子增值的方式得到的大量人工放射性同位素,大大丰富了核研究的材料。慢中子的发现,使人工放射性物质的生产效率提高了百倍,为核能的释放和利用做好了必要的准备。罗马大学物理研究所实验室一跃成为全世界核物理学家关注的中心,柯比诺的梦想终于实现了,经过他 10 年的苦心经营,罗马终于拥有了一个举世公认的现代物理学派,在物理学的发展史上留下了不逊于前辈先贤的伟大功绩。

1933 年 1 月,希特勒上台,纳粹疯狂地摧毁德国的科学精神,残暴地把犹太科学家赶出德国,欧洲上空的乌云越来越浓密。虽然墨索里尼早在1922 年就依靠法西斯主义在意大利实行了独裁统治,但报社主编出身的墨索里尼并不像希特勒那么疯狂,很多德高望重的老科学家可以对他施加影响,避免政治影响到科学界。但是到了 1935 年,在法西斯主义疯狂扩张的思路下,墨索里尼率兵入侵埃塞俄比亚,让意大利陷入一场无端而失败的殖民战争。意大利经济每况愈下,政治动荡开始影响到社会的各个层面,罗马学派这个一年前还生机勃勃的科学团体,其成员无心科研,形同解散。1937 年 1 月,他们的庇护人柯比诺因病去世,罗马学派失去了所依赖的和尊敬的长者,原本的依赖和期望成了泡影。

4. 第一座核反应堆

1938 年 7 月 14 日,墨索里尼颁布了反犹的"种族宣言",并在 9 月强行通过第一个反犹法律。妻子是犹太人的费米下定决心离开意大利,利用领取诺贝尔奖的机会,取道挪威来到美国,并受聘于哥伦比亚大学。

而就在 1938 年 9 月,约里奥·居里夫妇通过化学方法分析用中子轰击铀的产物时发现,有一个放射性元素的化学性质接近原子序数为 57 的镧。德国科学家哈恩看到这个报告时,他的直觉反应是这是不可能的事情。他和助手斯特拉斯曼重做了这个实验,发现在产生的 16 种同位素中,至少有 3 种的化学性质和原子序数为 56 的钡相似。不能确定的哈恩把实验结果写信告诉了自己的老同事迈特纳,迈特纳是奥地利犹太裔女科学家,当时她为了逃避纳粹德国的迫害来到瑞典,在诺贝尔研究所工作。收到信时,迈特纳在哥本哈根玻尔研究所的侄子弗里希正好来看她,弗里希和迈特纳讨论了哈恩的实验结果。当时玻尔刚刚提出了原子核的液滴模型,弗里希根据这个理论推测铀核吸收了中子后,在能量的作用下分裂成两个几乎相等的部分,其中一个就是钡的同位素,迈特纳根据爱因斯坦的质能方程算出了铀核裂变时所释放的能量。他们马上在电离室中重复中子撞击铀核的实验,并观察到了裂变碎片产生脉冲所代表的巨大能量的释放。1939 年 1 月 6 日,哈恩宣布了他们关于铀核裂变的最后研究成果。这个重要发现,和慢中子一起,深刻影响了人类社会的进程,改写了未来的面貌。

铀核裂变被发现时,费米还在从欧洲到美国的路上,一到美国,他就得知了这个消息。在为自己的错失遗憾了一番之后,他马上冷静下来进行思考。在 1 月 26 日华盛顿第五届理论物理会议上,费米提出了自持链式反应的基本理论和假说:如果铀核被中子击中分裂成两个大的碎片,那么这个碎片会瞬间发射更多的中子(二次中子),并引起相邻的铀原子核发生进一步的裂变,如果有足够多的二次中子和足够的铀,链式反应就可能发生。费米很快就在他的研究生安德森的帮助下,开始深入研究二次中子的数量和能够导致链式反应发生的条件。

1939 年 2 月,费米根据匈牙利的犹太裔流亡物理学家西拉德的建议,把氡加铍的中子源改为镭,在这种条件下每次裂变中释放出的二次中子达到了两个,从而证明了链式反应的可行性,核裂变的装置可以发生链式反应,从而变成炸弹。从欧洲逃到美国的犹太科学家们亲眼看到过纳粹的狂飙突进,他们相信德国人一定也发现了这一点,而且正在利用这个原理制造原子弹。但是费米不愿把这项研究真正引向军事,他要的是人工控制下的链式反应,这种可以控制缓慢释放的核能量才能为人类所用。在哥伦比亚大学,费米开始得到了更多的支持,除了可以任意使用回旋加速器外,还有包括西拉德在内的其他几个物理学家加入他的研究。

费米通过进一步研究发现,铀共振会吸收过多的中子,而且水中的氢元素也会吸收一部分慢中子,这些都会阻碍链式反应的发生。费米知道必须在减速材料中尽量分散铀材料,来抵消共振吸收,而且需要换用更合适的中子减速材料。费米和西拉德都想到了石墨,石墨的主要成分碳也可以产生慢中子,虽然效率不如氢元素,但碳对中子的吸收要小得多,可以保证更多的中子产生裂变。在政府的帮助下,哥伦比亚小组买来了 4 吨石墨,费米开始测试石墨作为中子减速材料的性能,把石墨砖在氡-铍中子源上方码成一个石墨柱,在一些石墨砖上刻出窄槽以便放入铑箔检测中子的扩散程度。实验得到的数据十分理想,碳的吸收截面积很小,而且如果石墨纯度更高的话，这个结果会更理想。由此，在天然铀中产生慢中子链式反应的计划更进了一步。

进一步的研究表明，普通的铀-238受中子轰击后不会裂变，因此不能作为原子弹材料，而可以裂变的铀-235在铀矿中的含量很低，要分离出来成本惊人，制造出原子弹的前景渺茫。在1940年春天，事情出现了转机，加州伯克利大学的物理学家麦克米伦和埃布尔森，用中子轰击铀-238时，发现了真正的超铀元素93号元素镎和94号元素钚。1941年3月，费米的学生——罗马学派的赛格莱，在加州大学证实了钚-239可以发生裂变反应。而使用天然铀制造的受控链式反应是制造钚-239的基本手段，费米正在研究的链式反应堆的重要性一下子凸显了出来。

1941年8月，费米领导哥伦比亚小组开始了临界实验的尝试。这次他们要使用8吨氧化铀和30吨石墨。根据费米的设计，这是一个用巨大的石墨砖砌成的巨大结构，许多用镀锡铁皮制成的装着氧化铀的大罐子分布于这些石墨砖砌成的栅格中间，一共有288个这样的罐子。费米第一次管这个结构叫作"堆"（PILE）。每个罐子里的氧化铀都要加热除去水分，并且趁热装罐焊封起。然而，还是失败了。这个"堆"的增殖因素K最大只能达到0.87，而根据费米的对增殖因素的设定，K要大于1.0，中子才会无限产生，实现发散的链式反应。

1941年12月，日本偷袭珍珠港，美国正式向轴心国宣战。铀计划被正式纳入军方计划，并被重新组织。芝加哥大学的物理学教授康普顿受命负责有关链式反应的所有工作和反应堆的制造。战争的紧迫，让这个在和平时期可能要花几十年才能实现的计划需要在荒谬的时间内完成，在生存的威胁面前，科学家们得到了不计人力和物力的支持。

1942年1月，康普顿把所有的研究人员都集中到芝加哥大学，组建了一个代号为"冶金实验室"的研究组织，费米的哥伦比亚小组被合并其中，在这之前K值已经达到了0.918。费米要在芝加哥大学的校园里，建造一座更大的反应堆来实现链式反应。费米同时依靠客观理性和直觉处理技术问题，用不同于其他物理学家的方法更快获得实际的技术结果,这些方法后来成为反应堆技术的基本方法。费米理论和实验融合的风格让他在中子研究领域成为独一无二的全才,而到了这个阶段,他对反应堆的研究和了解让他对实验的结果的预测能做到八九不离十,这让芝加哥那些物理学家都觉得很神奇,管他叫"先知",觉得他简直就是"一贯正确"。

康普顿在芝加哥大学体育场的西看台下面找到了一个壁球场,这是一个高 7 米、长 20 米、宽 10 米的建筑。5 月份,一系列小型"中期堆"表明 K 值可以达到增殖 0.995 时,一座足尺寸的链式反应堆 CP - 1(芝加哥堆一号)开始建造。CP - 1 计划使用 36 吨高纯度的氧化铀和 346 吨最高纯度的石墨,耗资约 100 万美元。氧化铀被压成 19 000 个短而粗的圆柱形的铀块,两端是半球形的头;石墨被切削成 45 000 块砖块并被抛光,其中 $\frac{1}{4}$ 部分被钻孔以便安装铀块,另一部分被加工出沟槽通道供镉杆通过。镉杆是把镉片钉在木条上制成的控制棒,镉元素吸收中子能力特别强,因此插入镉杆就能有效减少堆里的中子数量,减缓堆里的反应,而拔出镉杆就可以加速反应堆里的核反应。

11 月 16 日,准备工作就绪,CP - 1 正式开始建造,这个反应堆将被建成一个近似的球形,这是因为同样体积球体的表面积最小,中子向外逃逸的面积也就最小。堆里石墨砖层以同心圆的形式向外扩大一直达到临界质量要求的 7.8 米直径。而外围则用木架来进行支撑。未装铀的石墨砖和装了铀的石墨砖被交替平铺在地板上直径为 7.8 米的圆圈范围内,按照球体的方式在木架的支撑下

第一座核反应堆 CP - 1 内的石墨砖层

一层层被往上堆高,物理学家就像砌砖匠一样工作,小心地让这些砖块分开,并且让沟槽通道对齐,让镉杆可以一直通到内部吸收中子。每个镉杆上都配了挂锁,以免被人无意中拔出导致链式反应产生。当铺到15层的时候,测试表明,当镉杆被抽出时,堆里铀裂变产生的中子在它们被吸收之前已经开始增殖起来。

12月1日,当石墨砖达到56层时,测试证明反应堆进入了临界状态,再加1层到57层,工作全部完成。从安放第一块石墨砖到最后完成花费了6个星期。12月2日,受控的自持慢中子链式反应堆正式开始了实验运作。

虽然这只是用来证实链式反应的反应堆,反应堆所产生的能量不会超过半瓦特,既没有爆炸的危险也没有产生致命辐射的可能性,因此既没有防护装置也没有冷却装置。但是由于是前所未有的实验,费米

实验的景象

还是派了3个被戏称为"敢死队"的年轻人守在反应堆的顶上,如果发生意外反应堆失控,他们就要把含镉的溶液淋到反应堆里去,让溶液里的镉迅速吸收中子,阻止链式反应继续发生。除了盖革计数器之外,还有一个针式记录仪用来显示和记录堆内的辐射强度随着时间变化的曲线,随着镉杆的抽出,指针记录的辐射水平会不断上升,当链式反应发生时,记录的曲线将会一直上升。实验开始了,费米先让人把其他镉杆一次性抽出,只剩下年轻的物理学家乔治·威尔控制最后一根镉杆,这个镉杆用一个继电器和测量仪器连接起来,可以在反应达到某个特定值时自动插回反应堆中。费米指挥威尔慢慢一节节抽出这最后一节镉杆,控制反应堆慢慢从临界状态到达链式反应,每抽出一节前,费米都会预测辐射读数将会达到的指标,而操作后指针也真的听话地跳到他所指的位置。

突然,镉杆自动跳了回去,费米宣布:"该吃饭了!"原来已经到了11点半

的冶金实验室吃饭时间,费米在主持他一生最重大的实验时并没有放弃午饭,这个冷静而有条不紊的物理学家设定了上午要达到的预定目标,让反应堆自动停了下来,并宣布了科学史上最有名的开饭通知。费米一声令下,所有的镉杆都被插了回去并被锁了起来,而大家按日常作息吃饭午休。

下午两点,实验继续进行,K值接近1.0的时候,反应堆的强度变化率越来越慢,到了下午3点20分,费米做了最后一次计算,让威尔完全抽出最后一根镉杆,然后他对康普顿说:"现在行了,反应堆将会开始自行持续,记录仪上的轨迹将一直升上去,再不会趋于水平了。"在场的人开始听到中子计数器发出的滴答声越来越密,终于变成了一片怒吼,而图表记录仪上的曲线不断上升……费米举起手宣布"反应堆实现了链式反应",大家一起静静地观察了28分钟后,费米命令:"锁住反应堆。"镉杆纷纷被插了回去,计数器的滴答声越来越慢,滚筒上的曲线下降了,一切都在费米计划之中。大家开始庆贺,有人变戏法一样拿出一瓶费米喜欢的红葡萄酒,大家纷纷干杯并在标签上留名,作为这次伟大的科学实验的见证。

冶金实验室的科学家们,前排左一是费米

项目主任康普顿回到办公室,打电话给科学发展局主管曼哈顿计划的科南特,他们用约定的暗语通话:

"那位意大利航海家已经到达新大陆。"

"他发觉那里的土著人怎么样?"科南特急切地问。

"十分友善。"

康普顿用500年前意大利人哥伦布发现新大陆的事迹来暗指费米主持

的第一个原子反应堆的成功运转，真是再贴切不过了，这个实验是原子能发展史上的里程碑。直到今天，这个壁球馆的墙上仍挂着一块金属纪念牌，上面刻着："1942年12月2日，人类在此实现了第一次自持链式反应，从而开始了受控的核能释放。"

1942年，费米完成了冶金实验室的工作后，来到新墨西哥州的洛斯阿拉莫斯，帮助奥本海默从事非可控的链式反应——原子弹的理论研究工作。1945年7月16日，在三一试验场成功地试爆了第一颗原子弹，这一次费米再次成功估算出原子弹的巨大爆炸威力，他的计算结果和几周后由仪器给出的结果完全一致，显示了"先知"的实力。

1946年，费米被授予梅里特国会勋章后回到芝加哥大学，任该校物理研究所教授。年轻而有才华的物理学子从世界各地慕名而来，费米延续了他在罗马开创的独特的科研和教学体系，再次开创了一个著名的物理学派——芝加哥学派，培养出了钱伯林、格温、威特伯格、杨振宁和李政道等一大批物理学家，同时他本人也在不同的物理领域不断推出新的研究成果，1953年费米被选为美国物理学会会长。但不幸的是1954年他被检查出罹患胃癌，11月28日逝世于芝加哥，终年仅53岁。

到了今天，全世界正在运转的核反应堆已经超过440座，发电量已经超过石油能源所供给能量的50%。经过测算，世界上铀的储量约为417万吨，地球上可供开发的核燃料资源可提供的能量是矿石燃料的十多万倍。而这都可以追溯到将近70年前芝加哥的那个壁球馆里的实验和那位来自意大利的勇于进取的物理学家。

现代核反应堆的内部

原子弹之父
——战争中的物理学家奥本海默

1. 用功的富家公子

1904 年,罗伯特·奥本海默出生于美国纽约一个非常富裕的犹太人家庭。他的父亲朱利叶斯·奥本海默是德籍犹太人,移民到美国后在纽约从事布匹进口生意,事业有成的朱利叶斯娶了一位颇有名望的女画家艾拉·弗里德曼。母亲有着艺术家雍容大方和优雅的气质,父亲则非常善良可亲,在这样的家庭环境中成长起来的奥本海默是一个"乖得可怕"的小男孩。

5 岁的时候,奥本海默随父母回德国探亲,祖父送给了他一批矿物标本,引发了他对自然和化学的兴趣。奥本海默从小身材瘦削单薄,对体育活动不感兴趣,甚至因为在学校里上楼非要等电梯不走楼梯而迟到,这让他不受同龄人喜爱,在夏令营里曾经被恶作剧欺负得很惨。奥本海默和弟弟都喜欢航海和骑马,18 岁的时候,宠爱他的父亲就送了他一艘 9 米长的帆船,他经常带着弟弟在纽约附近的海湾漫游,还在风暴中穿过海峡进入大西洋,品尝冒险的滋味。中学毕业后他得了一场重病,父母送他去山区疗养,在科罗拉多和新墨西哥州的群山之中骑马漫游,那壮丽的景色给奥本海默留下了深刻印象。20 年后,他和格罗夫斯将军一起,在这一带的山区中选中了洛斯阿拉莫斯,后来他又在这里亲自选择了三一实验场,这里承载着奥本海默一生中最辉煌的成就。

　　奥本海默继承了母亲优雅的气质，很小就表现出非凡的智力，他很讲究礼节却不善社交，在同龄人中因为固执和骄傲的性格而显得孤独。奥本海默在高中时，沉迷于荷马和柏拉图的希腊名著。他兴趣广泛，志向在科学家、建筑师、文学家、诗人甚至画家之间徘徊。他以全 A 的成绩考进哈佛，攻读化学专业，3 年就完成了所有本科课程。在哈佛的最后一年，他选修了著名实验物理学家布里奇曼的高等热力学课程，发现物理学"是一门研究自然规律与秩序的学科，它探索物质和谐的存在与运动的根源"，物理对

青年奥本海默

理论的偏重更符合他的哲学家气质和精神追求，奥本海默决定转投物理研究，申请了剑桥卡文迪许实验室的物理研究生。

　　1925 年夏天，奥本海默来到英国，进入国际最知名的物理研究中心——卡文迪许实验室。在卡文迪许，世界顶级天才的物理学生云集。奥本海默缺乏足够的数学基础，不得不恶补理论物理和数学，不仅如此，他在物理实验方面没什么天赋，对于卢瑟福安排的为电子实验准备金箔这种工作，他既没兴趣也做不好。他在以实验物理为主的卡文迪许实验室，倍感压力和打击。第一次遇到这么大的困难，从小一帆风顺的奥本海默觉得十分沮丧，一度绝望消沉得让朋友担心他会自杀。暑假去法国的巴黎和科西嘉旅游了一番之后，奥本海默的心情好转了起来，他重新审视了情况，做了一个改变他一生的明智的决定：转到德国的格丁根大学，向玻恩学习理论物理。这不仅让他得以摆脱自己不擅长的物理实验，更让他实现了自己的愿望——希望自己所做的每一件事以及结识的每一个人都与众不同。

　　1926 年，奥本海默来到格丁根。这时格丁根的詹姆斯·弗兰克刚刚获得了诺贝尔物理学奖，他的著名实验"通过测量电子与水银蒸气分子碰撞发

生的能量变化",证实了以玻尔量子理论为基础的卢瑟福-玻尔原子模型。格丁根这时研究的热点是根据德布罗意的物质波提出的薛定谔方程和以此为基础的波动力学。那时正是量子力学蓬勃发展的时期,格丁根大学则是量子力学研究中心中数学和理论实力最强的,奥本海默赶上了这场千载难逢的盛会。

格丁根大学

奥本海默对当时新兴的量子力学掌握得很快,即使在剑桥他最压抑的时期仍发表了2篇关于量子力学的论文。他一到格丁根,就被邀请参加每周的师生讨论会。讨论会上互相学习的气氛让奥本海默如鱼得水。奥本海默在格丁根宽容的气氛中,终于可以尽情施展自己的才能,结交了同样对物理学痴迷、才华不在他之下的朋友,比如保罗·狄拉克。狄拉克以冷静和理智著称,但在狄拉克看来,奥本海默虽然聪明而有才华,但他的思想缺乏明确的目的性。奥本海默在研究和讨论物理的同时,对天主教和诗歌还抱有浓厚的兴趣。狄拉克就曾经问他:"一个人怎么能同时写诗和研究物理呢?物理学的目的是向人们揭示过去无人知道的新事物,而诗则恰恰相反。"不过这正是奥本海默的特点:优渥的生活条件让他可以接受广泛的教育,虽然确定专业很晚,但他保留的很多非专业的兴趣让他成为一个博学的融会贯通者,这对他将来的命运,具有重要的影响。

奥本海默在格丁根虽然收获不少,却过得并不是那么愉快,德国的政治气氛越来越压抑,经济衰退带来的社会不满情绪让他害怕。1927年,发生的一起风波结束了他的格丁根之旅:奥本海默忘记以学生身份去注册,校方取消了他获得博士学位的正式资格,拿到一个象征性的名誉博士学位后,奥本海默启程返美。和欧洲不甚愉快的经历相比,奥本海默在美国的一切都游刃有余,拥有哈佛、剑桥和格丁根学历的他,很快就接到一堆大学的聘书。

奥本海默在哈佛当了几个月的研究员之后,得到了国家基金会的支持,前往加州大学伯克利分校做助理教授。他选择伯克利的一个原因是那里还没人从事理论物理的教学和研究，伯克利还同意他每年去加州理工学院兼职，推动美国在原子能和量子力学上的研究。1928年夏天，奥本海默再次赴欧洲进修，这一次他去了荷兰的莱顿大学，求教于艾伦菲斯特。不久，艾伦菲斯特又推荐他去瑞士苏黎世大学师从自己的好友泡利。1929年回到美国时，他已经拥有足够的自信开始自己的事业了。

2. 激进的美国教授

1929年夏天，奥本海默回到美国，开始伯克利的教授生涯。这位25岁的助理教授开始讲课时并不顺利，学生纷纷抱怨既听不清又听不懂他的课。后来他自己总结道："在开始阶段我并不是在讲课，也没有想吸引学生，而实际上只是在宣传一种理论，即量子理论。我非常喜爱这种理论，还在

加州大学伯克利分校

不断地研究它，这种理论的全部内容还并未被人们完全认识，但它确实是异常丰富的……"很快奥本海默就为了学生放慢进度，并花力气把各种概念之间的关系讲解清楚。在他周围迅速聚集了一小群最优秀的学生。

更为幸运的是，当时伯克利有一位杰出的物理学家欧内斯特·劳伦斯。劳伦斯是回旋加速器的发明者，这种用巨大的电磁铁和真空室建造的科研设备可以使带电的原子核在磁场内不断地回旋并被加速，最后打到一个原子靶上，通过轰击所产生的原子核碎片，能够提供大量有关原子内部结构研究的数据和线索。他和奥本海默的性格完全不同，却能够互相支持，密切合作：劳伦斯提供了丰富的实验数据，而奥本海默则可以就实验进行的方向提出建议。10年内伯克利就成了国际知名的物理研究中心，在奥本海默的指

导下，10多个学生获得了理论物理学博士学位，成为当代优秀的物理学家。到30年代末，奥本海默主持的伯克利和加州理工已经与欧洲的物理研究中心具有了同等的地位。

劳伦斯和回旋加速器

正当奥本海默的事业蒸蒸日上的时候，纳粹势力在德国崛起。奥本海默本来对政治毫不关心，但他在德国的犹太裔亲属直接遭受了纳粹党排犹运动的迫害，这让他义愤填膺。同时，资本主义国家在世界范围陷入经济大萧条，奥本海默的学生毕业后很多找不到工作。一向生活环境优越的奥本海默，开始意识到人们的生活密切地受到政治与经济状况的影响，他觉得有必要参加一些社会活动。这时他的女朋友琼·塔克洛克正在伯克利读心理学博士，她容貌秀丽、天资聪慧。当时在美国大学中活跃着很多反对德国纳粹法西斯和资本主义的左派政治组织，而美国共产党这样的左翼组织当时不光合法，在有思想的知识分子中也很有地位。琼就是一位共产党员，在她的影响下，没有政治信仰和政治经验的奥本海默参加了不少左派团体的活动，琼还把奥本海默介绍给美国著名的左翼运动领袖。为了解决学生的就业困难，奥本海默主动参与了"教师联合会"的筹建工作，并和教师联合会的主席，在伯克利教现代语言的薛瓦利埃成为非常亲密的朋友。

虽然后来奥本海默和琼分手了，但他和这些共产党朋友还是保持了密切的来往，尽管他并没有加入共产党。奥本海默不愿意加入美国共产党这种小众的政治组织，更不愿意接受共产党党纲的约束，在和共产党员的交往中，他对政治有了更深刻的看法。这种政治上的经历，让他在为对抗纳粹而研发原子弹的过程中表现得态度坚定、目的明确，但这段经历也在战时的保密审查和战后的反共审查中给奥本海默带来了很大的麻烦。

1941年9月，劳伦斯接到了用回旋加速器分离武器级的铀同位素的任务，他请奥本海默帮忙解决理论问题。1941年12月6日晚，日本偷袭了珍珠港，美国正式宣布参战。奥本海默意识到美国正在投入一场关系到生死存亡的竞赛之中，必须赶在法西斯德国之前，制造出前所未有的致命武器——原子弹。而他应该参与这项重大任务，并尽可能完成自己的使命，这比其他任何政治活动都重要得多，这个世界上发生了更加紧迫的危机，而他将可以发挥更重要的作用。

3. 原子武器的赛跑

1931年，卡文迪许实验室的英国科学家考克饶夫特和沃尔顿建成了一个能产生80万伏电压的高压装置，他们用这个装置加速质子射入锂元素的原子核并使其分裂为2个氦原子核。这个核蜕变实验首次用人工控制的方法诱导了核反应，释放出了威力巨大的原子能，为爱因斯坦建立的质能关系理论提供了第一个重要证据。

1932年，卡文迪许实验室的英国科学家詹姆斯·恰德维克用α粒子轰击硼，发现了原子核中不带电的中子。

1934年，约里奥·居里夫妇在法国的居里实验室发现了人工放射性：他们用钋产生的α粒子轰击铝箔，铝箔会发射正电子和中子，即使将放射源拿走，铝箔的放射性也不会消失。

同年，恩里科·费米在罗马大学扩展了约里奥·居里夫妇实验的范围，用中子代替α粒子轰击各种元素，发现几乎所有元素在中子轰击下都会发生核变化。

1938年，柏林大学威廉大帝研究所的哈恩和斯特拉斯曼，用慢中子轰击铀核，发现在迅速而强烈的反应下铀核分裂成为原子序数小得多的钡，同时释放出很高的能量，他们证实这就是铀-235的裂变。

1939年，哈恩的前同事和合作者、受纳粹迫害而逃到哥本哈根的奥地利

哈恩发现裂变的试验台

女核物理学家丽泽·迈特纳,用玻尔的液体模型阐明了重核分裂的原理,迈特纳的侄子核物理科学家弗里希用电离室验证了裂变,玻尔马上认可了这一解释。

1939年,流亡美国的匈牙利犹太科学家莱奥·西拉德,发现重核裂变过程中会产生中子,可能导致链式反应。他向美国和欧洲的核研究物理中心写信,呼吁大家不要发表有关核裂变的新发现,避免核能被用于武器用途。

这篇通讯发表不到一周,德国就开始组织秘密会议讨论制造核武器的可能性,并决定马上征用所有库存的铀,同时禁止刚占领的捷克铀矿向国外出口天然铀矿石。虽然这个会议是秘密的,但德国科学家却一再有意无意地向外界透露这次会议的内容,先是一位英国科学家在访问哈恩实验室时,德国人貌似粗心大意地透露德国有高级秘密会议讨论核能问题,而6月份,哈恩实验室的弗吕格博士又出人意料地在德国杂志《自然科学》上发表了一篇评价核能的潜在威力的论文。在战争中为国家服务的科学家无法拥有个人态度,在纳粹德国号称要用武力征服世界的背景下,无论是哈恩还是海森堡,无论怎么精心措辞,他们在核武器研究上传达出来的信息如果不是有意叛国泄漏国家机密,就只能被理解为德国在科学上的武力炫耀甚至恫吓。

西拉德的理解同样如此,他读到了这2篇论文后十分震惊,认为既然德国政府允许弗吕格的文章公开发表,就说明德国在核武器上的研究进展已经远远超过了文章所描述的水平。忧心忡忡的他确信美国只有研制出原子弹,才能和纳粹德国抗衡。当时美国只能从比利时的殖民地刚果获得铀矿石,这是当时除了捷克以外唯一被勘探出来的天然铀矿,西拉德马上找到和

191

比利时王室交情很深的爱因斯坦，希望他帮助促成此事。爱因斯坦同意之后，西拉德又联合爱因斯坦和总统的特别顾问银行家亚历山大·萨克斯一起，起草了给罗斯福总统的信，呼吁美国政府正式投入研制核武器和纳粹对抗。这封信，正是美国制定发展原子弹的计划的开端。

罗斯福总统经过短暂的犹豫，马上下令成立"铀委员会"并采取相应的行动。但直到 1941 年的 2 年时间里，由于指定的负责人——国家标准局的里曼·布里格斯身体状况很差，同时保密措施过于严格，"铀委员会"的工作进展缓慢而混乱，一年的经费也只有 5 万美元，基本上什么事也做不了。

直到 1941 年 7 月，一批来自英国的科学家到达美国，由于在英国很多科学家都是政府的顾问大臣，物理学家和政府的沟通更为畅顺，这才改变了这一现状。

4. 洛斯阿拉莫斯实验室

奥利芬特率领的英国代表团很快发现，布里格斯领导的铀委员会无法理解问题的紧迫性。他们找到了伯克利的劳伦斯。劳伦斯找了一个机会，和芝加哥大学的物理系主任康普顿一起，直接把英国人带来的最新科研成果和纳粹德国正在大力发展核武器的证据汇报给了政府高级科学顾问——哈佛大学校长科南特。科南特是铀委员会的主管，他协助总统科学顾问——卡耐基研究院院长万尼瓦尔·布什，在 1941 年 10 月的会谈中使罗斯福总统认识到了问题的紧急，开始实施"曼哈顿计划"。

这时劳伦斯已经开始在伯克利改建最新型的回旋加速器，把它们改装成分离同位素铀-235 的离心机。同时，劳伦斯请奥本海默帮助计算并从理论上分析英国最新的研究成果。10 月 21 日斯克内克塔迪的通用电气公司实验室内召开高级秘密会议，科学家们在这次会议上形成了原子弹设计的第一份蓝图，明确地描述了原子弹的原理："将足够数量的铀-235 迅速压拢到一起，就可以构成一枚具有空前巨大破坏力的裂变炸弹。"

这个原子弹设计指出了两个关键性的条件和困难：

第一个是铀块的尺寸必须足够大。这样才能使中子有足够的机会轰击另一个铀核而产生裂变，引起足够迅速的链式反应。这种足够大的尺寸的铀块质量也叫临界质量，低于这一质量的铀块没有足够的碰撞机会来产生链式反应，大部分中子会泄漏到铀块以外的空间去。当时天然铀内只含有7‰的铀-235，而且和铀-238化学性质相同，提纯非常困难，而奥本海默当时估计的临界质量是100千克铀-235。

第二个是必须"迅速"把加起来超过临界质量的几块亚临界的爆炸性铀材料压拢到一起。如果不够快，在超临界状态还没到来的时候，部分铀材料之间发生的反应就可能先把铀材料炸散，从而达不到同时发生链式反应的效果。

这次会议也估算了原子弹的威力，理论上1千克铀释放的原子能相当于几百吨TNT炸药的威力，而100千克临界质量的铀，足以毁灭一个几万人的小型城市，科学家们第一次知道了他们准备制造的新式炸弹的威力。

由于这一次的工作十分出色，奥本海默被邀请参加原子弹计划，并很快因为取得的进展成为研究原子弹的机理的"快速破裂"项目的负责人。他召集了一批理论物理学家开始检验自己的研究成果，设计实验方法检验，并提供更准确的计算成果，以便为真正的工程设计提供依据。1942年的夏天，奥本海默领导的理论物理学家小组得出了更精确的设计方案：圆形的铀芯包在又厚又重的金属外壳中，金属外壳可以把爆炸铀材料控制在小范围内不会飞散，同时还可以把部分泄漏的中子反射回去参与裂变。中子的平均自由程是10厘米，因此一个直径20厘米的铀球就足以达到引发链式反应的临界条件。他们还给出了压拢铀材料所需要的"迅速"时间的精确数值——小于百万分之一秒。

而这时美国的科学家们才开始意识到他们所主持的曼哈顿计划是如此庞大的工程，保密工作也无比复杂，不得不邀请陆军参加并主持行政工作。1942年9月，在原子弹历史中起到非常重要作用的人物——美国陆军工程兵团的莱斯利·格罗夫斯上校，代表美国军方正式加入曼哈顿计划。

　　格罗夫斯被认为有完成任何困难任务的能力,他铁面无私,冷酷无情,绝不容忍任何拖沓懒散。格罗夫斯加入曼哈顿计划时被提升为准将,他马上雷厉风行地投入工作,开始巡视所有的实验室。格罗夫斯发现奥本海默和自己在合作上非常有默契,在众多的科学家之中,只有奥本海默不纠结于自己的技术偏好,有正确评价各种技术方案的才能,愿意花时间把科学上的问题向他阐述清楚。奥本海默向格罗夫斯提出了一个重要建议:为了研究和保密的双重需要,必须组织一个综合实验室把所有的研究人员集中到一起,既可以自由地讨论问题,又可以对外界严格保密。格罗夫斯采纳了奥本海默的建议,开始为新实验室选址并任命他为实验室的领导人。他立即安排奥本海默和自己一起出发选址,最后格罗夫斯选中了奥本海默推荐的地方,克里斯托山脉中一处海拔 2 000 多米的台地——新墨西哥州的洛斯阿拉莫斯。

　　1942 年圣诞前夕,他们着手在洛斯阿拉莫斯购买了一所学校并改建成实验室。奥本海默为实验室定出的编制是 100 人,他甚至不觉得有什么基建或者额外的运输工作要做。

　　很快大家都发现了综合实验室对于原子弹研究工作的重要性,越来越多的科学家和研究小组加入进来。1943 年初,奥本海默原来的学生,年仅 28 岁的罗伯特·威尔逊,负责把哈佛大学的回旋加速器搬到洛斯阿拉莫斯时,发现情况一片混乱。奥本海默发现问题后,

洛斯阿拉莫斯实验室

工作改进得非常迅速。1943 年 3 月,奥本海默的新实验室人员组织表中,人员从 100 人扩充到 1 500 人,同时他开始着手解决招聘科学家的问题。

　　格罗夫斯本来担心奥本海默的项目无法吸引到最优秀的科学家,而且基于保密的要求,在招聘科学家时甚至不能告诉他们到底要从事什么性质的工作,还必须被隔离。奥本海默很巧妙地化解了这个难题,他先集中精力

找到了汉斯·贝特和恩里克·费米这样一批最有名望的科学家，然后再用他们的名望去吸引别人。奥本海默最终招募了数千名科学家，组成了一支当时世界上最出色的科研团队。

5. 原子弹之父

1943年，在格罗夫斯和奥本海默的管理和指挥下，洛斯阿拉莫斯的3 000工程人员用3个月的时间建成了1栋主楼，5座实验室，1座金属加工工厂，1座仓库和大批营房和科学家公寓，由于是战时体制，营房和公寓都是装配式的军队临时房屋。虽然当时环境极端艰苦，生活诸多不便，大家的热情却十分高涨。能留在国内参与一项和德国人进行生死竞赛的任务，让很多人感到激动。

奥本海默主持的理论小组，在过去的一年内，突破了原子弹制造的所有理论问题，但一切都还是纸上谈兵，现在奥本海默的任务是用实验理论论证并用工程实现原子弹的制造。

奥本海默首先主持全体科研人员进行了2天的研究情况报告和讨论。理论小组对铀-235的了解更加深入，最新计算的临界质量只要15千克左右。虽然铀-235的制备方法主要依靠电磁分离和气体扩散方法，两者都需要巨额投资才能达到工业规模。在爆炸机制方面已经出现了枪式机构，用一个改装的枪筒把一块亚临界的铀射入另一块亚临界的铀靶，当两块亚临界的铀块碰到一起时，总质量超过临界质量，就会产生核爆炸。

讨论中，奥本海默提倡的综合实验室的优势体现了出来，一个年轻的物理学家内德迈尔提出了内爆原理：将可裂变物质加工成为空心球状，周围包以炸药，当炸药被点燃后，它迫使空心球向中心"内爆"，形成一个超过临界质量的实心球，从而引起核爆炸。这几乎可以在一瞬间就完成，比枪式装置的速度要快得多。尽管该方案马上被人指出了其中的技术难点：如果空心球周围的炸药不能在球的表面上产生一个完全对称的冲击波，那么这个球体就

195

会在还没有形成超临界质量产生核爆炸之前就被炸药炸碎了。但奥本海默很有远见地意识到这个观点的价值，他马上安排内德迈尔主持"内爆"的研究。

奥本海默把整个实验室分为4个部：汉斯·贝特负责理论部，刚从雷达研究工作中调来的罗伯特·巴彻尔负责实验物理部，26岁的约瑟夫·肯尼迪负责化学与冶金部，而担任过海军枪炮官员的威廉·帕森斯海军上校负责军械部和基建工程。他希望保证在这项计划中能自由地进行学术思想的交流，为此他不得不一直和军方以及保密官员进行交涉。格罗夫斯知道了之后指定了一个检查委员会，于1943年5月访问了洛斯阿拉莫斯，委员会提交的报告结论认为奥本海默组织洛斯阿拉莫斯工作的方式是正确的。委员会还提出一项意见，建议把发展提纯钋的特殊方法的工作也归并到洛斯阿拉莫斯的实验室进行。由于增加了这项任务，同时机械制造的工作量愈来愈大，使得洛斯阿拉莫斯的规模又扩大了一倍。在6个月之内，洛斯阿拉莫斯实验室的人数超过了3 000人，曼哈顿计划很短时间就成了历史上规模最大的一项研究计划。

1943年11月，罗伯特·威尔逊领导的回旋加速器小组证实了铀-235在进行原子裂变时，次级中子几乎在十亿分之一秒内全部放出，这样快的中子释放速度，证明枪式机构足以保证在炸弹本身被炸碎前就发生猛烈的链式反应，肯定可以制成铀弹。而钋的样品也做出来了，实验也证明钋可以产生足够引起链式反应的中子，但钋弹要求的压拢速度比铀弹更快，枪式机构的不能满足指标，于是，希望寄托在了内德迈尔的内爆法上。

到了1943年末，格罗夫斯在田纳西州的橡树岭建立了两座几万人的大型工厂。一座是根据劳伦斯的电磁分离原理设计的，用电磁方法分离铀同位素。这座工厂计划建造的巨型电磁铁花光了当时在美国能找到的所有的铜，最后项目负责人到美国财政部借了6 000吨银来绕制线圈，每个线圈要用12～21吨银线。这个工厂一年后建成，从1943年8月开始运行，虽然所耗费的电能比当时的一座大型城市还要多，但每天的产量只有几克铀-235。而在另一座用气体扩散法分离铀同位素的工厂，工程师们为解决六氟化铀的腐蚀性问题伤透了脑筋。原子弹计划的瓶颈转移到了生产可裂变材料上。

不过,有远见的格罗夫斯从 1943 年 3 月开始,就在 3 000 千米之外的华盛顿州的汉福德荒原上,召集了 45 000 名工人建造巨型核反应堆,生产另一种裂变物质钚-239。科学家们随即发现随着核燃料在反应堆内辐照的时间增加,用核反应堆生产的钚-237 中会成正比地产生钚-240,钚-240 产生的本体中子非常多,使得枪式机构无法提供足够的速度克服提前引爆,钚弹必须用内爆方法引爆核反应。

而在洛斯阿拉莫斯,泰勒计算出内爆法产生的巨大压力可以大大减少临界质量,从而节省宝贵的可裂变金属材料。大家都把注意力集中到内德迈尔的内爆研究上。而内德迈尔的领导才能和经验都不足继续承担这一越来越重要的工作,他慢吞吞的工作风格无法应付越来越紧急的事态。为了改进现状,奥本

洛斯阿拉莫斯

海默请来了哈佛大学的化学兼炸药专家基斯塔克夫斯基做顾问,但起初收效不大。正好这时英国发现自己已经没有力量独立发展原子弹,按照美英双边协议,1944 年初,英国的研究小组全体来美国参加原子弹研究工作。英国小组中的詹姆斯·塔克正好原来从事过研究穿甲炸药的工作。他过去在成型炸药方面的经验帮了大忙,为保证穿甲弹头炸药的全部爆炸力都集中在穿透装甲的方向上,穿甲弹专家发明了透镜状的炸药,用两种爆燃速度不同的成型炸药,按照和光学透镜的聚光作用类似的原理,可以将爆炸冲击波积聚在一起。詹姆斯·塔克提出在原子弹球形弹芯的周围包上这种透镜形炸药,控制同时起爆,就可以产生对称性很好的球面冲击波,这个方法正是通向内爆所追求的目标的正确途径。

而此时冯·诺伊曼已经计算出内爆方法成功的条件是冲击波不对称的程度小于 5%,这个严格的目标需要大量的理论计算和实验工作。虽然 IBM 提供的计算机和费曼的计算小组提供了很大支持,但内德迈尔的小组直到

197

1944 年的 .8 月在完全对称波方面还是毫无进展。奥本海默彻底改组了洛斯阿拉莫斯实验室，全力攻克内爆这个关键难题。他说服基斯塔克夫斯基接管了内德迈尔的小组，并为他提供大量人力和物力，短短 4 个月时间，这个小组的队伍就从 12 人扩展到 600 人。与此同时奥本海默又成立了 2 个新的小组来解决基斯塔克夫斯基不擅长的物理问题和军工问题。

这时枪式结构已经发展完善，只要橡树岭工厂能够生产出足够的铀-235，铀弹就可以制成并交付使用，但是橡树岭的生产遇到重大技术困难，预计在 1945 年 8 月之前，都不可能生产出足够的铀裂变材料。

1944 年末，芝加哥大学冶金实验室完成了在曼哈顿计划中的大部分工作，核反应堆的重点转移到了橡树岭和洛斯阿拉莫斯，费米和艾利森也来到了洛斯阿拉莫斯，这两位大科学家的加盟让奥本海默非常高兴。他立即任命艾利森为技术计划会议的主席，掌握整个实验进度。而费米也进行了钚球的中子倍增实验，由测量结果精确得出了内爆原子弹的所需钚的临界质量是 5 千克左右。而耗时两年时间的起爆装置研究在 1945 年 1 月取得了良好成果，满足了百万分之一秒同时点火的指标。在欧米伽实验室大楼内，临界装置试验小组用实验方法直接取得了铀弹临界质量的精确数值。只有透镜炸药试验落后于整体进度。在 1945 年 4 月，各项任务都进展顺利，奥本海默终于向格罗夫斯将军宣布，8 月 1 日将可以制成世界上第一枚实用的原子弹。

三一试验场开始全力进行准备工作，负责内爆式原子弹试验的高级科学家小组——"牧童委员会"将试验日期定在了 1945 年的 7 月 16 日。

随着试验的日期临近，各种小意外不断：点火装置失灵，透镜炸药的研制直到试爆的前夕还不能让人放心。7 月 14 日早晨，洛斯阿拉莫斯通知奥本海默对称波炸药装置的模拟实验失败，没能产生球形对称的冲击波，这意味着内爆的完全失败。奥本海默累积的精神压力再也经受不住这种焦急和挫折了，他用非常严厉的话指责基斯塔克夫斯基。好在第二天清晨，理论物理部的头汉斯·贝特打电话来说头一天的试验的设计有问题，不能说明炸药本身有问题，这才结束了这次危机，试验终于可以继续进行。

为了减少放射性沉降的危害，在爆心建造了一座 36 米高的钢架塔，绰号

"胖子"的钚弹将会被安放顶部的小棚里。7月15日,钚弹芯在铁塔下的帐篷里被装入弹体,安装原子弹的弹芯需要非常小心,弹芯的几块临界部件相隔是如此接近,只要轻轻一碰就会引起链式反应,在装配现场的所有人员也会因为过量辐射而丧命。奥本海默坚持亲临现场,观看安装小组操作。

终于,所有的准备工作完毕。最后一个难关是天气,糟糕的天气和风向会把放射性尘埃吹向附近的城镇甚至洛斯阿拉莫斯基地,7月15日夜里,天气越来越坏,甚至下起了大雨,大雨不仅可能使复杂的电路受潮短路,还会造成放射性沉降。为了便于观察,原子弹试验需要在夜里进行,如果风雨不停,试爆日期就必须推迟,奥本海默的精神紧张到了极点。清晨4点,雨停了,云层开始消散,奥本海默决定试验定在清晨5点30分进行。

1945年7月16日5点10分,沙漠里各处设置的扩音器响起了总指挥山姆·艾利森博士倒数的声音,"现在是零时差二十分",试验场所有的人员撤离到附近的坑道当中。内爆试验小组成员,年轻的科学家乔·麦克基受命引爆原子弹,随着艾利森的倒数,麦克基在差45秒时合上开关投入自动

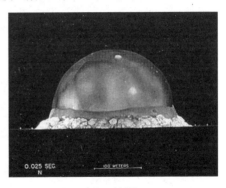

三一核爆

定时操作,在起爆前10秒,麦克基合上最后一个手动开关,倒数的艾利森突然想到爆炸可能会产生闪电一样的效应,手中的话筒可能会带电,因此在最后一秒钟,他扔下话筒全力高呼:"零!"

在远处的观看者这样描述人类第一次核爆时壮观的景象:

这时,万籁俱寂,忽然出现一片耀眼的强烈阳光。这是一股炽热的、无定形的白光,把沙漠边际的小沙丘照得雪亮,仿佛要将它们全部熔化。好几秒钟之内,光线的亮度没有变化,然后开始减弱。这时我才转过身去,想看看这个小太阳似的火球究竟是什么模样,但它的光度仍然太强,不可能正视。我眯着眼睛,想看个清楚,大约又过了10秒,火球开始膨胀,同时亮度减弱,这时看起来好

像用石油燃起的一片大火，其形状犹如一个大草莓。火球由地面缓缓上升，下面连着一个急剧旋转着的、由尘土构成的长尾巴。然后，当灼热的烟云逐渐冷却而且红光减弱之后，可以看到在它四周有一圈蓝光环绕，这是由离子化空气产生的光芒……这真是无比壮观的景象，任何亲眼见过原子弹爆炸的人，都将对此终生难忘。

奥本海默回忆道："有几个人笑了，有几个人却哭了，大多数人惊呆了，一声不响。我心中浮上了古印度圣诗《勃哈加瓦基达》中克里希那试图说服王子执行他使命的一句诗：我成了死神，世界的毁灭者。"奥本海默走出坑道，看到巨大的火球上升，人们纷纷向他表示祝贺。

核爆后的三一试验场

1945 年 7 月，日本的战败已成定局，他们的海军几乎全军覆没，日本本土遭到封锁，上千架 B-29 轰炸机把很多城市夷为平地。7 月 26 日中美英三国政府首脑发表《波茨坦公告》，促使日本无条件投降。而日本拒不投降，并且进行了空前的战争大动员，叫嚷"本土决战"，在之前的硫磺岛战役中，造成了 26 000 名美军的伤亡。

美国终于下定决心，按照计划开始了旨在结束战争的核战役。8 月 6 日杜鲁门总统向日本发出最后通牒：无条件投降，否则将由空中以地球上前所未见的毁灭性武器将日本毁灭。

1945 年 8 月 6 日清晨 3 点左右，洛斯阿拉莫斯的军械主管海军上校帕森斯在一架名为"伊诺拉·盖伊"的 B-29 轰炸机上，把炸药体装入了铀弹"小男孩"的枪式机构中，完成了最后的安装工作。6 点 05 分，伊诺拉·盖伊飞过硫磺岛上空，向日本本土飞去；7 点 20 分，帕森斯把红色的点火器插进原子弹；9 点 14 分（日本时间 8 点 14 分），托马斯·弗比上校投下原子弹，驾驶员保罗·迪贝特上校立即使飞机急剧转弯并俯冲逃离弹着点。几分钟之后，飞机因受到两次冲击波而剧烈震荡，但最终顺利返航，机组人员看到巨大的火球上升并翻腾数分钟之久,最后形成一团高达1万米的蘑菇云。

广岛陷入极度混乱,当场和事后死亡的准确人数已无法统计。官方公布的死亡人数为 78 000人,广岛市政府估计为 20 万人,占该市当时人口的 $\frac{1}{4} \sim \frac{1}{2}$。广岛市中心区被夷为平地,6 万幢以上的建筑物被毁,全市成为一片火

广岛和长崎核爆

海。而日本政府已经失去迅速决策的能力,直到第二天早上才得知广岛被一枚新式炸弹毁灭,而日本当局觉得完全不可思议。

1945 年 8 月 9 日中午 12 时 01 分,一枚与三一试验场上完全一样的内爆式原子弹,绰号"胖子"的钚弹被投掷在长崎市区。造成了 10 万余人的死伤。原子弹爆炸引发的大火让长崎市在 12 小时之后仍然在一片火海之中,从 300 米之外的飞机上也清晰可见。

1945 年 8 月 14 日正午,日本裕仁天皇通过广播发表《停战诏书》,15 日宣布无条件投降。第二次世界大战以世界人民的胜利而告结束。

杜鲁门总统在公开场合盛赞奥本海默领导的洛斯阿拉莫斯实验室:"他们所完成的事业是一项历史上前所未有的大规模的有组织的科学奇迹。这个奇迹是在战争的重担下实现的,而且一次成功。美国在这个史无前例的最大科学冒险事业中,投进了 20 亿美元——但我们最后胜利了!"洛斯阿拉莫斯实验室也为战争结束举行了盛大的庆祝活动,所有人都沉浸在成功的兴奋和骄傲之中。

但是很快就有科学家开始反思。奥本海默是最早对这项惊人的科学成就表示怀疑的科学家之一。奥本海默开始对自己完成的工作感到有点惊慌失措,许多年以来他一直全神贯注于攻克技术难关,很少真正想到行动的真实后果,现在这项重大的任务业已顺利完成,他开始意识到那可能会是多么可怕的一种罪孽。

201

1947 年奥本海默到新泽西州出任普林斯顿高等研究院的院长。同年，奥本海默应政府邀请，担任了原子能委员会总顾问和委员会主席，在任职期间，奥本海默和爱因斯坦一起，反对试制氢弹，认为会引起军备竞赛，威胁世界和平。

1948 年，奥本海默登上了《时代》周刊杂志的封面，在封面人物报道中，奥本海默被称为"原子弹之父"，从此奥本海默名扬四海，达到他生涯中声誉的最高峰。奥本海默在公众面前反复表达了参加曼哈顿计划的科学家的忏悔心情，在诸多报刊转载的一则访问中奥本海默说："无论是指责、讽刺或赞扬，都不能使物理学家们摆脱本能的内疚，因为他们知道，他们的这种知识本来不应当拿出来使用。"

20 世纪 60 年代，美国参议员麦卡锡煽动了美国全国性的反共"十字军运动"，指控政府官员中有多位共产党员，促使成立非美调查委员会，煽动人们互相揭发，许多著名人士受到怀疑和迫害。奥本海默也被指控与共产党人合作，包庇苏联间谍，反对制造氢弹。1953 年在一场著名的听证会上，美国能源委员会安全理事会宣称没有发现奥本海默犯有叛国罪，但因为他亲共的立场，仍决定他不能再接触核军事机密，解除了他的职务。

被解职后，奥本海默在普林斯顿研究院专心从事科研和教学工作。肯尼迪担任总统后，建议为奥本海默平反，并向他颁发"费米奖"。肯尼迪遇刺后，继任的约翰逊总统于 1963 年为奥本海默颁发了费米奖和 5 万美元的奖金，但这只是形式上的恢复名誉，奥本海默仍然不被允许介入军事秘密。

1964 年，奥本海默回到洛斯阿拉莫斯参加纪念伟大的物理学家尼尔斯·玻尔逝世 2 周年大会并发表了讲话。接替奥本海默的后一任主任诺里斯·布雷德伯对听众介绍，洛斯阿拉莫斯完全是依靠奥本海默个人"坚韧不拔的信念与性格建造起来的"。诺里斯话音未落，全场热烈鼓掌，最后全体听众起立欢呼，掌声经久不息。奥本海默曾经说过："科学家不能出于害怕人类可能利用他的发现做坏事，而拒绝推动科学前进。"这些掌声和年轻科学家的面容，让他的努力终于得到了正面的评价和回报。

特立独行的物理大师

——不拘一格的科学顽童费曼

1. 纽约小镇的兴趣教育

1918 年 5 月 11 日,理查德·费曼出生于美国纽约一个叫作法洛克卫的小镇。费曼的父亲麦尔维尔·费曼是来自白俄罗斯明斯克的犹太移民,5 岁和父母一起来到美国。年轻的时候,麦尔维尔对科学很感兴趣,但家里的条件没法让他受到更多的教育,干了几种杂活之后,他成了镇上一个制服加工公司的推销员,并靠自己的努力成了这家公司的销售经理。在老大费曼出生之前,麦尔维尔就对妻子说:"如果生个男孩子,那他要成为科学家。"而事实上他们的女儿,比费曼小 9 岁的琼也成了一名物理学家。麦尔维尔实现了自己的诺言,把科学很好地"推销"给了自己的孩子,让他们受益终身。

当费曼还在坐幼儿椅的时候,麦尔维尔就经常和儿子一起玩。麦尔维尔总想着在游戏中教儿子认识一些诸如序列这样简单的数学概念,希望儿子能尽早了解其中的乐趣。费曼一学会说话,麦尔维尔就给他读《不列颠百科全书》,并且用自己的语言耐心地解释,比方念到恐龙的条目时,书里说恐龙高 8 米,头宽 2 米,他就告诉费曼,那也就是说,恐龙有两层楼那么高,头比窗户还要大。就这样,小费曼从小就知道,书本上的东西,还需要去琢磨,那在现实中到底代表什么。

203

费曼大到可以出门的时候，麦尔维尔就经常在周末带费曼去附近的卡次基山漫步。在山间，麦尔维尔并不去教费曼认识植物和动物的名字，而是引导儿子去观察大自然的规律和奥妙，让他留意观察动物和植物的特性，费曼很小就从爸爸那里学到："知道一个东西的名字"和"真正懂得一个东西"是完全不同的。多年后，当费曼成为诺贝尔物理学奖得主之后，他回忆起这段幸福的童年时光，充满感激地感叹自己的父亲多么了不起：他懂得用科学最根本的法则——许多兴趣盎然的实例，加上没有压力的讨论，让孩子们从小就感受到科学世界的奇妙！尝到了甜头的费曼从此念念不忘，一直寻找这种奇妙的感受，这种感觉也始终没有消退，在一生中激励他，使他对所有的科学着迷。

费曼的母亲虽然不懂科学，但是她特有的幽默感让费曼懂得：理解世界的最高境界是欢笑和广博的同情心。这种爱和幽默的教育，让费曼具有了另一种乐观向上的优良品质，在这样的快乐环境下成长的费曼，飞快地进步着。费曼13岁的时候，镇上的图书馆进了一本《实用微积分学》，费曼很感兴趣，但在办手续的时候，当图书管理员问这个小家伙干吗借这本深奥的大部头数学著作时，他还是心虚了，谎称是帮父亲借的。实际上费曼不用心虚，这本书对他来说很简单，倒是同时读这本书的麦尔维尔被弄得稀里糊涂，13岁的费曼在科学上开始超越父亲的水平。麦尔维尔曾经告诉费曼：不要迷信和崇拜权威，不管是将军还是教皇，制服下面都只是一个普通的人而已。因此费曼很容易地就理解了，不管是父亲还是老师，对于新知识不知道也就是不知道罢了，没什么了不起的。13岁的费曼意识到，自己可以比父亲学到更多，并就此开始了自己的探索之路。

11岁的时候，费曼在自己房间里建了一个小实验室。在房间里玩小朋友的实验，比如用电池和灯泡做串并联实验，自己设计保险丝什么的。有一次他用蓄电池、电铃和电线做成了报警铃，晚上爸妈进他房间帮他盖被子时，铃声突然大作，他从梦中惊醒，高兴得大叫：成功啦！这些小实验是那么有趣，使得费曼变成了一个小宅男，要妈妈赶他才会到外面玩一会儿。很快他就不满足于用电动马达和光电池做的小玩意儿，开始修理起收音机来。

有一次他修好的收音机居然比家里买的新收音机还要灵敏,可以收到附近另一个城市的电台,而这个电台会比小镇电台提前播出一档很受欢迎的儿童节目,因此小朋友们都迫不及待地挤到他的房间里,靠他修好的收音机提前收听节目,这让费曼成了受欢迎的孩子王。

除了动手做实验的爱好,到高中时,喜欢思考的费曼还成了数学高手,这得益于他面对问题时有一股不服输的劲头。在学校里,每天早上总有人拿些几何或者高等数学的题目来考他,而他不解开那些题目便不罢休。通常第一次碰到的题目他都要花上一二十分钟才能找出答案,但是当再有人问同样问题的时候,他就可以不假思索地告诉他们答案了!费曼还参加了学校的代数队,经常和其他学校比赛,这个比赛比的是看谁最快得到正确答案,有时间

法洛克卫高中

限制,但是不要求解题过程,只要答案正确就行了。这是绝佳的训练快速解代数的方法,让费曼学会了猜答案、用直觉找出答案的方式。后来他把训练出来的直觉功夫用到解微积分题目甚至研究工作中,同样奏效了。

喜欢上做数学题的费曼开始自己做研究,在学校教三角之前,他就从图书馆借关于三角的书来读。学校正式开了三角课之后,费曼比较自己的研究笔记和教材,发现大多数时候自己忽略了简单方法,绕了弯路才找到结果,不过也有些时候,他用的方法更简便,能够打败课本里的复杂方法!费曼在学校里挺调皮的,上课爱说话,声音还很大。不过物理老师贝德先生知道对付费曼的办法,他给了费曼一本《高等微积分学》,让他上课的时候坐到后面角落去好好读这本书,不弄懂,就不准讲话。这是一本给大学二三年级学生念的大部头教材,里面有费曼没见过的傅立叶级数、贝塞尔函数、行列式、椭圆函数这些让别人觉得深奥,但对费曼来说却无比奇妙的东西。费曼

后来回忆说,他在高中的物理课上就通过自学这本书学到了他一辈子要用的所有的微积分方法,而且这本书还介绍了一个特别的如何对积分符号内的函数求微分的技巧,一般大学课程都不怎么教,靠这一招,他在大学和读研究生的时候都解出了不少别人用常规方法很难解决的难题。

2. 大学和研究院里的顽童高才生

1935 年,17 岁的费曼高中毕业了,他的数理化全部是年级第一,当时正是美国经济大萧条时期,他的很多同学中学毕业后都开始步入社会,能够继续读大学的人并不多。在举行毕业典礼时,法洛克卫高中的训导主任和数学部主任奥古斯伯莱先生专门找到费曼的母亲,对她说,"像您儿子这样的人是凤毛麟角的,您一定要让他去念大学,去您经济所能负担的最好的大学!"不过这是因为老师并不知道费曼父亲在他出生前就许下的心愿,不然他早就会放心了。

费曼原本希望就读离家比较近的哥伦比亚大学,不过当时的哥伦比亚大学有一个限制犹太裔学生数量的政策,他就去了波士顿的麻省理工学院(MIT)。本来入学时费曼念的是 MIT 最好的系——电机工程系,但一年后他就转去了物理系。麻省理工学院的犹太人

麻省理工学院

兄弟会有帮助新生的传统,兄弟会的高年级学生给了费曼不少学业上的建议,还和他成了室友。能自由选择宿舍的好处之一是:新生费曼可以经常旁听他的大四室友讨论物理。当有一天他用高中物理课上自学的微积分知识帮室友们解决了一道大四的物理难题之后,他的室友很高兴,让他也加入到讨论中来。和兄弟会的朋友们一起住的另外一个好处是让费曼摆脱了书呆

子的名声，麻省理工学院的学生以需要动脑筋想计谋的恶作剧闻名，费曼靠着自己的脑袋瓜成了不少著名恶作剧的始作俑者，这让他的大学生活过得很精彩。

1939 年，费曼以优异的成绩从麻省理工学院毕业，费曼本来想在麻省理工学院继续读研究生，但是当他把这个想法告诉物理系主任斯莱特教授时，这位后来当了 27 年系主任、培养了 3 位诺贝尔奖得主的斯莱特教授却对费曼说："你应该去看看其他地方长得怎么样才对。"并鼓励他报读天才云集的普林斯顿高等研究院，但费曼报读的过程却并不顺利：在他的研究生统考成绩中，虽然物理和数学都是候选人中的第一名，但他的英文和历史成绩糟透了，最后斯莱特亲自出马，告诉普林斯顿的人："费曼是 5 年来麻省理工学院物理系最好的学生！"

就这样，21 岁的费曼从充满工科怪人的麻省理工学院来到了优雅的秉承欧洲传统的普林斯顿高等研究院。普林斯顿的创建者——教育学家弗莱克斯纳，特别推崇德国的制度。他的理想是把普林斯顿建成一个"学者的自由社会"，让优秀的知识分子在象牙塔里不受任何影响地继续自己的研

普林斯顿研究院的科学讲座

究。费曼在大学的哥们儿都很清楚这家伙不修边幅又随便的性格，都打赌他去了一定会闹笑话。果然，到普林斯顿的第一天下午，费曼应邀参加院长大数学家艾森赫在家里举办的茶会。作为一个 21 岁的美国小青年，费曼在社交中表现得就像个傻瓜。见多识广的艾森赫夫人不断地纠正他："你一定是在开玩笑，费曼先生！"提醒这个摸不着头脑的麻省理工来的学生即刻学习社交礼仪。这段社交教程给费曼的印象如此深刻，以至于若干年后，费曼用艾森赫夫人的这句话作为自己回忆录的书名，中文名被翻译成《别闹了，费曼先生》，不过按照费曼自己的想法，他可从没打算停止自己的"胡闹"呢。

从这次糟糕的经历来看,费曼被他的哥儿们说中了,他像是小牛犊闯进了瓷器店——去错了地方,不过,费曼很快就发现事实并非如此:普林斯顿优雅的长袍下是一颗真正兼容并蓄的大心脏。虽然学院规定学生必须穿着《哈利·波特》里魔法学校一样的长袍在研究院大厅内进餐,但费曼很快就发现学生们在袍子下穿什么都可以。为了不给学生找借口不守规矩,学校规定长袍不准洗,甚至有些三年级生的袍子像堆破布也没关系,而这正是费曼喜欢的风格。

真正让费曼开心的还是这里的研究风格。当时最引人瞩目的物理尖端研究设备是回旋加速器。麻省理工的回旋加速器设计严谨,工程精细,就像科幻电影里的外星机器,费曼叫它镀金加速器。而在普林斯顿,回旋加速器被放置在地下室走廊尽头的房间里,四周悬挂满了电线和开关,水阀滴着冷却水,桌上堆满各式各样的工具,一团糟。费曼却在第一次进门的刹那间,领悟到为什么普林斯顿在原子物理学上会取得那么多研究成果了:这里的科学家知道关于回旋加速器的全部细节和功能,因为一切都是他们亲手安装调试的,他们是实实在在使用设备进行研究,而不是假手工程师或者技术员。与之可以相提并论的是康奈尔大学,那里的加速器是世界上最小的,直径还不到一米,但他们的研究成果却一点也不逊色,每当有想法的时候,那里的科学家马上就拿起螺丝刀开始验证了。

最后,最重要的一点是普林斯顿有很多真正的大师。费曼在普林斯顿第一次做研究成果汇报时,他的导师和合作者是惠勒教授(黑洞和虫洞概念的提出者),他的听众包括维格纳教授(获 1963 年诺贝尔物理学奖),大名鼎鼎的天文学家罗素,1945 年诺贝尔物理学奖得主鲍立,数学家冯·诺伊曼(计算机之父),还有物理界神一样的人物——爱因斯坦。虽然费曼在父亲的教导下,从小就不在乎任何权威,不过当他听说这些大师都要来听自己的菜鸟讲演的时候,还是非常担心大师们问的问题,会让自己出丑。不过很快他就发现,只要自己全神贯注讨论物理问题,头脑中就既没有杂念,也不会紧张了,他只是在说明物理概念,听众是谁根本没关系,这样事情就变得很简单了。

费曼在普林斯顿的求学生涯同样是如鱼得水,游刃有余。1942 年 6 月,费曼获得了理论物理学的博士学位，这一年，他才 24 岁。

3. 永远的阿琳

1942 年，费曼拿到了博士学位，他做的第一件事，就是和自己的女朋友阿琳·格林鲍姆登记结婚。

阿琳和费曼 13 岁就认识了。他们住在同一个小镇上，都是同龄人里的风云人物，阿琳是人人喜欢的漂亮女生，而费曼是功课出众的天才小子。有一天，阿琳邀请费曼去帮她做哲学课的家庭作业，讨论关于笛卡儿是如何从"我思故我在"证明上帝的存在的。费曼指出，笛卡儿的推论并不严谨，不完美并不能证明出完美，笛卡儿这些貌似严谨的命题，也完全可以挑战。阿琳同意费曼的想法，因为老师说过任何事物都像纸张一样有两面。费曼告诉阿琳即使老师的这个例子也有例外，他在《不列颠百科全书》看到过莫比乌斯环的介绍，把一个纸条扭半圈，把头尾连接起来就会变成没有两面边界的莫比乌斯环纸圈呢。第二天在课堂上讨论，当老师谈到这个话题时又说"任何事物都像纸一样有两面"的时候，阿琳举起莫比乌斯环说："老师，就是这个论断也有两面呢！我这儿就有个只有一面的纸！"这下子阿琳让老师和全班同学都刮目相看了。同时，阿琳也开始对费曼刮目相看了，莫比乌斯纸条平面的存在虽然不是人尽皆知，但是揭示的道理却是很容易理解的，这样的科学知识让费曼着迷，也让他具有了独特的魅力。

自然而然地，聪明漂亮的好姑娘阿琳和科学小子费曼开始亲近起来，他们开始互相影响，塑造彼此的性格。当时的社会教育人要彬彬有礼，顾及别人的感受，如果是出于好心，礼貌性的虚伪和谎言都是可以接受的。而费曼却有自己的想法：虽然别人的意见也应该听取并加以考虑，但如果觉得其他人的看法是错的，就应该没什么好瞻前顾后的。阿琳十分理解费曼的想法，她完全同意在两个人的关系中，应该互相诚实、毫不隐瞒。就这样，这两个年轻人相爱了，青春的记忆无法复制，这是令费曼一生刻骨铭心的感情。相识6年，他们就确信彼此是完全契合的对象，将来也一定是完美的伴侣。

彩云易散琉璃脆，不幸的事发生了。在费曼读博士的时候，阿琳患上了淋巴系统疾病，开始医生诊断是何杰金氏病，这种病在当时无法治疗，只能再活两年。由于双方的亲戚和朋友担心阿琳承受不住这种打击，大家都逼着打算坦诚相告的费曼答应把真实病情瞒着阿琳，连费曼11岁的小妹妹都满脸泪水地跑过来，骂他的想法太狠心，费曼终于受不了压力屈服了。虽然阿琳开心地接受了费曼的谎言，但背叛了和阿琳的约定的费曼，内心却感觉像死了一样，他想阿琳一旦发现了他的谎话一定会和他分手，怕没有机会再和阿琳说话的费曼甚至写了一封分手的情书一直带着身上。

不久，阿琳发现妈妈在晚上会偷偷哭泣，第二天下午她找来费曼问清了真相，难过极了的费曼觉得无地自容，把分手信给了她。聪明的阿琳马上就知道一定是自己的父母硬拧着费曼说谎才会这样，她原谅了他，因为她知道他再也不会这样了。了不起的阿琳面对死亡反而非常平静，这两个年轻人就在那个下午决定了他们的婚事——这番磨难让他们知道两人一起可以面对任何事情，再没有什么困难可以难倒他们了。

后来通过新的医学检验，阿琳被确诊患的是结核病，虽然当时链霉素还没有发明，结核病还是不治之症，但阿琳不会马上有性命之忧了。费曼用了3年时间就拿到了博士学位，虽然一毕业他就参与曼哈顿计划为国家服务，薪水不高，但他还是尽自己所能把一切安排妥当，向家人宣布了和阿琳的婚事。费曼的父亲一直对这个儿子期望有加，希望他成为一个快乐的科学家，所以总觉得他结婚太早会耽误事业，现在听到他要和得了肺结核的阿琳结婚，又多了一层担心，怕他会被传染。整个家族也

费曼和阿琳

都忧心忡忡。劝说他原来的婚约是阿琳还没得病的时候定下的，现在情况

不同了。费曼觉得这简直是发疯的念头，他和阿琳相爱至深，只是没有一纸证书而已，难道一个丈夫会因为妻子得了肺结核而抛弃她么？费曼早已尝过听从亲朋戚友劝告的苦头，这次他坚定地坚持自己的观点，因为他知道自己和阿琳的决定是对的。费曼在学校附近帮阿琳找了一家慈善医院，可以边工作边照顾她。费曼找同学借了辆车，把车改装了一下，让阿琳累的时候可以躺下休息。结婚当日，费曼开车去接他的新娘，和家里人挥手告别之后，就开车去市政厅登记。接待人员很友好，看到他们没有证婚人，就从旁边的办公室找来了会计和书记员，一对幸福的新人就这样结婚了。

费曼和阿琳是1942年结婚的，到1945年阿琳去世，他们度过了幸福无比的3年时光。阿琳先是住在学校附近的医院，后来住在洛斯阿拉莫斯附近的医院里，费曼每个周末都去看她。阿琳一直住在医院里，在她精力好的日子里，在费曼的同事的帮助下，她经常用费曼最爱的恶作剧式的玩笑尽力让费曼开心。她会给费曼寄去一大盒铅笔，上面印着烫金字："亲爱的费曼，我爱你！波斯猫。"（波斯猫是费曼对阿琳的爱称）阿琳不许费曼因为不好意思而把字刮掉，因为他应该为阿琳爱他而自豪。阿琳会给费曼的同事寄圣诞卡，上面的署名是"费曼和波斯猫"。费曼说："这样的卡片怎么能送给费米和贝特这样的大人物？我都不认识他们呢！"回答是："你干吗在乎别人怎么想？"结果第二年圣诞节来临的时候，费曼和费米、贝特都变得很熟。大家都很喜欢费曼那可爱的爱恶作剧的太太。

终于，阿琳告别的日子到来了。费曼发现自己虽然悲伤，但并不像预想的那样特别难受，自阿琳得病以来他已经有了心理准备，他知道这件事迟早都会发生。费曼想，对于自己和阿琳来说，和一般人的区别不过是别人有50年，他们却只有不到10年的时间在一起。但是他和阿琳的这些年却是无可替代的！阿琳去世的时候，费曼只有27岁。

和阿琳在一起的那些快乐时光，让费曼始终难以忘怀。费曼的抽屉里，常年摆着一封从未寄出的信。信纸泛黄破旧，因为费曼经常拿出来展读，那是在阿琳过世一年后他写给亡妻的信，信末写道："原谅我没有寄出这封信，我不知道你的新地址。"在他的心底，阿琳永远不会逝去。

4. 洛斯阿拉莫斯的年轻人

1942年6月，美国政府开始实施绝密的曼哈顿计划，利用核裂变反应来研制原子弹。为了先于纳粹德国制造出原子弹，这个计划集中了当时西方国家（除纳粹德国外）最优秀的核科学家，动员了15万人，4 000名科学家，历时3年，耗资25亿美元。曼哈顿计划建立了快中子反应和原子弹结构研究基地，这就是后来闻名于世的洛斯阿拉莫斯实验室。

当费曼意识到希特勒极有可能也在研究原子弹的时候，他马上接受了招募，投入到这个划时代的工作中去。在曼哈顿计划中，这个刚拿到博士学位的毛头小伙子算是真正见识了顶级科学家是如何在一起工作的："这群绝顶聪明的人提出一大堆想法，各自考虑不同的层面，却同时记得其他人说过些什么，到了最后，又能就哪个想法最佳，做出决定，并综合全体意见，不必什么都重复，这些人实在了不起。"费曼学得很快，他被派去其他实验室收集关于原子弹原理和问题的资料，回来向大家报告实验中释放出了多少能量，原子弹将会是什么样子的。他的同事奥伦参加了报告会后感叹道，将来如果要拍电影，向普林斯顿报告原子弹情况的人一定是西装革履神气十足，谁会想到真实的场景是一个衣服袖口脏兮兮的小子，在随随便便地谈论这件惊天动地的大事情呢！

费曼在洛斯阿拉莫斯隶属理论物理部，主任贝特（Hans Bethe，1967年诺贝尔物理学奖得主）在工作的时候习惯找个对手唱唱反调，看看自己的想法是否经得起考验。这个对手可不是一般人可以担当的，不过费曼却刚好是最适合的人选，他在物理讨论中一向能忘记谈话对象的身份，从不会惧怕和大人物唱反调。办公室里大家就一直听到贝特和费曼吵闹的声音："不，不，你疯了，应该是这样才对。""等一下，这样，这样，所以我没疯，你才疯了。"这种疯狂讨论让贝特充分了解到费曼的态度和能力，他很快提拔费曼做理论物理部的小组长。

在洛斯阿拉莫斯,发现并欣赏费曼这个特殊品质的大人物不止贝特一个,老玻尔就曾经在开会前指名要和费曼谈谈,老玻尔是量子力学的奠基人,当时不少的理论物理学家觉得他就像上帝一样伟大。小玻尔告诉他,老玻尔是在上一次开会时记住费曼的,因为当时费曼是会上唯一不怕他的人,只有他指出了老玻尔想法中荒谬的地方。费曼知道自己在社交上是个笨蛋,总是忘记谈话对象的身份,但是当这种事情发生在自己专注的物理学上时,他可以尽情痴迷而不会变成真正的傻瓜。

在洛斯阿拉莫斯,费曼除了理论研究工作之外,还处理过一些比较棘手的问题。其中一个是到橡树岭实验室去说明安全问题的重要性。去之前,奥本海默和费曼进行了一次谈话。洛斯阿拉莫斯素有"诺贝尔奖获得者集中营"之誉,奥本海默作为实验室主任,虽然没有获过诺贝尔奖,却拥有很高的个人威望。他鼓励科学家畅所欲言,注意倾听任何人的意见,掌握着整个实验进程。在很多问题上,都是由于奥本海默的决断才取得突破,保证了原子弹研制时间表的执行。奥本海默告诉费曼:你必须确定橡树岭实验室和工厂那边所有了解技术的人出席,还要详细告诉他们如何确保安全,他们才不会搞错。如果做不到,你就要郑重声明洛斯阿拉莫斯无法承担橡树岭的安全问题。费曼有点迟疑,难道奥本海默是想让他这个年轻小伙子去大牌云集的地方说这样的狠话么?奥本海默肯定地说:"是的,小费曼,你就那样做。"

费曼被派去解决的另一个难题,是要准确计算原子弹爆发时会释放多少能量,从而知道爆炸时会出现什么状况。这项工作所需要的计算能力,远远超过了当时依靠人力或者机械计算机所能达到的程度。正是曼哈顿计划催生了计算机的机械原型,洛斯阿拉莫斯的数学家设计了一套程序,可以用IBM的机械计算机组成系统,把计算效率提高很多倍。军方通过"特遣工程师"计划从全美选拔高中生参加特种兵,训练他们按程序进行实际的海量计算工作,为原子弹试验提供所急需的计算数据。费曼被派来督导整个计算小组的工作,在奥本海默的支持下,他和军方的保密单位争取到权限,为小组成员培训原子弹知识,告诉他们所计算的数字对于战争的重大意义。这大大激励了计算小组里的年轻人,他们开始自发地加班工作,改良了整个系统,发明了几套很有用的程序,他们通过种种的努力让效率提高了 10 倍,最后在原子弹正式试爆前,如期交出了要求的计算结果。

1945 年 7 月 15 日凌晨,费曼被安排和大家一起到试爆地点 20 千米之外的地方观测。费曼决定要按自己的方法,不戴墨镜,用肉眼观测全过程。他知道能伤害眼睛的亮光是紫外线,而紫外线穿不过玻璃,所以他选择坐在卡车的挡风玻璃后面,既能看得清楚,又能兼顾安全。费曼对核爆的描述即真切又惊心动魄:

海上核爆试验

> 远处出现巨大的闪光,白光转变成黄光,又变成橘光,在冲击波的压缩以及膨胀作用下,云团形成又散去,最后,出现了一个巨大的橘色球,它的中心是那么的亮,以致成了橘色,边缘却有点黑的,慢慢上升翻腾。突然我明白了,这是一大团烟,充斥着闪光,火焰的热力则不断往外冒出。这个从极亮变成黑暗的过程,前后大约持续了一分钟。大约一分半钟以后,突然传来"砰!"的一声巨响,紧接着是打雷般的隆隆声。那声巨响比什么都有说服力。证明曼哈顿计划完全成功,核弹时代来临了。

费曼作为曼哈顿计划的参与者,只是一个后生晚辈,当时有极充分的理由说服自己参与这工作,而且尽力完成了使命。但是,当战争时代结束,他回到大学教书,慢慢了解整个事件的全貌之后,整个世界会被核弹摧毁这种想法给他带来了非常奇怪而强烈的感受,再加上爱妻去世,他曾经有几年时间非常抑郁消沉,觉得人类所有的努力都是没有意义的,一切都是白费功夫。好在时间慢慢让费曼回到现实,他意识到自己的看法错了,人类并没有因为核弹的出现而停止进步,有远见的人不会放弃眼前的工作。和所有人一样,费曼继续往前迈进。

5. 乐在其中的物理人生

费曼在曼哈顿计划中作为理论物理学家表现得非常出色,他的工作内容是把数学应用到物理上,在洛斯阿拉莫斯满负荷高强度的 4 年工作让他获得了丰富的经验。洛斯阿拉莫斯的理论物理部主任贝特一直很赏识他,当曼哈顿计划结束时,他推荐费曼到康奈尔大学任教。

费曼刚到康奈尔大学的时候,开了不少课,当时他没有意识到要准备一堂精彩的课往往会花费很多时间和心血,而上课,出考题,也都是非常繁重的工作。因此他在做研究工作的时候,总是会因为劳累而分心,提不起兴趣。他并没有想明白真正的原

康奈尔大学

因,认为自己无法再做有意义的研究了,不由得常常自怨自艾。

当初带费曼去曼哈顿计划的威尔逊,此时在康奈尔实验室当主管,他很严肃地对费曼说:"费曼,你书教得很好,我们觉得很满意。聘请一个教授的全部风险都应该由学校承担,如果教授不够好,那是学校需要考虑和改进的事情,所以你完全用不着担心自己能不能做研究,也不用担心你的研究成果够不够好。"威尔逊把费曼从沮丧中解脱了出来。他开始对物理有了新的想法:好吧,也许我永远不会有多么伟大的成就,那就让我和小时候一样,单纯地享受"物理"的乐趣吧,只要兴之所至就行,不必介意有没有人研究过、有没有必要去研究,也不必介意研究结果对核子物理的发展是否重要,不再担心自己的所作所为是否有意义。

费曼想通了,就开始这样身体力行。不久他在餐厅吃饭的时候,注意到旁边有人把餐碟丢到空中取乐,觉得有趣的费曼用一个复杂的方程式推算

出餐碟边缘所印校徽转动的速度是摆动速度的两倍，由此推想有没有更基本的方法来处理，比如从力或者动力的角度？他开始计算餐碟的运动，转动、摆动、各质点的运动、所有加速度运动的平衡……他知道这样做毫无意义，但是兴趣推动着他继续向前，他推算出盘子转动的方程式，就好像打开了瓶盖水自动流出来一样，他开始继续思索电子轨道在相对论发生作用的时候的任何运动，电动力学的狄拉克方程式，量子电动学，一切是那么毫不费力，"玩物理"的兴趣把费曼又带回了量子力学研究的轨道上，费曼在自传里，把后来获得诺贝尔奖的原因，归功于那天研究转动的餐碟所带来的快乐感觉。他找回了自信，重新回到了一流理论物理学家的行列之中。

1965年，费曼和朱利安·薛温格、朝永振一郎共同获得了诺贝尔物理学奖，表彰他对量子电动力学的贡献，他提出的费曼图、费曼规则和重正化的计算方法，都是研究量子电动力学和粒子物理学的重要工具。他在弱核反应和超导研究当中也做出了巨大的贡献。

亲自参与了释放毁灭性的核能量，又看到挚爱的妻子去世，这曾经使费曼陷入了深深的忧郁，这种情形持续了差不多两年。费曼不知道自己的忧郁在多大程度上来自于原子弹，又在多大程度上来自于阿琳的去世。然而，费曼从教学中获得了极大的安慰。康奈尔大学给费曼提供了一个避风港，让他集中精力从事教学，而不要求他拿出研究成果。

在康奈尔大学待了4年以后，加州理工学院用优厚的条件吸引了费曼，并且用富有激情和创造力的科学研究环境把费曼留了下来。此后费曼的全部时间都是在加州理工学院度过的，在那里，费曼创造了一个传奇人物的名声，除了在数学上直觉性的才能和对物理学的深刻的洞察力，他还表现出对教

加州理工学院

学的强烈兴趣。费曼曾说过："教学和学生使我的生命得以延续。如果有人

给我创造一个很好的环境,但是我不能教学的话,那我永远不会接受。"

　　对于费曼的教学生涯来说,父亲的影响是无价之宝。麦尔维尔在他身上灌注了一种对于大自然之美的赞叹和欣赏,并使他产生了与他人分享这种感受的灼人的欲望。听费曼讲课确实是一种触电的经历。在讲台上,他总是处于动态,正如他喜欢谈论的原子一样。他像个舞蹈演员一样昂首挺胸地在台上走来走去,他的胳膊和双手划出复杂而优美的弧线,配合着他的语言。他的声音时高时低,用来证明他的论点。总而言之,他能牢牢地抓住听众的注意力。物理学家弗里曼·戴森对费曼的初次印象是:"半是天才,半是滑稽演员。"后来,当戴森对费曼非常了解之后,他把原来的评价修改为:"完全是天才,完全是滑稽演员"。

讲课中的费曼

　　费曼有一种特殊能力,就是能把复杂的观点,用简单的语言表述出来。加州理工学院把他的一系列讲座收集在一起,出版了《费曼物理学讲义》,费曼在前言中写道:"我讲授的主要目的,不是帮助你们应付考试,也不是帮你们为工业或国防服务。我最希望做到的是,让你们欣赏这奇妙的世界以及物理学观察她的方法。"这本书本来是面向加州理工学院一二年级的学生的,可是最能认识到这本书价值的却是物理教师,他们从中找到了自己讲座的灵感,这本书成了经典著作,成了全世界的热销书。费曼也因此成为一位硕果累累的教育家,被称作"老师中的老师"。在获得的诸多奖项中,尤其令他感到自豪的,是1972年获得的奥尔斯特教育奖章。

　　费曼曾经说过:"我认为全力以赴并不是一种义务,而是你得到真正快乐的唯一方法:对于你真正爱做的事情,你一定会全力以赴!"

最早获得诺贝尔奖的
华人物理学家

——李政道

1. 中国最好的大学和"送上门"的高才生

　　1937 年 7 月 7 日，发生卢沟桥事变，日本发动全面侵华战争。不甘做亡国奴的华北人民纷纷撤退到内地，清华大学、北京大学、南开大学的师生先是辗转退到长沙，于 1937 年 11 月 1 日组建了国立长沙临时大学，后又迁到昆明，改名为国立西南联合大学，这就是在中国教育史上著名的西南联大。

　　西南联大自 1938 年 5 月 4 日开始上课，至 1946 年 5 月 4 日结束，历时整整 8 年，在极其艰苦的条件下，培养出一大批蜚声中外的一流科学家，其中包括两位诺贝尔奖获得者——杨振宁、李政道，3 位国家最高科技奖获得者——黄昆、刘东生、叶笃正，6 位"两弹一星"功

西南联大校门

勋奖章获得者——郭永怀、陈芳允、屠守锷、朱光亚、邓稼先、王希季，近百位中国科学院和中国工程院院士。美国弗吉尼亚大学历史学教授 John Israel

(中文名易社强)对西南联大进行了多年的研究,他说:"西南联大是中国历史上最有意思的一所大学,在最艰苦的条件下,保存了最完好的教育方式,培养出了最优秀的人才……西南联大人在政治、经济压力下仍然能够坚持不懈地追求民主、学术自由和思想多元化,以及对不同意识形态和学术观点的包容。这种价值,是中国传统和西方传统的最佳的结合,它不仅是中国大学最鲜活的血液,也是全世界的。"

1945 年的春天,抗战已经胶着了 8 年,正在经历黎明前的黑暗,西南后方的经济已经到了崩溃的边缘,西南联大的教授们在逆境中苦苦求生,物理系的教授吴大猷尤为辛苦,他的爱妻阮冠世常年卧病在床,他在忙碌的教学之余,不得不应付每日的买菜、生火、煮饭

杨振宁(左),吴大猷(中)和李政道(右)

等琐事以及物价节节上涨带来的压力,然而,就是在这种艰苦情况下,他仍然带出了杨振宁和黄昆这样杰出的弟子。

一天,一个青年带着一封吴大猷校友的介绍信来找他,这个青年就是李政道。李政道祖籍江苏苏州,曾在东吴大学(苏州大学)附中、江西联合中学等校就读。1943 年因抗战,中学没毕业就以同等学力考入迁至贵州的浙江大学物理系,师从束星北、王淦昌等教授。1944 年日军入侵贵州,浙江大学被迫停学。李政道辗转重庆,在亲友的介绍下到昆明来见吴大猷。虽然是学年的中间,按规定不经考试,不能转学,吴大猷还是和联大教二年级物理、数学课程的几位先生商量,让李政道可以随班听讲并考试,如果他合格,则待暑假后正式转学入二年级时,可免他再读二年级的课程。

李政道应付课程绰绰有余,他每天都到恩师家中帮老师料理家中琐事,帮有风湿痛的老师捶背,除此之外便是请求给他一些额外的专业书和习题。无论吴大猷给出多么难的书和题目,李政道都能很快看完、很快解答、很快

219

又会再次请求，连满门高徒的吴大猷都觉得他的求知欲令人惊叹，也很快发现李政道思维敏捷，卓尔不群。

1945 年 8 月，美国在日本投下两颗原子弹，日本天皇由此宣布投降。重庆政府也打算发展原子弹，当时重庆的军政部部长陈诚、次长俞大维，找到西南联大的物理教授吴大猷、数学教授华罗庚和化学教师曾昭抡，让他们为成立国防科学工作机构出谋划策。吴大猷提议在成立研究机构的同时，选派优秀青年出国考察。在甄选物理人才时，他毫不犹

少年李政道

豫地推荐了二年级的李政道。他确信，在西南联大的研究生以及助教当中，论天赋和勤奋没有人能超过李政道，他要"不拘一格荐人才"。李政道于 1946 年和考察小组一起来到美国，由于美国不向中国政府开放原子弹制造技术，考察小组只能解散，但他们被允许用领取到的经费在美国深造。李政道留在芝加哥大学师从费米学习物理。

李政道在吴大猷门下只待了一年两个月，却受到了深远的影响，李政道说："我从吴师学到的不仅包括人格的涵养，最重要的是学到对知识的'奉献'（dedication）。我与吴师的关系很长，不是一句可以说得完的。"

2. 世界第一的物理系和优秀的中国学生

1946 年李政道进入芝加哥大学，师从物理学大师费米教授。当时他西南联大的师兄，同为吴大猷得意门生的杨振宁正在芝加哥大学当助教，同时师从氢弹之父爱德华·泰勒攻读博士学位。杨振宁热情地接待了李政道，

并很快和他成为好朋友。

芝加哥大学是 1891 年由洛克菲勒创办的私立大学,以学术能力闻名世界,有 81 位校友获得过诺贝尔奖。第一任校长威廉·林尼·哈珀凭着非常前卫的办学理念和狂热的办学热情,以及倾倒洛克菲勒的天才鼓动力,说服了 8 位在任的大学校长和近 20 名系主任辞职来芝加哥任教,并对当时的教育体制进行了革命式的改革。哈珀主张大学的目的是深入研究,无论是入学标准还是毕业标准都不对任何其他大学亦步

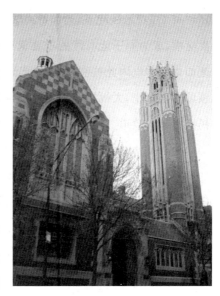

芝加哥大学

亦趋。在这种理念的驱使下,芝加哥大学在课程上做了大胆创新,创立低年级学生学院,全年不间断提供基础课程、不分寒暑假滚动式授课和学习,同时允许完成学业的学生在任意学年的任意时候毕业,然后进入"深入研究"阶段。

李政道虽然在国内还只是大二的学生,但他已经完全熟悉经典物理学,对量子力学也很了解。芝加哥大学的研究生院对他来说再适合不过了。他信心满满地前去报名,不料却被告知研究生入学前必须熟读几十本校长指定的西方文史经典名著还得通过考试,这些书大部分李政道闻所未闻,脑筋灵活的李政道没有被退缩,他对招生办负责人说,他研究过孔孟老庄等名著,而这些中国文化经典完全可以和那些西方文化经典媲美,所以他应该可以免考,对方居然被他说服,同意他进入物理系研究生院试读一年。第二年李政道得到了研究生院多位大师的好评,成为正式研究生。

当时芝加哥大学物理系荟萃了一大批世界一流的物理学家,李政道初来乍到,选择泰勒(氢弹之父)的量子力学、扎克赖亚森的电磁理论和迈耶的统计力学这些名家的经典课程时,还担心自己不够优秀,不过他很快就收到了费米的邀请,参加费米的讨论课。费米被称为现代物理学的最后一位通才,

221

1942年，在费米领导下，芝加哥大学建成了世界上第一座可控原子核裂变链式反应堆，成为原子能时代的重要里程碑，为两年后的原子弹诞生奠定了基础，芝加哥大学也因此被称为"原子能诞生地"。费米在理论物理和实验物理两个领域令人仰止，大批物理天才慕名到芝加哥大学他的门下求学，其中就包括了杨振宁和李政道。

芝加哥大学有句名言"明辨之路是争论，而非顺从"，这也是芝加哥大学的价值观，把善于提问、敢于质疑，作为研究者的职责所在。他们相信，在科研中，一个问题的本身就可以带来很多有创造性的新观点。在提问的过程中，研究就进入了询问和疑问阶段，在这个过程中如果更多的人逐渐参与进来，即使开始提出的只是些简单的问题，围绕着这些问题进行的深入讨论也可以变得多层次、多方面，使这个问题更加丰富。这种观念构成了芝加哥大学的"学术领导力"，符合这种要求的人，就是芝加哥大学所说的"议程设置型"教师。这种教师有能力搭建一个总体的问题框架，先提出大问题，由大问题延伸出一个思路，让更多人参与进来，围绕着思路再深入提出一些更细致的问题，这样问题就能越研究越明白。而费米就是这种教学方法的先驱和大师。费米的晚间讨论课上讨论的内容涵盖物理学的所有领域，费米会从他的文件夹里随机抽出一张卡片，上面写着一个课题和一个关键公式，他便从此讲起。令李政道叹为观止的是，费米能从零开始，在一堂课的时间里，给出与课题有关的所有物理思想、公式和数值估计。费米可以轻松地从一个领域跨越到另一个领域，这让李政道钦佩不已。

1948年春天，李政道通过了博士资格考试，由费米指导博士论文。费米注重培养学生的独立精神，要求学生对问题一定要有独到见解，在研究工作中必须能够证明或者推导出所用的一切公式，绝对不能接受没有独立验证过的别人的计算成果。费米曾经要求李政道验算他在研究中引用的一个有名文献上的结果，为此他帮李政道专门做了一个2米的大计算尺，这让李政道终生难忘。在之后的研究中，每当遇到困难他都会想：在类似的情况下，费米会怎样做？

在费米的指导下，李政道先研究核物理（包括粒子物理），后又转入天体物理。在芝加哥大学读书的日子里，他和杨振宁成为很亲密的朋友。他们都极其聪明，又都很年轻，对各种问题充满好奇心。他们对于不同的想法和观点时常讨论得相当热烈。这对他们俩来说，

李政道和杨振宁

都是一段非常快乐的时光。在费米的指导下，这两个来自中国的年轻人开始在学术上进行合作，并联名发表了论文成果，当有其他物理学家发表类似成果时，费米专门为他们说话澄清，这让他们十分感动。

1949 年，李政道在费米的指导下，完成了关于白矮星的博士论文。经费米推荐，李政道到耶克斯天文台工作了 8 个月。1950 年，李政道在芝加哥大学获得了哲学博士学位，他的博士论文被评为第一名，评语是"有特殊见解和成就"，还获得了 1 000 美元的奖金，芝加哥大学校长哈钦斯在授予李政道博士学位证书时致辞："这位青年学者的成就。证明人类高度智慧的阶层中，东方人和西方人具有完全相同的创造能力。"

1951 年 9 月，在费米的介绍下，李政道来到了普林斯顿高等研究院，当时杨振宁也在普林斯顿做访问研究员，他们开始了真正的合作，两位年轻人在普林斯顿的合作及其卓越成果，以及他们个人和两个家庭之间的亲密关系，一时传为佳话。奥本海默曾说，李政道和杨振宁坐在普林斯顿高等研究院草地上讨论问题，是一道令人赏心悦目的景致。

李政道和杨振宁两家人在普林斯顿

1953 年，李政道决定离开普林斯顿，去哥伦比亚大学担任助理教授。3 年后，他 29 岁时，成为哥伦比亚大学有史以来最年轻的教授。

3. 华人物理双星与"宇称不守恒"

李政道到了哥伦比亚大学之后，和杨振宁继续保持联系。1953 年，杨振宁到纽约的布鲁克海文实验室工作，他们见面就比较容易一些。他们发现二人合作上的默契还在，并且他们之间的讨论非常有益于双方的工作，因此决定订立一个相互访问的制度，每周互访一次，讨论当时物理学中重要的问题。这个互访的讨论制度对他们的合作产生了巨大的影响，李政道说："从 1956 年到 1962 年，杨和我共同写了 32 篇论文，范围从粒子物理到统计力学……合作紧密而富有成果，有竞争也有协调。我们在一起工作，发挥出我们各自的最大能力。合作的成果大大多于各自单独工作可能取得的成果。"

1956 年，物理学家们正在努力寻找解释 β 衰变的正确理论，β 衰变带来了 $\theta-\tau$ 之谜：在 β 衰变时，从回旋加速器中会生产出两种介子（奇异粒子），一种名叫"涛"（以希腊字母 τ 代表），另一种叫"西塔"（以 θ 代表）。一种会蜕变为两个常见的"派"粒子（以 π 代表），另一种则蜕变为 3 个 π 粒子。这两种介子的质量几乎一模一样，寿命也一样，它们的产量比例也始终不变，于是就有人怀疑：两者实际上是同一种粒子，只不过它有时蜕变为两个 π 粒子，有时蜕变为 3 个。但是这个设想违背了"宇称守恒定律"。在量子力学里，宇称守恒是指在任何情况下，任何粒子的镜像与该粒子除自旋方向外，具有完全相同的性质。简单地说，这种宇称理论把粒子的状态描述成一种空间的左右对称，时间和空间的变化不会改变物理规律的形式和结果，所以如果是同一个粒子，那么它要不就蜕变成两个 π 粒子，要不就蜕变成 3 个。宇称守恒定律符合人的常识，也与许多实验结果相符合，原本是物理学界一致相信的原理之一，当时已经在物理界被挑战了 30 年而屹立不倒。

当时加州理工学院的费曼在参加一次会议时,他的实验物理学家朋友布洛克私底下对他说:"你们为什么那么死守着宇称守恒定律?假如宇称不守恒会怎样?"费曼受到了启发,他感觉到那可能是个很重要的想法,谁提出这个问题,往后很可能会名留青史。李政道在会议上试图回答这个众人瞩目的问题,他虽然还没有推导出完整的理论,但是已经发现在假定宇称不守恒的前提下所得到的理论推导更符合弱相互作用下的实验结果。后来费曼看到李政道和杨振宁关于宇称不守恒的论文时,发现对于一个理论物理学家来说,只要想到了关键的突破点,结论就变得简单明显了。这个关键性的突破点,就是李政道和杨振宁找到的。

哈佛大学物理学博士伯恩斯坦是他们的朋友,通过对他们的访谈,在1962 年的《纽约客》上发表了一篇科普文章《宇称问题侧记》,对这两位来自中国的理论物理学家得到这一重大发现的过程做出了翔实而有趣的描述:

> 1956 年李和杨给他们自己提出的问题是,我们怎样知道这一定律是对的? 他们的发现使他们大为惊奇。过去实验所证实的这一定律,只适用于强相互作用力,也就是把原子核聚在一起的那种作用力,以及起化学反应的那种作用力;没有任何一个实验去检验这一定律对弱作用力究竟如何,例如那种让 θ 和 τ 粒子,或者让众所周知的放射性同位素进行衰变的力。有许多有关弱作用力的实验,但是没有一个(有一个例外,当时李和杨以及大多数物理学家都还不知道)是与宇称守恒问题有关的。杨曾描述过当时他们对这一问题的看法:"事实上,关于在弱作用中宇称守恒,在没有实验支持的情况下,为人们长期相信,这是令人吃惊的。但是更令人吃惊的是,物理学家所熟知的空间-时间对称定律很可能要被破坏掉。这一前景我们过去没有想过,而是通过各式各样的努力去解开 θ-τ 之谜,遭受失败之后我们才得到这一结论的。"
>
> ……他们忽然有一种想法,应该去检查一个又一个弱作用实验的结果,去看一看有没有任何有关宇称不守恒的信息。

就这样，杨和李一连3个星期进行了紧张的工作，杨在布鲁克海文，李在哥伦比亚。他们的方法是对一个一定的实验，允许宇称可以不守恒，做出有关它的理论计算。举例说，他们计算了各种弱衰变过程的衰变率。在这些衰变率的数学公式中，那些可能反映宇称不守恒的项正好都被消除掉。这样，测量衰变率的实验，不管它做得多么好，没有一个能够反映出宇称不守恒的效应。6月初，他们开始研究如何去做这件事。随后就比较简明地列出了一些实验名单，原则上这些实验可以指出宇称守恒被破坏的效应。

6月下旬，杨和李在布鲁克海文写了一篇论文——《弱相互作用中的宇称守恒质疑》，现在这篇论文成了经典。在开头部分，论文总结了当时的情况，被视作科学论文的典范：

"最近，实验显示 θ 和 τ 介子的质量和寿命几乎完全一样。另一方面，基于角动量和宇称守恒，对 τ＋的衰变产物的分析强烈建议 τ＋和 θ＋是不同的粒子，这就形成了一个相当令人迷惑的局面，并引起了广泛的讨论。

摆脱这种困境的一种方法是，假定宇称不严格守恒，θ＋和 τ＋是同一粒子的两种不同的衰变模式，那么它们的质量和寿命就必须相同。在本文中，我们想在已有的宇称守恒的实验证据的基础上分析这种可能性。我们的分析清楚显示，在强作用和电磁作用中，现有的实验以很高的精确度表明宇称守恒；但是，对弱相互作用（介子和超子的衰变作用和各种费米相互作用）宇称守恒至今仍只是外推的假设，并没有实验证据的支持。"

1957年，李政道和杨振宁被授予诺贝尔物理学奖，这个速度在诺贝尔奖评选过程中可是

李政道在诺贝尔颁奖礼上

非常快的,这也证明了他们的成果是多么令人瞩目。而当时李政道只有 31 岁,杨振宁是 35 岁。这也是华人首次摘获诺贝尔奖的桂冠。消息传来,全球的华人都为之振奋,即使在今天看来,这两位青年才俊凭着他们的才干和努力,屹立于人类智慧的高峰,也堪称华人的骄傲,当之无愧。

4. 完美合作的不和谐尾音

伯恩斯坦的《宇称问题侧记》,高度赞扬了李政道和杨振宁的合作:

在现代物理学中,没有什么可与李杨合作相媲美的了。的确,在实验物理学中需要合作,由于实验的复杂性,合作是不可缺少的。因此,有的实验团队的人员多年合作。然而,理论物理学家喜欢单干是众所周知的。某些人从不与人合作。一些人偶尔与人合作(两个人独立做同一项计算要比一个人做两次同一项计算的效率要高得多),但是往往经常改变合作对象。李和杨是理论物理学家,却不在此例……他们都独自做过出色的工作,前后也和其他人合作过,然而大量的工作,包括他们获得诺贝尔奖的工作,都是由他们两人一起完成的。

但就在这篇文章之后,李政道和杨振宁历年来在论文署名上的排序之争爆发了出来。这个问题也的确是个让人头疼的问题。一般来说,贡献比较大的,在研究主导地位的,提出创意的研究者会被尊为论文的第一作者;如果是大家合作,成绩不分彼此,那么按照国际惯例大家就按照姓氏的字母顺序排列。那么像李政道和杨振宁这样,通过共同讨论激发灵感,学术水平又都是出类拔萃、不分伯仲的高手,显然没法在每次合作中算清功劳,排出座次;但是如果按姓氏字母排序,就永远是李前杨后,久而久之,会不会就让人产生杨振宁的学术水平不如李政道,每次都是李政道在研究中做主导的误解呢?当时两人都是血气方刚的年轻人,又刚刚获得了举世瞩目的成绩,亲身体验到一个排名的变化,就会带来荣誉上的巨大差异。他们决定暂时停止两人的合作，不料这竟然就成了永远。

后来在相当长的时间里，两人对分手之事都讳莫如深，甚少提及。不过两人对分道扬镳都甚为遗憾，日久怨生，终于又爆发口舌之争，甚至为宇称首先发现的名誉而交恶，不免令人扼腕。1986年，李政道在撰写的《破缺的宇称》一文中，用小孩子来比喻这段纷争：

一个阴暗有雾的日子，有两个小孩在沙滩上玩耍，其中一个说："喂，你看到那闪烁的光了吗？"另一个回答说："看到了，让我们走近一点看。"两个孩子十分好奇，他们肩并肩向着光跑去。有的时候一个在前面，有的时候另一个在前面。像竞赛一样，他们竭尽全力，跑得越来越快。他们的努力和速度使他们两个非常激动，忘掉了一切。

第一个到达门口的孩子说："找到了！"他把门打开。另一个冲了进去。他被里面异常的美丽弄得眼花缭乱，大声地说："多么奇妙！多么灿烂！"结果，他们发现了黄色帝国的宝库。他们的这项功绩使他们获得了重奖，深受人们的美慕。他们名扬四海。多少年过去，他们老了，变得爱好争吵，记忆模糊，生活单调。其中一个决定要用金子镌刻自己的墓志铭："这里长眠着的是那个首先发现宝藏的人。"另一个随后说道："可是，是我打开的门。"

而杨振宁表示李政道是自己最成功的合作者，与李政道的决裂是他今生最大遗憾。他甚至把他和李政道的关系比作婚姻："有时候比我们和我们的太太之间的关系还要密切……这样深厚的一个关系，破裂的时候，我想跟一个婚姻的破裂，是在同一等级的痛苦。"

李政道和杨振宁

当年他们的合作，是物理史上并不多见的两个天才之间的合作，虽然毁于荣誉之争，但也属人之常情，对于那6年的完美合作，始终是瑕不掩瑜。值得人们永远铭记的，还是他们并肩研究时所绽放的灿烂笑容。

中国的居里夫人
——穿旗袍的物理学家吴健雄

1. 小镇才女,慈父名师

1912 年 5 月 31 日(阴历四月二十九日),吴健雄诞生于江苏省苏州太仓浏河镇的一个读书人家。浏河自古就有六国码头之称,郑和七下西洋都由此出发。祖父吴挹峰老先生是一位满清末年的秀才,曾经发起"体育会",推崇强身报国,算得上思想开明。

浏河古镇

父亲吴仲裔和叔父吴琢之,都是进步开明、思想活跃的青年知识分子。吴仲裔曾经考入由清末洋务派大臣盛宣怀倡议开办的南洋公学(交通大学的前身),后来因不满校方禁止学生学习西方关于自由、平等、人权和民主的新思想而自动退学,转入蔡元培创办的爱国学社。吴仲裔在蔡元培的影响下加入了进步报社和同盟会,后又加入"上海商团"——一个商业资产阶级武装组织,学习军事技能,并参加了辛亥革命光复上海的起义。1913 年吴仲裔和吴琢之在上海参加了反对袁世凯的二次革命,革命失败后他回到太仓县(今太仓市)的浏河老家,利用所学的军事知识帮助镇上的商团铲除了盘踞在当地的土匪,又和当地乡绅一起,将废弃的火神庙改建成明德女子职业补习学校,教授包括注音符号在内的正规课程,鼓励乡民送子女特别是女孩子来上学,之后经由明德学校到上海、苏州去念书的女孩子就有50多个。吴仲裔兴趣广泛,经常给子女讲上海商务印书馆出版的"百科小丛书"里的科学家故事,还自己组装矿石收音机,到上海租设备到镇里放电影,让家人和乡民可以了解外面的世界。后来,吴琢之在吴仲裔的帮助下在上海组织创办了沪太汽车公司,经营太仓和上海之间的公路运输,经济上可以给家人以支持。

吴健雄是家里的第二个孩子,还有一个哥哥一个弟弟,吴仲裔秉承男女平等的思想,让女儿跟着家里男生起名的"健"字辈分和"英雄豪杰"的排行,起名"吴健雄",哥哥和弟弟分别取名为"吴健英"和"吴健豪",并让她在自己开办的明德学校里接受启蒙教育。父亲坚毅恒久的为人处世风格对吴健雄的影响很深,家庭的和睦也塑造了她积极的性格,父母的言传身教影响了她一辈子。

1923年吴健雄11岁,报考了离家25千米的苏州第二女子师范。在那个时代的中国,能够读师范当老师,是一个使女孩生活有保障又拥有独立而受人尊重的社会身份的机会,因此竞争十分激烈。这一年苏州第二女子师范在近万名考生中只录取200人,吴健雄以第9名的成绩成为其中的一员。

苏州第二女子师范的校长杨诲玉女士是一位有真知灼见的教育家,观念超前,进行了许多实验教育,除了聘请了许多优秀的师资教授和配备新式教材之外,还经常邀请有名的学者来校演讲,其中不乏国外的知名学者。给吴健雄影响最深的,是胡适先生的演讲,听完了胡适关于妇女和传统的演讲《摩登的妇女》之后,吴健雄十分激动,第二天特地到东吴大学去又听了一遍。

当时的苏州第二女子师范,中学部比师范班有程度更深的科学和英语课程。很快,吴健雄就觉得师范课业不具有挑战性,求知心切的吴健雄每天在夜里自修中学部这些程度更深的课程,这时候的吴健雄已经表现出在科学方面不寻常的兴趣和意志力。吴健雄在学校里开阔了眼界:学者名人的讲演,各种学科的知识,文史方面的书籍特别是居里夫人的传记,都深深吸引了她,这些都是吴健雄发展出对物理科学终生志趣的基础,让她没有局限在大多数人被环境所限定的命运之中。在苏州求学的 6 年时间里,吴健雄成长为一个对世界有认识、对人生有定见的青年。

1929 年,吴健雄在苏州第二女子师范以优等生的成绩毕业。由于吴健雄念的是师范班,按照学校规定要先教一年书,才能去大学继续升学。这时她的父亲偶然得知胡适在上海的中国公学(中国第一所私立大学)兼任校长并授课,就鼓励吴健雄去旁听,因此,吴健雄在中国公学成了她非常敬佩的学者胡适为期一年的入室弟子。这时的胡适已经是中国最知名的学者,他出众的风采和才华吸引了一大批寻求知识和未来的青年人。而这时的吴健雄也因为出类拔萃的学业引起了胡适的注意。在胡适主持的一

胡适

次考试中,她提前了一个小时交卷,而且在答案中对胡适讲授的清朝三百年思想史理解得十分透彻,胡适高兴地给了她 100 分。当胡适在教务处和另外两位老师说起这件事的时候,发现这两位老师的班上也都有一位能轻松拿一百分的女学生,三个人玩了一个游戏,分别将女生的名字写出来,一对,果然都是吴健雄。胡适自此对吴健雄格外关注,并时时给予关心和教诲,即使是在吴健雄赴美留学之后,胡适也常常写信勉励,每当赴美公干都会找机会见面畅谈。吴健雄对胡适也是非常敬重和钦佩,连结婚这样非常个人的事也会专门征询恩师的意见,这种中国式的师生之情保持了一生,不但吴健雄认为胡适对她影响深远,胡适也曾在公开场合说过,有吴健雄这样的学生,是他生平最得意也最自豪的事。

1931 年,吴健雄进入南京大学(时称"国立中央大学"),这所学校 1915

年初创办之时，叫作"南京高等师范"。由于创校时期的教务主任、民初的大教育家郭秉文的远见卓识，南京高等师范延请了许多精通专业的一时之选，打下了坚实的基础，虽然后来几经动荡却并未停滞，吴健雄入学之时，该校俨然已经成了学术风气浓厚的一流学府。

"国立中央大学"校徽

吴健雄初进大学时念的是数学系，一年之后才转到物理系。当时物理学正是突破性发展的时代，吸引了很多优秀的学子。那时该校的物理系也有很多名师，如系主任方光圻，曾经师从居里夫人的施士元，后来担任过南京紫金山天文台台长的张钰哲等。这些老师都很关心学生，对成绩优异的吴健雄更是青睐有加。而吴健雄也没有辜负老师们的期望，她的求学态度极其严肃认真，虽然天资聪慧，却没有恃才傲物、飞扬浮躁的毛病，反而一直保持着脚踏实地的温和风格。

1934 年吴健雄以出类拔萃的成绩从南京大学毕业，她到浙江大学去当了一年助教后，就被物理系主任张绍中推荐到上海的中央研究院物理研究所工作，和由美国密歇根大学获得博士回来的顾静薇一起研究低温下气体的光谱，因为顾静薇还有教学工作，一周只来实验室一次，因此多半时间都是吴健雄一个人在实验室中朝夕埋首、废寝忘食地工作，很快吴健雄在这里掌握了 X 光晶体衍射光谱实验的技巧。

1936 年，在叔叔吴琢之的资助下，吴健雄赴美留学。这年的 8 月，吴健雄的家人和朋友，齐聚黄浦外滩给她送行。母亲哭得很伤心，最疼爱她的父亲和叔叔也十分不舍。本以为只是出国几年，很快就可以学得知识回家的，不料因为战争和政治的阻隔，吴健雄 37 年后才能回到故土，更让她痛苦和遗憾的是她再也没能见到至爱的双亲，那个时代的悲剧无疑也在吴健雄的人生经历中留下了深深的烙印。

2. 伯克利的旗袍姐姐

1936年8月，24岁的吴健雄乘坐渡海邮轮到达美国西岸加利福尼亚州（简称加州）的旧金山。那里朝气蓬勃的气息让她兴奋不已，而加州人所表现出来的那种开拓进取的精神更是让她耳目一新，其卓越的高等教育体系为这座"黄金之州"的发展和转型立下了汗马功劳。加州伯克利大学更是以杰出的学科建设闻名，当时伯克利的物理系，虽然不像美国东岸的哈佛、耶鲁、哥伦比亚等学校有着悠久的历史，却靠着远大的目光，秉承兼收并蓄、自由开放的办学宗旨，吸引了一批年轻而顶尖的物理学家，像发明、建造回旋加速器的劳伦斯和绝顶聪明的年轻理论物理学家奥本海默。

吴健雄原本计划停留一周后，就横穿美国去东岸原定的目的地密西根大学，这一周的时间她住在以前的一位女同学家里，而这位女同学的先生当时正在加州伯克利大学任教，因此吴健雄就住在伯克利校区里。吴健雄在伯克利，结识了中国学生会会长，一位姓杨的热情而活跃的华裔美国学生。这位杨会长得知吴健雄打算继续攻读物理，就问她想不想看看伯克利的物理系，两周前刚好有位中国留学生进了物理系，可以带她参观，吴健雄欣然同意。这位中国留学生名叫袁家骝，他是袁世凯

袁家骝

的孙子，但当时大家并不知道这位稳重谦和的同学的身份。吴健雄在袁家骝的带领下，参观了伯克利校区。对物理学的最新前沿已经有所接触的吴健雄，看到伯克利物理系各种不同的实验设施，特别是放射实验室里刚建好

的94厘米的回旋加速器，可以用于加速带电粒子，撞击不同原子核，进行当时最热门的原子核实验，艳羡不已。对物理熟悉又热爱的吴健雄，一下子就被伯克利物理系的科学魅力深深吸引，这正是她梦寐以求的物理殿堂。热切希望在美国学习物理的吴健雄做出了一个重要决定：留在伯克利。

在袁家骝的陪同下，吴健雄去见了伯克利物理系的主任柏基，虽然柏基对华人和女性都有偏见，但希望把伯克利物理系办成一流水准的愿望还是让他马上发现了吴健雄出众的物理才能，在学校已经开学的情况下，破例接受吴健雄的申请，欢迎她进入伯克利物理研究所就读。

初到伯克利的吴健雄，为人开朗、谦和，很快在同学中结交了不少朋友。吃不惯西餐的吴健雄找到了一家中国饭馆，和老板谈好包伙食的条件，经常带着这几个朋友组团去吃中国菜。除了中国菜，吴健雄还特别爱穿朴素大方、剪裁合身的中式高领旗袍，显得高雅迷人，再加上她理工科女生特有的开朗率真的个性，吴健雄赢得了国际学舍几乎所有同学的喜爱，大家都叫她"Gee Gee"，这是中文姐姐的英文谐音。中国文化在吴健雄身上的烙印是如此

风华正茂的吴健雄

鲜明，以至于她在和外国朋友说话时，会情不自禁地说起中文；在一次演讲中，她下意识地像写中文一样，在黑板上将物理公式由右向左写了出来。

吴健雄和袁家骝在伯克利的第一年成绩都非常好，但是物理系主任柏基屈从于美国当时对东方人的歧视观念，不给他们奖学金，只肯给助读金。袁家骝向加州理工学院提出申请，结果得到校长密立根亲自来电报允诺提供奖学金，并要袁家骝立即回复，袁家骝就这样被加州理工挖走，这让损失了好学生的柏基甚为不快。有叔叔资助的吴健雄则留了下来，在当时的美国，身为东方女性的吴健雄要在世界顶级的物理领域占据一席之地，必须付

出更多的努力和忍耐。她的老朋友都知道,吴健雄除了对物理的天分和兴趣之外,更有着常人少见的雄心壮志。为了心爱的物理研究工作,吴健雄的坚忍是一般人无法做到的。

1938年,吴健雄开始实验工作,博士论文的指导老师是大名鼎鼎的劳伦斯,而实际指导她做实验的则是意大利科学家塞格瑞。赛格瑞是罗马学派的一员,曾经参加过费米领导的发现中子的科学小组,也是在核分裂领域颇有名气的物理学家。

加州伯克利大学

1938年底,铀原子核分裂的发现震惊了物理界,全世界的高能物理研究室都迫不及待地开展相关的实验工作。伯克利在劳伦斯的主持下,建成了世界上第一座94厘米的回旋加速器,能够产生800万电子伏特能量的重氢原子核,而1939年建成的152厘米回旋加速器,能量更是提高到了1600万电子伏特。这些加速器能够产生速度非常高的粒子,在撞击不同元素后,产生各种具有放射性的不稳定同位素,后来更发现许多所谓的超铀元素。

吴健雄的第一个实验项目,就是在劳伦斯的指导下,研究有关利用回旋加速器所产生的放射性元素,探究发生 β 衰变放出电子时激发产生两种形态的 X 光的现象及其分辨方法。在这个实验中,吴健雄充分表现出她闻名于世的精确而细致的风格。

从1939年起,吴健雄又在赛格瑞的指导下,开始了针对铀原子核分裂产物的研究,他们发现在核裂变中产生的惰性气体氙会对核裂变的连锁反应带来关键性的影响。这一研究成果对后来原子弹的研制有着至关重要的影响。在一次赛格瑞出差的期间,吴健雄独自在铀原子核分裂的产物碘中,观察并且确定了两种放射性惰性气体氙的半衰期、放射数量和同位素数量。

赛格瑞回来后对吴健雄的工作十分满意，认为她已经是可以独立进行一流工作的杰出实验物理学家了。当吴健雄将实验结果整理成论文，准备和赛格瑞联名提交给美国最有地位的物理学术期刊《物理评论》发表时，赛格瑞在论文上删掉了自己的署名，让吴健雄以一个人的名义发表，作为对她的工作成绩最好的褒奖。

1940年，吴健雄凭借着两项含金量非常高的科研成果，获得了博士学位，在博士答辩中，她表现得非常好，唯一体现出女性风格的地方，是她紧张得几乎要晕倒。她的才华，得到了所有考官的一致赞赏，特别是她的导师劳伦斯和塞格瑞。塞格瑞多年以后还盛赞吴健雄对物理的痴迷，她既有天分，又聪慧而有才气，特别是对工作的狂热，连他也非常钦佩。赛格瑞在自己的一本书中形容吴健雄对工作的投入和意志力，可以和居里夫人媲美，在入世、优雅和聪慧方面甚至更胜一筹。由于吴健雄在研究工作上的优异表现，伯克利继续为她提供了两年的博士后研究工作机会。

在伯克利，吴健雄给人留下深刻印象的是她的坚持和决心，尤其是在和同学竞争实验设备和机会的时候，她虽然柔和有礼，但是十分顽强和坚持，总是要争取最好的实验条件，与之对应的是在实验室彻夜工作的人中，总少不了她。在当时蓬勃发展的原子核分裂领域，吴健雄不但做了很多实验而且具备深入的认识，更把当时许多新发现综合整理，拥有非常全面的视野，因此她的相关演讲既深刻又精彩，后来塞格瑞去做有关核分裂的演讲时，都向她借演讲资料。奥本海默对于吴健雄也十分欣赏，每次开会讨论核分裂及原子弹相关问题时，他总是会说："去请吴小姐来参加，她知道所有关于中子吸收截面的知识。"

1942年下半年，吴健雄离开伯克利到美国东岸去教书。吴健雄心中极不情愿，她不得不离开很多至交好友，更令她怅然若失的是要离开伯克利放射实验室这个物理研究舞台。尽管吴健雄在伯克利有出类拔萃的表现，但是无论她做得多么出色，伯克利的物理研究所始终不肯给她一个体现尊重的教席职位，这是对女性的公开歧视，现在看起来很荒谬但在当时则是理所当然:在那个时候,美国最顶尖的 20 个研究大学中,没有一个学校设有女性的物理教席。

吴健雄去东部的另一个重要原因是:她要结婚了。袁家骝和吴健雄差不多同时到达美国,一到美国,两人就在伯克利相识了。虽然第二年袁家骝离开伯克利去了加州理工学院,两人曾经因为身处异地而疏远,但袁家骝的才华和那种华人身上特有的稳重诚恳的品质,

1942 年 5 月 30 日,吴健雄与
袁家骝走入婚姻的殿堂

和同来自战乱中的中国这样相似的背景所带来的共同语言,使得袁家骝最终在诸多追求者中脱颖而出,打动了吴健雄,得以和她缔结连理。1942 年 5 月 30 日,吴健雄 30 岁生日的前一天,吴健雄和袁家骝在洛杉矶举行了婚礼。由于战乱,双方家人都无法参加,袁家骝的导师加州理工学院院长密里根教授和夫人主持了婚礼,婚礼也在密里根教授家的花园里举行,隆重而简单,他们二人在美国的许多同学好友,都赶来出席这两位杰出青年物理学家的婚礼和宴会。加州理工学院的中国同学会会长,后来中国的两弹元勋钱学森还替他们的婚礼拍了一部微电影。

吴健雄的新婚生活相当快乐,和袁家骝的感情也非常融洽,她曾经在给闺蜜的信中写道:"在 3 个月共同生活中,我对他(袁家骝)了解得更为透彻。他在沉重工作中显现的奉献和热爱,赢得了我的尊敬和仰慕。我们狂热地相爱着。"

度完蜜月后,袁家骝到纽约工作,在美国无线电公司的研究所从事雷达的国防科学研究;而吴健雄则接受了史密斯学院的教职,史密斯学院位于马萨诸塞州北安普敦市,离纽约大约 200 千米,是美国历史悠久的女子文科私立大学。这段时间是吴健雄对工作狂热、对物理着迷的科学生涯中,难得一段比较轻松的岁月,在这段时期中,她也从科学以外的许多事物,得到许多的快乐。

237

3. 站在物理的最前沿

　　吴健雄在史密斯学院教书的生活很轻松，学院在第二年把她提升为副教授，并大幅提高了薪酬，但这所学院并不能提供条件让吴健雄从事她心爱的物理研究。吴健雄只能靠坚持阅读物理期刊和参加物理研讨会的方式，保持自己对物理学最新前沿的了解。在 1943 年的一次学术会议上，吴健雄碰到了劳伦斯，聊起彼此近况的时候，吴健雄坦言无法继续自己心爱的物理实验研究的苦恼。一直很欣赏吴健雄的劳伦斯立即答应为吴健雄写推荐信，帮她向美国东岸常春藤盟校求职。很快，吴健雄就收到包括普林斯顿、布朗、哈佛、麻省理工和哥伦比亚大学在内的 8 所名校的回信，他们全部都接受了吴健雄的申请。最后吴健雄选择了纽约附近的普林斯顿大学，并成为那里有史以来的第一名女性讲师。实际上从吴健雄收到普林斯顿的邀请到收到正式聘书，中间还颇费了一番周折，办理手续的普利斯顿的史迈斯教授特地写信告诉她：他万没想到在普林斯顿大学的教席中要聘请一位女性，是如此的困难。

　　费了一番波折之后，吴健雄终于和袁家骝在普林斯顿安下家来。3 年后，袁家骝也来普林斯顿大学担任物理研究员；4 年后，他们的儿子出生于此，这让他们的婚姻生活更加甜蜜。这时普林斯顿聚集了一批留学海外、苦于战争无法回国的华人朋友，建筑大师贝聿铭，数学大师陈省身、华罗庚，物理学家饶毓泰，后来台湾的行政院长俞国华，他们当年都是吴健雄和袁家骝的公寓的座上嘉宾。来做客的除

普林斯顿大学校徽

了中国朋友,还有不少外国科学家,其中就有大物理学家泡利和空气动力学大师冯卡门,他们会带着葡萄酒来吃晚饭聊天,聊到很晚。吴健雄和袁家骝在普林斯顿的这段岁月,可以称得上是真正的"谈笑有鸿儒,往来无白丁",是一段非常值得回忆的岁月。

1943年,吴健雄初到普林斯顿大学时的工作,是给海军军官上物理课,其中就有后来做了美国太空总署署长的佛列契。次年,劳伦斯又推荐吴健雄去纽约的哥伦比亚大学,参与曼哈顿计划中用气体扩散法分离浓缩铀的工作。由于保密的需要,哥伦比亚面试吴健雄的科学家小心翼翼地不向她透露工作的内容,面试了一天之后,他们问吴健雄知不知道他们在做什么,吴健雄笑着回答:"我很抱歉,但是如果你们不想要我知道你们在做什么的话,你们就应该把黑板上的东西擦掉。"早在数年前还在伯克利的时候,吴健雄对核裂变的知识就有了深入的了解,她显然要比哥伦比亚的物理学家更熟悉核裂变所涉及的物理内容,因此一看他们在黑板上的演算就知道他们在做什么。吴健雄赢得了这份可以为反法西斯战争效力的工作机会,她的任务是作为资深科学家,研制灵敏的伽马射线探测器,就这样,吴健雄回到了核物理实验研究的最前沿。

1944年9月,费米在华盛顿州汉福得工厂建造的工厂级的核反应堆开始运作,这座反应堆可以用普通的铀-235来生产可以代替稀有的铀-237来制造原子弹的另一种可裂变材料——钚,但是反应堆开始运作了几个小时后便停止了,停几个小时又再开始继续。主持者费米和惠勒怀疑是核反应中的某种产物吸收了大部分中子而造成反应堆停止,后来他们发现这种产物是放射性的惰性气体氙的同位素,这种氙同位素的半衰期是9.4小时,有很大的中子吸收截面,会造成反应停止,直到同位素衰变成其他元素才又恢复。曾经指导过吴健雄对这一课题做出过深入研究的塞格瑞告诉费米:"解决问题所需要的关键数据要问吴健雄。"

原来当年做研究时,吴健雄已经得到了关键性的数据。但塞格瑞告诉吴健雄,关于氙同位素的中子吸收截面的关键性的实验数据在军事上非常

239

敏感，不能和论文一起发表在物理期刊上，至少要等到战后才能发表。因此当费米和塞格瑞打电报给哥伦比亚的曼哈顿计划军方代表，让他找吴健雄要数据时，严谨的吴健雄坚持要费米和塞格瑞的亲口确认才行。结果是在哥伦比亚大学的项目主管黑汶斯的保密担保下，吴健雄才把这份结果交给了军方。吴健雄这份关于铀原子核分裂后产生的氙气对中子吸收横截面的关键数据资料，对于"曼哈顿计划"的顺利进展，起到了很大作用。

1945年二战结束，吴健雄作为资深科学家在哥伦比亚大学留下来继续做研究，她选择了β衰变实验作为研究方向。也许并非巧合，在物理史上，还有两位著名的女性曾经研究过β衰变，那就是居里夫人和犹太裔奥地利女物理学家迈特纳。吴健雄对她们二位都非常崇拜，尤其是迈特纳，在β衰变谱线的研究上做出过重要的贡献，她发现了β衰变有着连续的谱线，这是γ衰变所没有的。泡利曾经给吴健雄讲过迈特纳和另外一个科学家就同一个实验进行争论，并用漂亮的实验结果结束争论的故事，吴健雄特别喜欢这个故事传达出的迈特纳代表的核物理界良好的竞争精神和极度重视实验结果的态度。

吴健雄先做了不少关于慢中子效应的实验，对β衰变实验探测技术了解越来越深刻的她认识到慢速电子对环境特别敏感，如果改善放射源的厚度和均匀性，一定可以对β衰变理论和实验之间的差异造成影响。在吴健雄的巧思下，她想出了一种

哥伦比亚大学

十分简单而精巧的方法，得到了既薄又均匀的放射源：她在水中加入类似清洁剂的特殊化学溶剂，使其扩散成薄膜，再在薄膜上滴上含有放射性同位素的溶液，表面张力会让这滴放射性同位素物质均匀地分布在薄膜上，这个薄膜经过处理后就可以用来作为非常理想的放射源。结果用这种放射源做出

来的实验结果和费米的β衰变理论完全吻合。这个实验结束了多年专业领域的争论，让吴健雄在这一领域声名鹊起。此后吴健雄在这一领域的研究和实验，都进一步证明了费米β衰变理论的正确和成功，她由此成为这个领域中最有权威的实验物理专家。

4.发现宇称之谜

1956年5月的一天，吴健雄在哥大的中国同事李政道来找她。李政道当时正和杨振宁一起打算由弱相互作用入手，检验宇称守恒定律是否普遍适用，而β衰变正是一种重要的弱相互作用。李政道先向她解释了在粒子物理中正广受争议的"θ-τ之谜"，然后又说明了他和杨振宁几经研究，最终怀疑在弱相互作用中宇称不守恒的经过，而且他们发现当时所有的β衰变的实验对这个课题都没有数据支持，换言之，在弱相互作用方面，宇称守恒定律是否成立是完全没有人研究过的。这样一片未知的研究领域无疑是一块宝藏，对每个临近相关领域的物理学家都有着极大的吸引力。而吴健雄对β衰变现象的认识已经非常深刻，同时对物理课题又非常敏感，她马上产生了极大的兴趣，和李政道深入地探讨了下去。

李政道和杨振宁设想了几种检验弱相互作用下宇称是否守恒的实验，其中一种的核心技术是将原子核极化，使原子内部的电子具有方向性，这样原子核也就有了方向性。这时布鲁克海文国家实验室主任高德哈伯告诉他们，牛津的科学家已经在低温实验室中发展出了将原子核极化的技术。当李政道再次和吴健雄讨论时，吴健雄问是否有人提出了做实验的方法时，李政道提到了高德哈伯的介绍，吴健雄马上指出钴-60是最合适的β衰变放射源，因为钴-60每秒钟会放射出上万个电子，是极好的放射源，同时其放射电子的衰变只改变自旋数而不改变宇称。1956年6月，李政道和杨振宁发表了论文《弱相互作用中的宇称守恒质疑》，在论文中除了质疑之外，更有价值的是提出了好几种检验的实验，原子核极化实验就在其中，论文结尾李杨二人特别感谢的 5 位物理学家中就包括了高德哈伯和吴健雄。

在杨、李论文完成之前，吴健雄已经认识到，对于研究 β 衰变的原子核物理学家来说，这是一个千载难逢的机会：即使结果证明宇称在 β 衰变方面是守恒的，也为理论给出了前所未有的实验证据。当时杨振宁和李政道也和其他实验科学家谈过做相关实验的可能，但只有吴健雄愿意尝试并看出了其中的重要性，这表明吴健雄具有一个杰出的科学家所必备的洞察力。

对于实验技术有深入了解的吴健雄，充分地了解这个实验的难度，这个实验将面临核子物理实验从未有过的挑战，既要让能探测 β 衰变的电子探测器在极低温的环境下也能保持功能正常，同时要让一个非常薄的 β 衰变放射源，保持相当长的原子核极化状态，才能得到足够并有效的统计数据。尽管困难重重，前途未卜，但吴健雄要做这个实验的想法十分坚决，为此不惜推迟和袁家骝的东亚之行。

此时的吴健雄开始了积极周全的实验准备。她首先要找到对原子极化技术非常了解的优秀低温物理学家和实验室一起合作，当时在时间和设备上能配合的只有位于华盛顿特区国家标准局的低温实验室。吴健雄从文献上查到国家标准局的英国低温物理学家安伯勒做过将钴-60极化的实验，就直接给他打电话邀请他合作，安伯勒当时还不知道吴健雄是谁，但他得知不对称性的结果预计将会很明显时，马上表现出很大兴趣，当他向核物理领域的熟人打听到吴健雄是这个领域最厉害的实验物理家之后，就更消除了所有疑虑。

国家实验室的不紧不慢的风格让充满了竞争精神的吴健雄很不适应，当她全力以赴花了两个月的时间准备好一切要开始实验时，安伯勒却在这个节骨眼上要按原定计划休假两个星期，这让放弃了东亚之行的吴健雄非常不快。不过等到安伯勒回来，吴健雄发现这位英国科学家还是很不错的合作者：温和，干练，有效率，并且非常自信。安伯勒又介绍了低温物理学家哈德森、探测器专家黑渥和他的学生哈泼斯加入了吴健雄的实验项目，这个实验团队,除了吴健雄外都是国家标准局的科学家。

安伯勒告诉吴健雄,根据他的经验,钴-60放射源必须附在一种晶体表层上,再利用很强的磁场使其放射的电子有一个方向性。为了消除原子内部扰动造成的干扰,必须将整个晶体和放射源都置于极冷的环境中,要造成这种极冷环境,除了利用液态氦先将温度降至-270℃左右之外,还要使用一个把作用在晶体上很强磁场消除的技术,使温度再度下降,达到比绝对零度只稍高千分之几摄氏度的极限低温。

吴健雄在哥大的实验小组首先要克服的就是制作带放射源的晶体这一关,由于放射源温度升高会使极化只能维持几秒钟,因此必须用大晶体再把放射源小晶体屏蔽起来,这就要掌握生长晶体的技术,这在当时是个难题,吴健雄和她的研究生们夜以继旦地查阅化工书籍,学习制作晶体。一个偶然的机会,还是吴健雄想到了解决办法:用灯光加热并且让晶体均匀冷却,就可以大量生产晶体了,他们用了3周时间,得到10个够大够完美的单晶体。在安伯勒眼里,这些晶体像钻石一样美丽。

吴健雄和国家标准局的科学家

吴健雄把这些晶体带到国家标准局,开始了计划中的实验:他们在极低温(0.01K)下用强磁场把放射性元素钴-60的原子核自旋方向极化,然后观察钴-60的原子核产生β衰变时放出电子的出射方向。这个实验要求特别精密复杂,他们还遇到了晶体崩裂、液氮外泄以及β衰变测量的导出等诸多困难,全靠吴健雄和国家标准局的4位科学家多年丰富的经验,才一一克服。到了12月中旬,他们终于观察到了一个合理而明显的效应:绝大多数电子的出射方向都和钴-60原子核的自旋方向相反。就是说,钴-60原子核的自旋方向和它的β衰变的电子出射方向形成左手螺旋,而不形成右手螺旋。和宇称守恒定律左右手螺旋两种机会相等的要求相反。因此,这个实验结果确切地证实了在弱相互作用中，宇称的确是不守恒的。

尽管他们找到了初步结果，但一向以谨慎精确著称的吴健雄，认为在向外界宣布结果以前，必须进行更多精确的查证。她指导组内的物理学家和研究生进行验算，确保这些实验数据真正显现了 β 衰变的宇称不守恒效应，但消息已经泄漏了出去。不少人开始设计更多的实验，验证他们的想法，在吴健雄实验思想的启发下，哥大的另外一组科学家李德曼和加文设计了利用 π 介子衰变成 μ 粒子，再衰变成电子和中微子的实验，很快就取得了进展。

吴健雄在实验室

1957 年 1 月 9 日的凌晨两点，吴健雄和国家标准局的 4 位科学家齐聚实验室，他们所有的实验查证工作终于在此时全部完成。他们拿出一瓶上好的红酒，庆祝他们推翻了 β 衰变中的宇称守恒定律，"宇称死了"的消息迅速传播开去。

作为实验的提议者吴健雄一心要超过其他竞争者，因此实验一结束，吴健雄就写好了报告论文。在实验过程中，这 4 位科学家的轻松心态也一直让吴健雄感到不习惯，他们甚至会在午餐后打桥牌放松，这让之前一直只和学生合作、以对待学生以严格出名的吴健雄甚为不满，因此，他们的合作关系一直不太融洽。而吴健雄的论文中，主要重点在于杨、李的论文和引起实验设想的讨论，对国家标准局的科学家基本上没有提到，而理所当然地作为了第一署名人，没有和提供了实验设施和场地、人数也占绝对多数的国家标准局的科学家商量，这让国家标准局十分不快。虽然他们后来承认无论合作之前还是之后，如果不是吴健雄来提议开始这个实验，他们是绝对不会，也不可能进行这个实验的。但他们最大的不满，还是来自实验成功后，他们被形容成一些在国家实验室帮忙的技术人员，哥伦比亚大学和吴健雄则是整个实验的明星主角,低温原子核极化技术在实验中所起到的作用被低估。这些争执最终使得吴健雄和国家标准局的科学家关系破裂,更间接影响了诺贝尔奖委员会的决定,以至于吴健雄没有能够和李政道和杨振宁一起获得当年的诺贝尔奖,这让很多大科学家都表示了失望和不满,认为这是诺贝尔委员会的最大失误,要知道在物理研究中提出一个构想虽然重要,但实验的验证才是发现和验证新思想的关键。

对一般人来说,宇称不守恒是比较晦涩难懂的,甚至会有一些误解。迄今为止,这个理论也还没有什么实际的应用。但对于物理学家来说,这却是无可比拟的一个重大的革命性进展。吴健雄在完成实验后,有两个星期时间完全无法入睡,她发现了自然界的奥秘,推翻了前人深信不疑的观念,物理学家们不再把所谓"不验自明"的定律视为是必然的。

宇称不守恒的科学变革,不但在科学上影响深远,对中国人更有着非同凡响的意义,因为正是由 3 位中国科学家,对这个科学成就做出了最大的贡献。吴健雄在伯克利的老师塞格瑞后来在书中写道:"这 3 位中国物理学家的成就显现出,如果中国这个伟大的国家,恢复其作为一个世界文明领导者的历史角色之后,可能对

宣布宇称不守恒被实验证实

物理做出的贡献,将会像早期欧洲旅行者目击当时中国的光辉文明一样,令人惊讶不已。"

吴健雄并没有停下脚步,她继续在 β 衰变领域做出了毫不逊色的实验成果,后来她又对量子力学的基本哲学实验和穆斯堡尔效应的测量进行了研究,在每一个领域,都凭借着她的天赋才华和过人的品质,获得了意义非凡的成果。作为华人的骄傲,1990 年中国科学院紫金山天文台以吴健雄的名字命名了一颗小行星。吴健雄以其对物理学的杰出贡献,赢得了全世界的赞誉,为自己赢得了"东方的居里夫人"的美誉,并最终将自己的名字留在了永恒的物理星空之中。

"光纤之父"高锟
——从见习工程师到诺贝尔物理学奖得主

1.中西文化熏陶出的才子

1933 年 11 月 4 日,高锟出生在上海金山。高锟的父亲是律师,住在法租界。和当时其他有一定经济基础的中国家庭一样,这位父亲给孩子提供了中西合璧式的教育:入学前,先请先生在家里教高锟和弟弟读四书五经,待到 10 岁再送他们去上海世界学校(今日的国际学校)就读。这个学校是由第一批赴法留学生创办的实验学校,他们教授法国的教育制度,在中国创办多家互相联系的小学和中学,让学生可以从小接触西方的现代文化。

在战乱中,高锟的童年还是和普通的男孩子一样,除了背古文、玩打仗、唱法国歌、往日语老师身上扔粉笔头之外,他还表现出了对科学的兴趣,装收音机、做化学实验,虽然出了不少小事故,但是学校和老师甚至他的家长都给了他自由的学习环境,让他可以充分发展自己的好奇心并释放活泼好动的天性。

1949 年高锟和全家一起离开上海,移居香港,入读基督教兄弟会主办的圣约瑟书院。虽然是教会学校,但学校容许并鼓励学生进行自我思考和自我发展,这让高锟在理性思维上得到很大的发展。中学会考高锟考了香港头 10 名,顺利进入预科,圣约瑟把预科生当作成年人看待,让他们成为老师的助手,照顾低年级的同学,培养他们的责任感,为将来进入社会做好准备。

由于香港大学没有高锟感兴趣的电机工程系,因此他远赴英国,就读伦敦大学的伍尔维奇理工学院(现英国格林威治大学)。大学对高锟来说是个乐园,他一

高锟出席圣约瑟书院 135 周年校庆典礼

直不觉得学习是一件苦差事,一面从课本上汲取知识,一面从实验中印证原理,总是让他既觉得有趣,又有满足感,这是他的享受。在伦敦大学他先读了一年预科,本来有机会申请其他更有名气的学院,但是他错过了时机,今天看来,固然学生可以因为进入名校而感到骄傲,恐怕更值得自豪的是母校因为自己而成为名校吧。1957 年,他从伍尔维奇理工学院电子工程专业毕业。毕业后,高锟进入国际电话电报公司(ITT),在其旗下一家英国子公司标准电话与电缆公司任工程师。

2. 从见习工程师开始到"光纤之父"

1957 年,和大多数年轻人一样,大学一毕业,高锟就认为自己已长大成人,该独立了。涉世未深的他,在英国标准电话与电报公司(ITT)找到工作以后,就兴高采烈地报告父母自己可以自食其力了。相信高锟的父母也为儿子的进步感到高兴,只是高锟没有想到公司月底才发工资,他的预算出现错误,没有余钱应付生活,不得不又给老爸写信请求支援。

高锟加入 ITT 时,ITT 还只是一家规模不大的通信器材公司,他的职务是见习工程师,在 ITT 的标准电讯研究实验所参与研究一套利用毫米波长的微波传送通信系统,希望可以把当时的通讯传输能力提高 50% 以上。他

用3年时间，完全了解到当时的技术，也对微波技术面对的限制感到不乐观，本打算转换一下环境，到一家大学申请了讲师职位并拿到了聘书教职。慧眼识才的研究实验所总监金博士竭力挽留高锟，终于说服他留下并让他加入光通信研究计划。那时候激光刚刚问世，他的新

正在做实验的高锟

领导卡博维克博士建议他研究微波和光学通信的新方法，深入探讨光束光学及其与波导理论之间的关系，还建议他一边工作，一边读个博士学位。高锟听从建议，师从伦敦大学巴洛教授，研究博士课题"类光学波导"。实验室的科研条件和研究气氛，让高锟有很好的环境探索微波和光通信的新技术。

当时的激光尚在发展初期，实验显示，激光在大气中仍旧会散射和折射，其特性不足以成为长距离通信的载体。但是由于光波的频率极高，使得激光信号的信息容量可以比微波信号的容量提高百万倍的级别，具有革命性的优势。要实现光通信，必须深入研究两个问题：①红宝石激光能否成为通信的光学载体；②能否找到具有足够高的透明度的物质让光波可以在其中远距离传送。这不光要证明在科学原理上光通信技术达到通信指标是可行的，还必须做出有说服力的实验来支持这些证明。如果一两年找不到答案，初露头角的光通信技术就会被微波通信这种较为成熟的技术打败，错失通信业迅猛发展的好时机。

好在激光和半导体技术的迅速发展，令光通信不再是纸上谈兵，高锟的博士论文研究作为过渡性研究，也对他掌握光波原理提供了很大帮助。在做了不少大气激光传送实验之后，ITT把研究重心转向介电波导材料，在尝试了不少薄膜材料之后，他们开始研究用石英玻璃制成的光导纤维是否能做介电波导材料。光导纤维简称光纤，当时已经有了医用和工业的光纤，但是由于纯度很低，对光的衰减很大。高锟提议对光纤中材料的衰减机制进

行研究,并建议激光部门的同事研制可以发出波长接近红外线,又和单束光纤直径相吻合的半导体激光。这时卡博维克博士决定移民澳洲,高锟接手主持研究计划。他设立了小组,研究光纤材料的实质衰减程度,以及光纤作为波导材料为了满足物理和波导的要求在机械性能上所需要满足的条件。他们还研发了一系列测量技术并设计开发出各种测量设备。

年轻时的高锟

终于,高锟领导的小组找到了足够纯净的石英玻璃样品,实验证明了消除杂质可以大大降低衰减的程度,通信模拟实验也顺利完成,得到了关于波模、端口错配、纤维直径波动的尺寸偏差极限的数据,全面确定了光纤的特性。所有理论和模拟实验所得的结果,都证明光纤通信的理论是可行的,实验结果提供了有力而可信的根据。

1966 年 7 月,高锟和他的团队在英国电机工程师学会学报上发表了著名的论文《介电波导管的光波传送》(介电波导管就是我们今天说的光纤),这篇论文不仅从理论上分析并证明了用光纤作为传输媒体以实现光通信的可能性,而且设计了通信用光纤的波导结(光纤结合点用的阶跃光纤)。更重要的是科学地预言只要把光纤的衰耗系数降低到 20dB/km 以下,这种超低耗光纤就可以使长距离光通信成为可能。当时的光纤衰耗在 1 000dB/km 以上,且只能用于工业、医学方面,对于制造衰耗在 20dB/km 以下的光纤,行业普遍认为是不可能实现的。这一设想提出之后,有人称之为荒诞不经,也有人对此大加褒扬。仅仅 4 年之后,1970 年美国康宁玻璃公司就根据这篇文章的设想,用改进型化学相沉积法制造出世界上第一根超低耗光纤,成为使光纤通信爆炸性发展的导火索,事实证明了这篇论文在理论上的正确性和惊人的预见性，该文因此被誉为光纤通信的里程碑。

1970 年，美国贝尔实验室研制出世界上第一只在室温下连续工作的砷化镓铝半导体激光器，为光纤通信找到了合适的光源器件。回答了第一个问题。

1976 年，美国在亚特兰大开通了世界上第一个实用化光纤通信系统。1980 年，多模光纤通信系统商用化，单模光纤通信系统的现场试验工作开始进行。1990 年，单模光纤通信系统进入商用化阶段，又开始进行零色散移位光纤和波分复用及相干通信的现场试验，并陆续制定数字同步体系（SDH）的技术标准。1991 年，光纤通信超过卫星通信。1993 年，SDH 产品开始商用化（622Mb/s 以下）。1995 年，2.5Gb/s 的 SDH 产品进入商用化阶段。1996 年，10Gb/s 的 SDH 产品进入商用化阶段。1997 年，采用波分复用技术（WDM）的 20Gb/s 和 40Gb/s 的 SDH 产品试验取得重大突破。世界光纤的用量达到 2 252 万千米，世界光纤通信产品的总市场达到 93 亿美元。而光纤通信爆炸式发展的世纪性意义，是使互联网进入千家万户成为可能。

1996 年，高锟当选为中国科学院外籍院士。由于他的杰出贡献，1996 年，中国科学院紫金山天文台将一颗于 1981 年 12 月 3 日发现的国际编号为"3463"的小行星命名为"高锟星"。

2009 年 10 月 6 日，瑞典皇家科学院宣布，将 2009 年诺贝尔物理学奖授予华裔科学家高锟以及美国科学家威拉德·博伊尔和乔治·史密斯。

由于高锟在光纤领域的特殊贡献，他已经获得过巴伦坦奖章、利布曼奖、光电子学奖等一系列国际性奖项，被称为"光纤之父"。

诺贝尔物理学奖评选委员会主席约瑟夫·努德格伦用一根光纤电缆形象地解释了高锟的重要成就：早在 1966 年，高锟就取得

高锟与光纤

了光纤物理学上的突破性成果,他计算出如何使光在光导纤维中进行远距离传输,这项成果最终促使光纤通信系统问世,而正是光纤通信为当今互联网的发展铺平了道路。

3."私奔"姻缘,共度人生

在事业的选择上高锟眼光独到,在爱情方面更是独具慧眼。

高锟刚进 ITT 公司,就发现还有一位亚裔女同事,同为亚洲面孔的他觉得自己应该主动打招呼,而中国式的腼腆性格又让他犹豫不决,怕人误会自己爱向女孩子献殷勤。等了几天后,他终于鼓起勇气上前做自我介绍,好在这位叫作黄美芸的女工程师为人随和大方,几句交谈后,他们相识了。

美芸活泼开朗,兴趣广泛,在伦敦的华人学生中很受欢迎,很快高锟就坠入情网,公开追求这位受欢迎的可爱女孩。在大家的见证和支持下,他们相恋了。经过一段时间的恋爱考验,高锟开始求婚,但是几次都没有回音。

原来美芸有个婚姻思想古老守旧的妈妈,老太太坚持如果美芸的哥哥没有结婚,美芸也不能嫁人。美芸担心哥哥的问题不能解决,高锟会被自己的妈妈一脚踢出门去。她表示要和高锟保持距离,甚至很久都不要见面。

高锟不知缘由,内心焦虑如焚,但是爱情还是让他天天去看美芸,伦敦公共汽车司机罢工的那天,他干脆走了很远的路去看她,连美芸的妈妈也受了感动,热情招待他。

美芸终于被感动了,她问:"如果哥哥的问题没法解决,母亲反对我的婚事,你会像白马王子一样救我吗?"开心还来不及的高锟虽然觉得事情没那么糟,还是答应美芸,做好私奔的准备。但是他们的私奔计划还包括了:一旦私奔,也要定期探望妈妈,跟她讲和,直到老太太让步为止。

做了决定的小两口决定在教堂结婚,害怕妈妈阻拦的美芸就开始偷偷把宝贵的物件带到新家,连学校的奖状也带走了。终于,高锟决定做最后的

251

努力，向美芸母亲提亲。老太太一口拒绝，还不准高锟再找美芸，当美芸表示一定要跟高锟走时，老太太冷酷地说："走吧，我不想再见到你们两个。"气不过的美芸把钥匙扔到地上，就此和心上人迈出了家门。

这个私奔的故事有个中国式的结果：小两口几个月都没见到老太太，每次回去都吃闭门羹，但他们每次都在门口放下礼物和纸条。终于有一天，门是虚掩的，虽然进去后老太太还是冷冰冰的，但是老太太的态度已经开始软化，原来高锟的大舅子终于订婚了，丈母娘的气也消了。这段婚姻好事多磨，从此，琴瑟和鸣，相依相伴了60年。

伉俪情深

2003年初，高锟被证实罹患早期阿尔茨海默病，需要接受治疗。2009年10月6日，瑞典皇家科学院授予高锟当年诺贝尔物理学奖。获奖后高锟与太太定居在美国加州旧金山附近的山景城，过着平淡和规律的生活。高锟得奖后，在家中接受旧金山华语电视台访问时，75岁的美芸介绍年届76岁的高锟步履稳健，精神不俗，能自己进膳和更衣，还不时协助妻子洗菜做饭。但在镜头面前当美芸温柔地问："你是光纤之父吗？"高锟一脸茫然，只是重复道："光纤……光纤之父。"他已忘了自己心爱的尖端科学。美芸也说："这个病将他改变，以前那个人已经走了，不再在这里，哭也哭过一段日子，现在习惯了。"

而本不善言辞的高锟，说话能力更受到疾病的影响，却没有忘记自己的爱妻。采访的记者问高锟："妻子这样尽心照顾你，你是不是很爱她？"高锟连说了两次："是，她很好的。"这个回应言简意赅，尽显深情。

4. "糟老头大学校长"

由于高锟的成就和才能,英美两国先后给了他英、美护照。拥有这两本护照,周游世界相当方便,高锟和很多香港人一样,没有拒绝。然而,高锟一生的归属地却是香港。高锟对香港有很深的情结,他两次回到香港到香港中文大学任职,更把职业生涯的

高锟的形象在香港大受欢迎

最后 10 年留给了中大,从 1987 年到 1996 年,高锟当了 10 年香港中文大学校长。要想当受学生爱戴的大学校长可不容易,而高锟在香港中文大学任校长的这 10 年期间,正好也是香港回归之前的过渡期,以"结合传统与现代,融会中国与西方"为使命的中大学子历来思想活跃,出了不少能力强爱挑战权威的刺头,在社会环境剧烈变换的香港回归时期,中大更是风波不断,高锟这个校长可不好当。

1990 年入学、1994 年毕业于香港中文大学崇基学院哲学系的梁文道,素以奇行怪事闻名中大,正是当年调皮捣蛋的刺头之一,毕业后却成了香港知名的文化人、学者和电视媒体人。当他得知老校长高锟获得诺贝尔奖时,也觉得非常自豪,不过他对老校长的回忆却十分特别:

> 坦白讲,当年我念书的时候可不以为他(高锟)有这么厉害;相反地,我们一帮学生甚至认为他只不过是个糟老头罢了。我的一个同学是那时学生报的编辑,赶在高锟退休之前,在报上发了一篇文章,总结他的政绩,标题里有一句"八年校长一事无成",大家看了都拍手叫好。当时高锟还接受中央政府的邀请,出任"港事顾

253

问"，替将来的回归大业出谋献策。很多同学都被他的举动激怒了，认为这是学术向政治献媚的表现。于是在一次大型集会上面（好像是毕业典礼），学生会发难了，他们在底下站起来，指着台上的校长大叫："高锟可耻！"而高锟则憨憨地笑，谁也不知道他在笑什么。后来，一帮更激进的同学主张打倒行之有年的"迎新营"，他们觉得那是洗脑工程，拼命向新生灌输以母校为荣的自豪感，其实是种无可救药的集体主义，很要不得。就在高锟对新生发表欢迎演讲的那一天，他们冲上去围住了他，塞给他一个套上了避孕套的中大学生玩偶，意思是学生全给校方蒙成了呆头。现场一片哗然，高锟却独自低首，饶有兴味地检视那个玩偶。

而梁文道他们事后才知道被自己"欺负"的老校长背后的故事：

后来我们才在报纸上看清楚他的回应。当时有记者跑去追问正要离开的校长："校长！你会惩罚这些学生吗？"高锟马上停下来，回头很不解地反问那个记者："惩罚？我为什么要罚我的学生？"毕业之后，我才从当年干过学生会和学生报的老同学那里得知，原来高锟每年都会亲笔写信给他们，感谢他们的工作。不只如此，他怕这些热心搞事的学生，忙得没机会和大家一样去打暑期工，所以每年都会自掏腰包，私下捐给这两个组织各两万港币的补助金，请他们自行分配给家境比较困难的同学。我那位臭骂他"一事无成"的同门，正是当年的获益者之一。今天他已经回到母校任教了，在电话里他笑呵呵地告诉我："我们就年年拿钱年年骂，他就年年挨骂年年给。"

离开了"令人发指的青春"十几年后，这位当年曾经恶作剧朝校长扔过纸团的顽劣学童感怀于自己曾经有过这么包容的校长和母校，由衷地在自己的文章中写道：

去年开始，高锟得了老年痴呆症，最近记性有点衰退了。这也不是不好的，因为我希望他忘记当年我们的恶作剧，忘记我们侮辱他的种种言行。但我又是多么地盼望他，我们的老校长，能够记住他刚刚得到的是诺贝尔奖，记住他提出光纤构想时的喜悦，记住他和夫人一起拖着手在校园内散步的岁月，记住我们毕业之后，偶尔在街上碰见他，笑着对他鞠躬请安说"校长好"时的由衷敬意。

高锟的一生，闯荡世界科技文明，周游列国，人生广阔。他是个谦谦君子，继承父辈中华文明的传统美德，同时，他也欣然接受西方文明的精华，在香港的天主教学校时，他就被兄弟会的教士的热诚所感染，相信宗教对于个人救赎的作用，但是他对宗教教条又有所保留：他认为虽然人们可以借助语言表达自己的思想，但是却无法肯定是否准确表达了自己的意念，因此人们无法确知到底可以用什么方法验证抽象的信仰。

在职业生涯中，华裔面孔在那个时代对这位东奔西走的世界公民是一种困扰。在 ITT 公司美国的总部领导光纤的研究工作多年，为公司做出了巨大贡献后，被誉为"光纤之父"的高锟，在被提名进入最高管理层时，受到了人事总监的阻挠，这位人事总监声称："高锟不是管理的材料。"在当时的环境下，即使 ITT 主席和行政总裁都认可高锟，但这位总监的一句话，还是代表了他面前那道无形的障碍。高锟大度而宽容的性格让他并不以为意，相反他感谢所有相关人士的折中方案，也许他那时就意识到自己不会受拘于此。几年后，他就得到了出任一家世界知名大学校长的邀请，这让那位人事总监所代表的无形之墙成为一个笑话。

高锟说："我的忠诚就是我的盔甲。忠于自我，令我在晚上睡得安稳，说话畅所欲言。"他对于自己的忠诚，让他不拘泥于任何教条，也不受制于他人的看法，让他具有了鲲鹏展翅、遨游万里的心胸。

255

无法说话的物理学家
——轮椅上的"宇宙之王"霍金

1."渐冻人"+"X 教授"

如果你不能动，也不能说话，能做什么工作呢？有一个答案是：理论物理学家。现实中就有这样一位剑桥大学的理论物理学家——霍金，他是 AlS 卢伽雷氏症病患者（全称叫"肌肉萎缩性侧面硬化病"，俗称"渐冻人症"），这种疾病使他全身肌肉萎缩，身体如同被逐渐冻住一样，连抬头都极为困难。

霍金被禁锢在一张轮椅上近 40 年之久，却凭借坚强的意志和现代技术的帮助克服了身体上的限制，成为国际物理界的重要人物。他不能写，甚至口齿不清，但他对相对论、量子力学、大爆炸等理论了然于胸，进而迈入探索宇宙创始的神秘之地。尽管他只能无助地坐着轮椅，但他的思想却自由遨游在广袤的时空之中。

霍金 1942 年出生于英国牛津，恰逢伽利略逝世 300 周年纪念日之际。他的父亲弗兰克是毕业于牛津大学的热带病专家，母亲伊莎贝尔 20 世纪 30 年代在牛津研究哲学、政治和经济。当时伦敦遭受德国纳粹空军的空袭，霍金一家被迫迁到牛津避难，他们在霍金出生后又回到了伦敦。霍金小时候学习成绩一般，但是头脑很聪明，能够自己动手设计和制作复杂的玩具，据说他曾做出一台简单的电脑。

1959 年,17 岁的霍金入读牛津大学攻读自然科学,随后转读剑桥大学研究宇宙学。1963 年被诊断患有肌肉萎缩性侧索硬化症,虽然当时医生诊断他只能活 2 年,但他坚持活了下来,只是往后数十年逐渐全身瘫痪并失去了说话能力。患病的霍金并没有因为生病而停下生活和工作的脚步,23 岁时,他就取得了博士学位,并留在剑桥大学进行研究工作;在这里,他和首任妻子珍·王尔德结婚,并育有 3 名子女。

1980 年霍金因患肺炎而接受手术,手术后他近乎全身瘫痪,还失去了说话能力。他的工程师朋友为他量身打造了一张高科技轮椅,这张轮椅让瘫痪的霍金变身成了"X 教授"一样的人物。

在那时,这个轮椅算是科幻电影里才能出现的:轮椅配有万用红外线遥控器,可控制电视、录影机、音乐播放器、门锁、电灯开关,轮椅配有无线电话系统,可直接用电脑拨打和通话,更重要的是轮椅还配备了当时最先进的电脑系统。

英特尔为霍金量身打造的手提电脑,有无线宽带上网功能,在没有无线网络的地方,还可以通过电话卡直拨剑桥大学的系统。软件公司专门为霍金编写了程序,让他可以通过红外线和语音系统打字:霍金眼镜右上方装了红外线发射及侦测器,红外线可以侦测到他眼球的移动或脸部肌肉的抽动,并根据这些变化移动光标或者输入字母。霍金依靠这套系统可以通过科学界通用的公式编译软件输入复杂的科学公式,还可以写论文或者进行科学计算。但是如果霍金突然发笑,面颊肌肉抽动太大,屏幕上就可能会出现乱码。

Words – Plus 公司为霍金开发了一套发音软件,让他可以用电脑说话,这套软件开始的发音有点像电子字典,改进后就比较像美国口音了,霍金后来开玩笑说之前的程序有法国口音,怕用了新系统的口音后太太会跟他离婚。

在科技的帮助下,霍金成为剑桥杰出的科学家。他担任的职务是剑桥

257

大学有史以来最为崇高的教授职务，那是牛顿和狄拉克担任过的卢卡逊数学教授。他还拥有几个荣誉学位，是皇家学会会员。他被誉为是继阿尔伯特·爱因斯坦之后极为杰出的理论物理学家之一。他提出宇宙大爆炸自奇点开始，时间由此刻开始，黑洞最终会

霍金在剑桥开轮椅

蒸发，在统一 20 世纪物理学的两大基础理论——爱因斯坦的相对论和普朗克的量子论方面走出了重要一步。

霍金是一个充满传奇色彩的物理天才，但他魅力更来自他令人折服的强者性格。他勇敢顽强的人格力量比不断求索的科学精神更加吸引了每一个知道他的故事的人。他 2006 年访问香港时，曾经这样回应一位名叫邓绍斌的瘫痪病人呼吁安乐死合法化的要求：

我认为他应该有权决定结束自己的生命，但这会是一个很大的错误。不论命运看似有多糟，你依然可以有所作为、有所成就。生命尚存，总有希望。

霍金对自己的理念身体力行，虽然他的残疾日益严重，但他却力争像普通人一样生活，完成自己所能做的任何事情，这个努力甚至有些过头，有时候他甚至表现得过于活泼好动，闹了不少笑话：这位"宇宙之王"坚持用唯一可以活动的手指驱动着轮椅在家里和前往办公室的路上"横冲直撞"；甚至他在与查尔斯王子会晤时，也要旋转自己的轮椅来炫耀一番，结果居然轧到查尔斯王子的脚趾头，据说还被查尔斯好好训了一顿，传为笑谈。

2.《时间简史》＋"大众明星"

1988 年,霍金 46 岁的时候,他获得了沃尔夫物理学奖,同年他出版了一部科普著作《时间简史:从大爆炸到黑洞》,这本书从黑洞的研究出发,讲述了宇宙的起源和霍金创立的宇宙大爆炸理论。霍金尝试使用科学来解答人们感兴趣但是过去只有神学才会触及的问题:时间有没有开始,宇宙有没有边界。霍金坚持在书中进行的严谨的科学假设和推理使得内容相当艰深,因此这本书后来也被戏称为"读不懂的畅销书"。虽然出版商告诉霍金每加入一条数学公式,这本书的销量便会减半,霍金还是把爱因斯坦著名的质能公式写进书中。不过

霍金的时间简史

他答应让编辑把自己坐在轮椅上的照片放上封面,据说这又会使那本书的销量至少增加一倍。霍金的经纪人很精明,告诉出版商:宇宙学和霍金与疾病奋斗的故事将是这本书畅销的两大保障。结果虽然被猜中,但是连他们自己也没想到这本科普读物会如此畅销:这本书被译成 40 余种文字,仅到 1995 年就发行了超过 2 500 万册,并且还在再版中,创造了科普著作成为畅销书的奇迹,一举成为科普著作出版史的里程碑。

霍金在演讲

霍金通过自己的著作将自己

259

的思想与整个世界交流的尝试取得了巨大的成功，他的通俗演讲也因此在国际上享有盛誉，虽然在电脑合成器上说一句话要五六分钟，准备一篇一个小时的录音演讲要花费他 10 天的时间，但是他的足迹仍旧遍布世界各地。20 世纪 90 年代，霍金曾两次到访日本。2000 年初，他在美国白宫做了演讲，美国总统克林顿也是他的忠实听众。2002 年 8 月，霍金曾到访杭州，发布新书。2006 年 6 月霍金在香港科技大学发表《宇宙的起源》的演讲时，轰动一时，受到学生对待"摇滚巨星"一般的热情款待。

霍金的漫画形象

霍金自己也说，大众对他的关注，多半还是出于好奇：为什么一位残障人士能想到这么艰深的宇宙理论？正是这种好奇心让他成了大众媒体的宠儿。不光如此，他还进入了娱乐圈，在电视剧集《星舰奇航记》中的《银河飞龙》那一集出镜，饰演自己的本身角色，在剧中与爱因斯坦及牛顿一起打桥牌。他的形象如此鲜明，甚至以卡通人物的形象出现在美国卡通片《辛普森一家》和《飞出个未来》中。霍金甚至出现在《哈里·波特》中，书中写道，有魔法师在酒吧翻看《时间简史》，并说"那是一本由矮脚鸡出版社出版的，一个名叫霍金的麻瓜写的时间旅行的指南。"

霍金只是身体残障，他的大脑可比一般人强得多。他虽然动不了，但是他的视野也比一般人开阔得多，他在 2006 年访问香港的时候就谈到移民外太空、神的存在、核武器这些大众感兴趣的话题，他说：

"在200年内，我们可能已经在月球建造永久基地，400年内可能已经在火星建基地。但月球和火星都很微小，而且缺乏或完全没有大气层。我们不会找到像地球一样美好的地方，除非我们离开太阳系。往太空扩展生存空间，对人类的生存很重要。地球上的生命遭受灾难而灭绝的可能性愈来愈大，如突然的全球温室效应、核武战争、基因改造病毒，以及一些我们想象不到的灾难。不过，如果人类能避免在未来数百年内自我毁灭，我们应该会在地球以外找到生存的居所。"（移民外太空）

　　"法国科学家拉普拉斯曾向拿破仑解释，科学定律如何影响宇宙的演进。但拿破仑问，上帝在过程中扮演什么角色呢？科学家的回答是：我并不需要这个假设。"（神的存在）

　　"我们平均每个人拥有相当于4吨的烈性炸药，但只要约0.2千克炸药就可以炸死一个人，所以我们拥有的核武器是所需的16 000倍。大家必须了解，我们并不是与他国处于冲突的状态，各方面都很需要维持稳定。"（关于核武器）

　　"这是赶时髦的胡扯。人们跌进了东方神秘主义，只因这是他们以前从未遇到过的东西。但是如果当作现实的描述，它们完全不能产生任何结果……如果你熟悉东方神秘主义，就会发现它们似乎使人联想到近代物理或宇宙学，但我并不认为它们具有任何意义……假如当'冷冻恒星'（黑洞最早的叫法）这个术语被广泛接受，那么这一部分东方神话就根本没有意义。它们被命名为'黑洞'，是因为它们使人联想到毁灭与被吞食的恐惧，所以在这层意义上就存在着一种联系。我没有被抛进黑洞的恐惧，因为我了解它们。在某种意义上，我觉得我是它们的主人。"（对于外界将东方哲学与"黑洞"学说及"奇点定理"联系在一起）

261

3.科学家＋逢赌必输的赌徒

霍金的活泼性格除了表现在生活方面之外，他在科学界传为美谈的一大爱好是打赌。他特别喜欢就研究的科学命题，与其他学者开赌，让枯燥的学术生活平添了不少乐趣。

1975 年，霍金和另一名物理学家索恩就黑洞是否存在打赌。花了很多精力一直研究黑洞的霍金，很担心最终黑洞被发现只是理论上的概念，在现实中根本不存在。为了避免那时自己的工作变得徒劳而太过伤心，霍金押注"黑洞不存在"进行"对冲"，如果他"不幸"赢了，霍金虽然心血白费，但索恩要为他订阅 4 年一本名为《私家侦探》的专门以讽刺揭发各种丑闻为主的八卦杂志；如果霍金"幸运"地输了，他就要为索恩订阅 1 年杂志《阁楼》。

霍金在《时间简史》(1988 年)里说："当我们 1975 年打赌时，我们 80％肯定天鹅座 X‑1 是黑洞，现在我会说有 95％肯定，但这场赌局仍未有结果。"这个赌局最终持续了 16 年，霍金终于开心地输了，他的辛苦并没有白费，他的黑洞理论赢了。

1991 年，霍金又要求开赌，这次索恩和他在同一阵营，另一方是加州理工学院讲授量子物理的物理学家普雷斯基尔，这次的命题是："裸奇点是否存在"。霍金与索恩赌裸奇点并不存在，他们的赌注是：谁输了就要送给对方一件 T 恤衫，写上适当的服输字眼。结果是霍金于 1997 年修正他的理论，指出裸奇点有可能存在，算是认输了，他给普雷斯基尔的 T 恤衫上印着"自然界憎恨裸奇点"。

霍金在裸奇点的赌局输了，但这位好玩闹的物理学家不肯善罢甘休，即时要求再开新赌——霍金和索恩认为：任何物质掉进黑洞后都将会消失，黑洞中产生的辐射是"全新制造"的，与掉进黑洞中的物质无关。普雷斯基尔等物理学家则相信所有讯息一经出现，虽然会改变成不同形态，但本质上会

"永恒"存在,霍金的命题违反了量子力学,如果该命题正确,量子力学就要重写了。于是双方继续赌局。

2004 年,霍金出席第 17 届国际广义相对论和万有引力大会时,向来自 50 个国家的约 800 名科学家说:黑洞里面不会发展出新宇宙,30 年来,他一直在思考不同形状、体积各异的黑洞在无数年后会出现何种变化。现在他通过计算证明,黑洞内部最初的信息量与最终的信息量是相等的。黑洞最终会向外辐射其吞噬的物质的所有信息,虽然这些信息已经被黑洞撕碎、打破和重整了。和他以前的想法相反,黑洞吞噬的信息仍存在于宇宙里。让科幻小说迷失望的是,这样就不能利用黑洞前往其他宇宙了。

霍金的发言相当于承认自己先前的打赌又输了。胜出的普雷斯基尔高举赢到的赌注——一本非常厚的棒球百科全书,霍金则在台上只顾得上笑了。事后被问到为何挑选这套百科全书做战利品时,普雷斯基尔说:"这本书重得像黑洞,读这本书所花的时间也像被黑洞吞掉的一样多。"

4. 霍金答问时间

美国《时代周刊》有个专栏叫"十问"(10 Questions),它每期用一页的篇幅,请一位公众人物简短回答读者提出的 10 个问题。2011 年《时代周刊》请霍金回答了 10 个问题,问题和回答都很有趣:

问题 1:

Q: If God doesn't exist, why did the concept of his existence become almost universal?

问:如果上帝不存在,为什么他存在的概念还会如此普遍?

A: I don't claim that God doesn't exist. God is the name people give to the reason we are here. But I think that reason is the laws of physics rather than someone with whom one can have a personal relationship. An

263

impersonal God.

霍金的回答：我并没有说上帝不存在。上帝是人类给自身存在的原因所起的名字。但是我认为，与其说我们得以存在的原因是一个我们可以与之建立个人联系的某某神，不如说这个原因是物理定律，一个非人格化的上帝。

问题 2：

Q：Does the universe end? If so, what is beyond it?

问：宇宙有终结吗？ 如果有，终结之后是什么情况？

A：Observations indicate that the universe is expanding at an ever increasing rate. It will expand forever, getting emptier and darker. Although the universe doesn't have an end, it had a beginning in the Big Bang. One might ask what is before that, but the answer is that there is nowhere before the Big Bang, just as there is nowhere south of the South Pole.

答：观测表明宇宙正在加速膨胀。它将永远膨胀下去，变得更加空旷黑暗。尽管宇宙没有终结，但是它有一个大爆炸中诞生的起点。也许有人要问宇宙诞生之前是什么情况，答案是"大爆炸之前"啥也没有，好比南极点南边啥也没有一样。

问题 3：

Q：Do you think our civilization will survive long enough to make the leap to deeper space?

问：你认为我们的人类文明能够支撑到有能力探索更深的宇宙空间的那一天吗？

A：I think we have a good chance of surviving long enough to colonize the solar system. However, there is nowhere else in the solar system as suitable as the Earth, so it is not clear if we would survive if the Earth was made unfit for habitation. To ensure our long - term survival, we need to reach the stars. That will take much longer. Let's hope we can last until then.

答：我认为人类文明还是有很大的机会存活到我们可以殖民到太阳系其他行星上那一天的。但是，太阳系没有其他地方能像地球一样适合人类居住。所以，我不清楚如果地球也不适合人类居住的时候人类还能不能在太阳系生存。为了确保人类长久生存，我们需要探索其他星系，但这需要长得多的时间。希望人类可以坚持到那个时候吧。

问题4：

Q：If you could talk to Albert Einstein, what would you say?

问：如果你能够和爱因斯坦对话，你会说什么？

A：I would ask him why he didn't believe in black holes. The field equations of his theory of relativity imply that a large star or cloud of gas would collapse in on itself and form a black hole. Einstein was aware of this but somehow managed to convince himself that something like an explosion would always occur to throw off mass and prevent the formation of a black hole. What if there was no explosion?

答：我会问他为什么不相信黑洞的存在。相对论场方程暗示了大型恒星或者气云会因为自身引力而塌陷并形成黑洞。爱因斯坦意识到了这个结果，但他还是设法说服自己，会有类似爆炸之类的事件发生，从而将物质抛出，避免黑洞的形成。我想问问他如果就没有爆炸呢，他会怎么想？

问题5：

Q：Which scientific discovery or advance would you like to see in your lifetime?

问：在你有生之年，你希望看到什么科学发现或者进步？

A：I would like nuclear fusion to become a practical power source. It would provide an inexhaustible supply of energy, without pollution or global warming.

答：我希望冷核聚变可以成为实用的能源。这样就能够提供永不枯竭的能源了，并且没有污染，不会引发全球变暖。

问题6：

Q：What do you believe happens to our consciousness after death?

问：你觉得人死后，意识会发生什么改变？

A：I think the brain is essentially a computer and consciousness is like a computer program. It will cease to run when the computer is turned off. Theoretically, it could be recreated on a neural network，but that would be very difficult，as it would require all one's memories.

答：我觉得大脑本质上是一台电脑而意识就像是电脑程序。电脑关了，程序也就终止运行了。理论上说，意识可以在神经元网络中重建，但是非常困难，因为重建需要这个人所有的记忆。

问题7：

Q：Given your reputation as a brilliant physicist，what ordinary interests do you have that might surprise people?

问：除了身为一个声名显赫的物理学家，你还有什么普通爱好可以拿出来吓吓大家的吗？

A：I enjoy all forms of music - pop, classical and opera. I also share an interest in Formula One racing with my son Tim.

答：我喜欢各种音乐：流行，古典还有歌剧。我还和我的儿子提姆一样都很喜欢一级方程式赛车。

问题8：

Q：Do you feel that your physical limitations have helped or hindered your study?

问：你觉得你的身体不便是限制了还是有助于你的研究？

A：Although I was unfortunate enough to get motor neuron disease，I have been very fortunate in almost everything else. I was lucky to be working in theoretical physics，one of the few areas in which disability was not a serious handicap, and to hit the jackpot with my popular books.

答：虽然我不幸得了运动神经疾病，但是我在其他方面非常幸运。我很幸运正好从事的是理论物理研究，很少有其他领域能够让我的病不会成为严重的障碍，还能够让我凭借科普畅销书获得成功。

问题 9：

Q：Does it feel like a huge responsibility to have people expecting you to have all the answers to life's mysteries?

问：当人们期望你能够回答生活中所有困惑时，你是否感到压力很大？

A：I certainly don't have the answers to all life's problems. While physics and mathematics may tell us how the universe began, they are not much use in predicting human behavior because there are far too many equations to solve. I'm no better than anyone else at understanding what makes people tick, particularly women.

答：我当然无法回答生活中所有的问题。虽然物理和数学可以告诉我们宇宙是如何开始的，但物理和数学对预测人的行为没什么用处，因为待解的方程多到解不完。我也并不比其他人更了解人类行为的动机，尤其是女人。

问题 10：

Q：Do you think there will ever come a time when mankind understands all there is to understand about physics?

问：你认为有一天人类会掌握有关物理的一切么？

A：I hope not. I would be out of a job.

答：我希望不要，那样我就没活干了。